INK

文學叢書

163

江湖在哪裡？台灣農業觀察

吳音寧◎著

目次

冬夜現身

冬夜：農曆十月十四日

是夜，島嶼在海洋的環抱中、在地球的轉速裡，亮著電力所及的燈光網絡，據統計，家戶普及率達九十九．七五%。走空中的高低壓電線，輸送、分配，串連起電力消耗量大的都城商街、沒暝沒日生產的工廠，以及白天通常在太陽底下工作，沒用到什麼電，夜晚就熄燈休息的漁港、農村、山上的部落。

幾幾乎，可以形容爲燈火通明，但有角落、有暗處，連基本的水電費都繳不起，被迫融入夜色裡，仰望天空不時有飛機飛過，像炫耀的流星，不準備承載貧窮者的心願。

好在沒電的時候，月娘特別亮，「大大圓圓的笑臉，是家人的感覺。」（以下所引，皆出自楊儒門的信件①）縱使有時候生命如浮萍，「飄盪在月色如水的夜裡，悠悠晃晃，無處歸根，不過抬頭望向天際，開懷大笑的月娘始終陪伴著，不離不棄。」

尤其接近滿月，像花瓣要全然綻放、浪潮將推至最高點、前奏快進入主題，主角就要登場了，鑼鼓心跳聲咚咚咚的加快加劇……。農曆十月十四日，下一個夜，就是月最圓的十五，過了十五，月娘會逐日逐日瘦下臉，彷彿吃不飽，直到最後終於餓到消失，才又像希望，從絕望的谷底逐日逐日充實的升起。

這是億萬年循環的道理了！但是夜，月娘的笑臉似乎若有所思，有點緊張，派遣月光作爲「前觀」（特種部隊的前哨兵種，楊儒門以此做爲另一個自己的代稱②），偵察著進入島嶼中部。

找到斗苑路，俯瞰過高速公路南下北上的交流道，飛過商家比鄰著亮起一路絢爛的招牌、看板、霓虹燈管，月光顯得微弱的快速通行。進入二林，辨認出公務人員已下班的文化中心、鎮公所，暗暗大大的建築物，一不小心，撞上一根鐵柱，高舉著鮮黃色的M字燈廂，麥當勞迎面。

月光摸摸自己的寬額頭，不好意思的笑笑，呵呵，溜滑過麥當勞潔淨的、每天都有工讀生在擦的玻璃窗。玻璃窗內，坐著一些消費者，每人桌前一份一百多塊錢的套餐（一個漢堡、一包薯條外加一杯可樂，等於某些人家一個月的自來水費）。月光趴附在玻璃窗外頭，忽忽然想起，是二〇〇四年，二〇〇四年了的末梢了。

這一年，是聯合國明訂的「國際稻米年」，主題是：稻米就是生命。

「所以是十七年前囉，」月光推算著，像地球往回公轉十七圈，回到麥當勞進駐島嶼初期，曾有主婦聯盟等團體，手持「漢堡營養不均衡，少吃爲妙」、「幫爸爸媽媽看住荷包」、「不要讓漢堡笑我們傻」等大字報標語，在台北各跨國速食店門外站崗，勸導消費者不要購買進口的漢堡。不過如今看來，麥當勞叔叔及肯德基爺爺的塑像（還有溫娣姊妹及星巴客咖啡等），已深入密布島嶼。

目前，麥當勞在全球一百二十個國家中，共有二萬八千七百多家分店。一口一口，油煎的美國牛肉、油炸的美國薯條、進口糖水再摻點化學香料的可樂、剝削原產地咖啡農的進口咖啡，取代島嶼土生土長的稻米、甘蔗、蔬菜、豆類。一口一口，據研究報告指出，吃習慣會使人痴肥、變笨的速食，透過大量的廣告行銷，誘惑著所有小孩的眼睛、胃、以及岌岌可危的心智。

一口一口食物的背後，跨國公司爲了賺錢，顧不了消費者的健康及農人的處境。錢、錢、錢！月光回頭瞪了瞪白皮膚的麥當勞叔叔，小丑模樣的臉，笑開紅色的大嘴，伸出手，仍盡責的站在店門口，歡迎口袋裡有錢的人們，請進、請進。唉，月光於是輕輕、非常輕的嘆了一口氣，繼續往二溪路飛去。入冬後的冷空氣，因此颳起一陣風。

海口的風，掃過沿途商家看板，漸漸稀疏，月娘漸漸清晰。月光拂過道路兩旁站立著、如二林這個地名所描繪的、朝夕相守的木麻黃。白日裡，灰綠色、針織狀的樹葉，夜裡呈水墨畫般潑灑。由於二林是海口地帶，東北季風強勁，日本時代便引進外來種的木麻黃，採東西向線型種植，來防禦侵略性強的海口風、以及風中的飛沙走石。

環境磨練人的性格，也挑選能夠在貧瘠之地生存的樹種。木麻黃落腳、扎根在二林，縱使歷經不斷被砍伐的年代，如今所剩不多，仍在不少二林人心中，植入家鄉般的親切感。

月光明瞭這種親切感，「是家人的感覺」。從木麻黃樹梢一躍而下，灑落暗黑的田地。

一望無際、地平線零星著一簇簇霧濛白光的田地，是種植甘蔗嗎？是二期稻作剛收割後的水田？是海風鹽分與濁水溪沙質土壤成就出的、金香葡萄與黑后葡萄的溫床？是東南亞的火龍果千里迢迢來台後的新家？抑或再也、再也不種了，任其荒廢的休耕地？

月光做爲前哨兵的亮度，並不足以細辨夜色中的田地樣貌，僅只是揣著時間的疑問，痛痛的、不能明白，爲什麼單位面積蔗糖產量世界第一的島嶼[3]，不過數十年，糖業就從極盛衰敗到今日幾乎不產糖？

台糖公司目前僅存台南善化糖廠、嘉義南靖糖廠、雲林虎尾糖廠仍勉強維持運作，但據報載（月光也是有瞥過報紙的），到民國九十六年底，預計再關掉一個糖廠。

基本生物常識不都指出，「倘若沒了糖和氧氣以供我們進食和呼吸，我們將不久於人世。」[4]那爲什麼島嶼竟然放任台糖公司賣起進口的汽油、柴油，給有車階級及摩托車，往空氣中排放二氧化碳等廢氣，同時終止與農民簽約，要農民放棄種植具有分解、吸收二氧化碳等功能的甘蔗？

沒有甘蔗田，不生產蔗糖，孤懸於海的島，若稱得上是國，這個島國很快就要看不到「夕陽火紅像剛出爐的太陽餅，掛在甘蔗尾，隨著風，產生變化的感覺。天空霞彩一抹，白鷺鷥成群朝著太

彰化二林二溪路附近。（攝影／alhorn）

陽、海邊的方向歸去……」等景象；那美景，傍晚羞怯著登場的月光，曾經無比熟悉。

前哨兵月光遙望台糖公司，在已消失的蔗田「遺址」上，蓋起加油站，紅底白字的燈廂佇立著，月光避了開來，卻被二溪路上疾駛而過的汽車撞倒，一次又一次的撞倒。每次車頭燈經過，都強強將月光驅離，毫不留情。算了吧，月光心想，我不過就只是一小片月光，能幹嘛呢？但如同海風摧折木麻黃，木麻黃被迫彎下腰又挺起身，海口的前哨兵月光總也不認輸的、一躍，進入村庄路。

村內沒幾盞路燈，磚瓦三合院及水泥樓仔厝錯落著，晚間七點多，只剩下貨櫃屋檳榔攤及柑仔店仍開著。月光東瞧西瞧，看見一戶戶人家的神明廳，透出案「燭」紅暈（已是插電式、罩紅燈罩的「燭」光），溫暖的微紅，不過月光仍感到些許落寞，因爲這些人家的客廳裡，同時流洩出螢光幕的聲響畫面，屋裡的人，背向馬路（及夜空），面向電視（或電腦），根本沒有察覺到月光來訪。

前哨兵月光乘著寒風，敲動窗，扣扣扣，很快識趣的揉揉鼻翼，轉個彎，飛入轉角的圓和宮。

圓和宮的廟前廣場，水泥地面擺放香爐及幾張桌椅，鐵皮遮棚下，日光燈管照亮這村庄最主要的公共空間、傳播站、信仰中心、有時候是政府下達政策的辦事處。數十個老人家，六、七、八十歲不等，聚在廟後方延伸興建的水泥平房內，開講著、議論著，廟旁，競選的旗幟插得特別密集。

台灣第六屆立法委員選舉，將在那夜的十六天後投票，是綠色過半呢？還是藍天再現？兩大主色調拼搏著，為每三年一輪的席次、薪餉及權力總動員。月光兜轉過整排競選旗幟，一個個人頭，隨風翻捲，皆颯颯作響，也都呈現出難以捉摸的波浪狀，於今，是越來越看不出有什麼差別了，不過廟裡的老人家倒是興致勃勃，你一言我一語，熱衷於旗幟上人頭的事跡。

說什麼「咱海口人，要支持海口人」，說什麼「海口攏沒建設、沒發展……」，聽得月光既憂心又不解，但月光沒有喉嚨，發不出聲音，只能任由海風吹得更急更迫切了，空中的烏雲也藉此更積極的群集。

踱步在圓和宮屋頂上，月光知道農人從礫石荒地、泥巴小徑到柏油路面，一路彎腰付出多少汗水、勞力、心思，以及作物價格跌到令人心酸時，仍堅持下去的愛與意志，知道農人一直在學習、在適應，研發新的種作技術，改良新的品種，絞盡土直的腦筋，尋找在多變市場活下去的機會。

月光也記得，夜裡沾著露水，親吻過各種作物「一暝大一寸」的生長，月光更明白，農人計算日子的方式，不採直線進行的「國曆」，而採農民曆。

月光和農人有默契、了解農人了解，月娘若是亮出一圈光暈，像戴了頂斗笠，那明早肯定要颳風、落水了，夜裡若是起霧，白茫茫籠罩得像是沒了出路，別擔心，請準備迎接明天的大太陽吧，而大晴天的早晨，通常也是有霧的……。

農人依隨作物千萬年的節奏，作物依隨土地億萬年的孕育，縱使種作時的農人不說話、不言語，月光總是知道的，島嶼的農人很會種作。

但爲什麼才數十年，島嶼就從一個「世界上農業最成功的國家」[5]，來到國際稻米年，首度（不曾有過也算創紀錄嗎？）水稻田的休耕面積（二十八萬公頃）已超過耕作面積（二十三萬公頃）；荒蕪的地，已經比種作的田還要多[6]。

月光焦急的飛行，像逃竄，從圓和宮拱翹的屋簷，滑下去。

沒有車子，人可以步行；沒有電，「我們可以散步在星空下／可以手挽著手大聲交談／可以啜泣／可以微笑／可以練習用手指讀對方的唇／用心去讀對方的心」[7]；沒有衣服，人可以赤裸；沒有書沒有文字，人可以畫畫、做手工藝、唱歌，但是沒有糧食，就像沒有空氣和水，人根本活不下去。

糧食就是生命！那爲什麼孤懸於海的島，若稱得上是國，這個島國，竟然寧願將生命——自己的生命——交給進口商去決定？

糧商在乎土地嗎？在乎作物嗎？在乎有人餓了，天天餓著，卻買不起進口的食物嗎？政府官員呢？資本家、企業家呢？島中之人是否都不憂心、不氣憤、不在意，有一天島嶼再也沒有農民、沒有農業、沒有農村文化，沒有土地藉由作物長出的心跳？

難道，眞的都沒有人抗議？

前哨兵月光感到脖子有種被掐住、或其實是胃被捏痛了的威脅感，警覺的揮動手臂，但空中烏雲已團結成一塊塊，形成全球化、不分國界的侵略態勢，包圍住月娘緊張的笑臉。月光奮力踢動伸及地面的腳，試圖突圍，但烏雲如此厚重、難纏、死皮賴臉。怎麼辦？

怎麼辦？

也不知道怎麼搞的，就在烏雲快要吞掉月娘前一秒鐘，一個決定做下了，一小片月光，切斷與月娘溫柔的牽繫，掉落至地面。

再度爬起的月光，已不能飛，一步一步，縱使被汽車的大燈碾過，也只能歪歪扭扭的跋涉，拂過甘蔗田，拜訪過金香葡萄、黑后葡萄、柑橘、火龍果、香菜、花生、芹菜、荷蘭豆……，混著泥巴滾過田埂路，沉入水田晃蕩著波光……。月光在這裡，月光在那裡，尋找著「經過糖廠的火車軌道，路口的右側一百公尺處是新生國小」，國小圍牆內有一隻石造的大象溜滑梯，腹部鑿刻了「正義」⑧。

月光摸了摸冰涼的「正義」兩字，似乎想到什麼，也像沒有，繼續獨行過風吼中有牛屎味道的產業道路，海風颼颼，遇見路旁一間小土地公廟，慰藉似的、亮著寒冬裡一盞昏紅小燈。時間的刻度，用走的和用飛的不同。時間的刻度，有退路和沒退路，走起來很不同。前哨兵月光走了好久好久，感覺退無可退的、拐入一條休息中的鎮街，來到二林萬興國小前。

從國小圍牆邊，望向馬路對面，數十間老舊的水泥平房，其中，榕樹旁的那間，懸掛「阿雪小吃店附設卡拉OK」的招牌。

農曆的十月十四日，月最圓的前一夜，當時小吃店老闆娘、臉圓圓如滿月的阿雪，如同島嶼大多數人，不知道那夜有事發生了，有個年輕人在一、兩年前就已暗自做下決定，而「很多事在決定之後，只能向前，不能在乎的事，太多太多了，放在心中。」

於是，是夜，天地間一小片武裝成刀鋒的月光，在心底對月娘說聲再見後，轉身，沒入夜色中。

現身：西曆十一月二十五日

是夜，「晚上七點十八分。」

三個多月後，楊東才在台北地方法院的審判庭，回憶到那天，由他駕駛的小發財貨車，下午一點多，從基隆一條市場巷弄內開出，他說：「他（指哥哥）叫我載他出去逛逛，我說好，沒有說要去哪裡逛，但有叫我往淡水的方向開車。」（引自原審審判筆錄 2005/03/29）

沿著推敲的線索，一台連駕駛都尚未知曉意圖的小貨車，行駛在濱海公路上。駕駛座旁，坐著一個額寬、短髮、剛過二十六歲生日的男子，面窗，望著「天際白雲悠悠，海面波光粼粼，作業的漁船，三三兩兩散布於廣大的海面上。」那眼神，像是愛人知曉，別離的時刻已經來臨；雖然依依不捨，去意早已堅決。日後據男子透露，當時他是抱著一死的決心出發（沒想到沒死），而小貨車駕駛還不知道哥哥在想什麼的、只是聽從指示，開車，路經金山、石門、三芝等鄉鎮，停靠在某處海岸邊。

蜿蜒的海岸線，浪潮從遠方爭先恐後的湧到，拍打礁石像探出頭來，目睹小貨車的車門被打開，走下那個額寬的短髮男子。他穿著一雙趴趴熊圖案的拖鞋，卡其長褲，藍色長袖棉布上衣。

「藍色的長袖上衣，是我哥之前在三林的家具工廠上班時的制服，之後他換工作，而我退伍後又繼續做大理石按裝，剛好可以當工作服，所以就拿來穿。上基隆賣雞的時候，也穿著工作，並沒有什麼特別之處。不過有一點值得提，那家工廠名叫『彰益』，衣服在左胸口袋上方有『彰益』兩字，可是穿久了，『益』這個字有點模糊，變成像『化』了，很多人以為我特地找件有『彰化』字樣的衣服，來凸顯我是彰化來的。呵，想太多、想太多。」日後男子寫到。

而想太多、常胡亂聯想的主流媒體，隔天還將報導，警方查獲男子丟棄的一個「可疑的運動背包」，不過那天下午，只有浪潮一波接一波，見證男子將一個陳舊的、豬肝色的NIKE背包，慎重的擺放在海岸礁石上。

像是獻祭，背包內裝有工具鉗、潛水折刀、潛水手套、圓葉闊邊帽、手電筒、防毒面具、夜視鏡等，陪伴男子多年的工具。他將背包放好後，站在礁石上，靜靜的面海瞭望。冬陽從他身後，好奇的打量他不算高的身形，發現他的手，緊握一塊東西。是塊古玉，是塊名爲「海晏河清」的古玉，他用手指盤摸著，像把事情一件一樁的盤入心底。然後過了多久？男子轉身上岸，濱海公路上的小貨車再次發動引擎。

走走停停的路線，沿著警方當晚攤開的地圖，指出還有一次，男子下車去丟掉一台印表機，一台列印過「政府要照顧人民」、「不要進口稻米」等「可疑」文字的印表機。是夜，晚上九點五十多分，這台印表機被警方在三芝鄉古坑村四站橋五十四之一號的電線桿旁發現。還有一次、或分很多次，男子從貨車內取出焊槍、烙錫、鬧鐘零件、黑色膠帶、燈泡等，丟在路邊根本沒有人起疑，這些尋常的物件，可能是「炸彈」的組合物？又一次，他倒掉剩餘的汽油，也許朝大海灑落白米？或者下車去吃東西？

男子不抽煙，幾乎不喝酒，據他日後從鐵窗內寄出的信件，可以推斷小貨車開到淡水時，他應該去吃了他喜歡的小吃「文化阿給」？「之後離開淡水，哥哥叫我往台北方向行駛。」楊東才的回憶，被記載於台北地方法院的審判筆錄裡，在律師丁榮聽的詢問下，繼續說到那天，「晚上七點十八分」，小貨車開到台北市仁愛路某家便利商店的門口。

連鎖的便利商店，亮著全台、甚至全球一式的外觀及內裝。叮咚一聲，自動門開，叮咚一聲，自動門關。

「買何飲料？」律師詳究細節。

「波蜜果菜汁和阿薩姆奶茶。」楊東才回答。然後坐在小貨車內，哥哥對楊東才表示，伊早上看電視，看到新聞有在播，警方公布疑似拍到白米炸彈客的影帶，影帶中的人，和伊生得很像。

（是喔？）小時候發高燒、患有腦性麻痺的楊東才，偏過頭看哥哥，哥哥還提到有五十萬元的檢舉獎金，要楊東才去報案。「眞的假的？」口齒含糊、結巴的楊東才，在審判筆錄裡說到，當時他懷疑的對哥哥說：「若是報假案，我會乎人打。」但是哥哥回答他：「去了你就知道，我不會害你。」

於是小貨車承載記憶，往台北市政府警察局中正第一分局開去……，但是──等等──律師回頭追問：「時間那麼久了，爲何還記得是七點十八分？」

楊東才回答：「因爲我當天等著看八點的電視，所以有注意時間。」

平時有在看電視連續劇、且在乎劇情發展的人，或可體會那種頻看錶，趕赴播出時間的心情，不過那晚，楊東才並沒有看到他想看的八點檔連續劇──是當紅的《台灣龍捲風》嗎？──他走入警察局內，成爲隔天有線電視每整點便播放一次的「新聞劇」中，當紅的男配角。

號稱「天下第一局」的中正第一分局，位於忠孝西路與中山南路十字路口一側，越過馬路分隔島，是已熄燈的監察院，監察院再過去，是十六天後將保留一些老面孔，換入一些新面孔的立法院。立法院再過去，是掌管內政的內政部，掌管教育的教育部，掌管外交的外交部，隔幾條馬路之遙、之近，便是憲兵假裝不是憲兵，穿便服、拿包包站崗的總統府。

權力的中心區塊；資本匯流、競爭、買賣、關說的大本營。

車流閃爍擁擠的秩序，火車站吞吐人群，捷運從地底爬起，飛梭過天空，與林立的樓房打照面，一條條高架道路，如蛇纏捲，一塊塊燈廂、看板、電視牆絢爛著，無時無刻不在耗電說話，無時無刻不在推翻、忘記前一秒所說的話。

但有角落、有暗處，連基本的水電費都繳不起，被迫融入夜色裡，抬頭，發現連月娘的笑臉都被驅趕，消失不見。

二〇〇四年，國際稻米年，年度主題是「稻米就是生命」。在這一年裡，台灣還沒有從年初總統選舉的極度拉扯中回神，馬上又投入立法委員的選舉，關於稻米、糧食及農業的討論，微乎其微。倒是每隔一段時間，就有一個黏貼紙條的爆裂物，霹哩啪啦的出現，固執的一整年一直說著：「不要進口稻米」。

雖然放置爆裂物的人，根本不知道那年是國際稻米年，他坐在小發財貨車內，於晚間七點二十五分左右，來到中正第一分局前的廣場空地。小貨車首先走下二十五歲、一頭短捲髮、一跛一跛的楊東才，晃著晃著，走過並排停放的警車，踏上警局門口的階梯，含含糊糊、口齒不清的對値班員警表示，他要檢舉他的哥哥，是警方早晨公布的、疑似白米炸彈客的影帶畫面中，那個「影中人」，但是警方嗤之以鼻，以爲是個「秀逗」來亂的。

於是一分鐘、兩分鐘、五分鐘……，十分鐘都過去了，坐在小貨車內的男子，索性自己開車門走下去。他穿著趴趴熊拖鞋，拿著波蜜果菜汁，散步般，逕自走入「天下第一局」內。

警察局門口的監視錄影器沒拍到嗎？二十四小時的全天候錄影，剛好少錄了那幾分鐘？電力聯繫起的網絡，眞有那麼湊巧，只在那時候停電了？只在台北中正一分局的門口停電了？

是夜後，律師聲請調閱十一月二十五日，中正一分局門口的監視錄影帶，獲得的回函是，因爲「停電」，剛好沒拍到。得直到六個多月後，値班員警施政懋才在審判筆錄中承認，就在楊東才進入警局，而被員警們（包括分局長及督察員）七嘴八舌的詢問之際，他「看見分局長身後有一人影，但伊當時並未認出是他，因派出所有替代役，替代役會輪替，伊一開始以爲被告是替代役。」（引自刑事判決文 2005/10/19）

不久後，員警施政懋才問男子是誰？男子回答，說他是楊東才的哥哥，「我弟弟說的那個人就是我。」（引自原審審判筆錄）

但警方仍然不相信、仍然懷疑、仍然以爲來者不過是爲了領獎金而瞎掰一番，便問男子，「警察公布之錄影帶影像中，有一件很特殊的外套在何處？」（引自刑事判決文）

男子早準備好，拿出從基隆家裡帶來、很快被列爲「重大證物」的防風外套，穿上，讓員警鑑定。隔天，媒體一律報導這是件深藍色，車有紅白條紋的防風外套，而我直到男子出獄後才發現、才親眼目睹，是黑色的，是黑色的外套。

錯誤，到底從何而生，而一發不可收拾？

回到那件外套，男子穿上後，和「影中人」同樣額寬、同樣短髮、同樣的身材、甚至同樣的神情，有員警看了便說，咦，好像有點像喔，但是仍有員警表示，哎，不像啦。這個主動走入警局內的男子，只好再次拿出被列爲警示卡（意指有重大嫌疑）的捷運悠遊卡，交給警方去測試，以資證明，他眞的、眞的是「影中人」啦！不過他並未立刻承認犯案，而是等著看警方有何能耐。

在等待的過程中，男子和員警泡茶聊天，聊到古玉、聊到潛水與認養小孩，「直到當日晚間八時許，（警方）持被告之悠遊卡至捷運站測試後，方最後確定被告即影像中之人。」（引自刑事判決文）

但到底怎麼了？

警察局內還發生什麼？或說，是夜在島嶼的政經脈絡中，觸動哪些複雜的歷史、現況？挑起哪些敏感或長久麻痺的神經？隔天新聞，說是「炸彈客嫌犯楊儒門，被胞弟楊儒才『大義滅親』檢舉，晚間就告現形……」（引自《中國時報》頭版 2004/11/26）

說是「（中正一警分局刑事局長）許榮春原本以爲楊儒才在開玩笑，直到隨他走出分局門口，赫見坐在貨車內的楊嫌，長相竟與警方上午公布的炸彈客一模一樣，才知所言不假，趕緊將楊嫌『請』進分局……」

聽從哥哥的話，變成「大義滅親」？

主動走入警察局，變成被「請」進去？

是警察局撒謊或記者編造、或兩者皆有？甚至連楊東才的名字都寫錯，推想其爲楊「儒」才。

十一月二十六日，各報記者連夜趕稿寫出的、弟弟爲了五十萬檢舉獎金告發哥哥是白米炸彈客的「新聞」，一早便「爆」開了，SNG車也競相展開一整天與事實有誤的即時報導，沿著電纜線、電視線、網路線、手機、收音機、空中紛飛的訊息，散播著，得直到日後，耐著性子往回追索，才可能發現島嶼身陷謠傳中。

而那天清晨天剛亮，二林舊趙甲裡七十歲的老農楊永塗，如同大多數老農，一早起床不會看報紙。他漱洗、吃稀飯，像往常一整年一樣，六點準時去開圓和宮的廟門。

農曆的十月十五日，是老農楊永塗被神明（以擲筊的方式）選上，擔任圓和宮爐主的任期屆滿日。他在神明面前，燃一炷清香，彎腰敬拜後，走出廟門，和牽手朱燕妹到田裡採收俗稱「荷蘭豆」的豌豆，直到天黑，共採了約三十公斤。

一公斤的豌豆，賣給「販仔」（批發商）的產地價，當時是十五塊，也就是說，農人從整地、播種、澆水、施肥、除草、防止病蟲害等，照顧荷蘭豆，從種子到孕育下一代約三個月，不算成本，換得的收入是兩人一天工作約十個鐘頭，賺不到五百塊。

「你叫阮種田的人，要怎麼活下去？」幾天後，楊永塗對來訪的《時報週刊》記者感慨到務農的困境，並且說到那天，他和牽手採完荷蘭豆，傍晚回家吃晚飯，看電視新聞時，看到自己的孫子竟然變成「恐怖分子」，他心底暗暗自責：「發生這款代誌，到底是神明沒保佑，還是自己爐主的工作沒做好？」

楊永塗和朱燕妹之後多次被媒體拍到，一個眉粗、髮白、黝黑精瘦的老農，第一次被拍到時，孩子似的頻頻拭淚，張開粗糲的大手，掩面哭泣，為孫子的行為，向社會鞠躬道歉。陪在他身旁的妻子，弓著前傾的背，那長年勞動、骨質疏鬆而導致的嚴重駝背，是農村裡瘦小型農婦普遍的特徵。

然後同一夜，電力輸送、分配的網絡，穿過二溪路，家家戶戶背對馬路在看電視，穿過風吼中有牛屎味道的產業道路，一根根電線桿，拐入一條休息中的鎮街，來到二林萬興國小前。

隔著馬路，是先找到那棵榕樹，還是先看到低矮的小吃店內昏暗的燈光，抑或一眼就熟悉的注意到，臉圓圓、如滿月的小吃店老闆娘，五十多歲的阿雪，就在店內。

農曆的十月十五日，月最圓的夜，這天是阿雪的生日，她多煮了一、兩樣菜，端上桌，像平常一樣，邊看電視邊吃晚飯，但是沒想到、萬萬沒想到，螢光幕裡竟然出現一個男子，被群警押解著，通過媒體爭相遞上的麥克風。記者以急促高昂的聲調，播報著，當警方要替男子（嫌疑犯）戴上安全帽時，男子表示不需要，因為「這不是什麼丟臉的事」。

於是阿雪坐在椅子上，飯碗擱在桌面，清楚的看見電視裡的男子，雙手被銬上手銬，仍然微笑。

楊儒門母親阿雪。（攝影／拉布拉多）

（「我媽就生給我這張笑臉，不然要哭喔！」日後男子寫到。）

但阿雪瞪大眼睛，不敢相信、不能明白，這種事情怎麼會來發生？她打電話到基隆去確認，然後忍不住放聲大哭。自從她離婚後，與她一同經營小吃店的同居人，安慰她說：「麥擱哭了，伊是爲咱大家犧牲。」

「英雄不是每口灶都會出的。」同居人說。

「但是，乎人抓去關的，是阮子。」阿雪哽咽著，眼睛望向空氣中的某個定點。直到一年後，日曆又撕到農曆的十月十五日，我去拜訪阿雪，阿雪說著說著又掉淚了，沒有辦法不想起，這天是她從電視上得知，自己的二兒子是「白米炸彈客」的日子。

而我想起那天清晨，我走出台北縣三重某間公寓租處，準備到當時正在競選立委的高中同學，林淑芬的服務處。冷風颯颯，我拉緊外套，到服務處隔壁的早餐店購買早餐。等待平底油鍋煎熟蛋，而土司從烤麵包機內跳出的同時，我隨手拿起餐桌上的報紙。《中國時報》的頭版，赫然是一個穿著藍色長袖上衣、卡其長褲的男子，呈現右臉輪廓，手擺動的行走；「是他？」趕緊再翻開旁邊的《自由時報》，內頁社會版是同一個男子，呈現左臉輪廓，被下標爲「雞販竟是炸彈客？」

事情，到底是怎麼一回事？

他眞的是我一年來一直注意的那個「白米炸彈客」嗎？

我記得那天清晨，我初見楊儒門的名字，心跳不可抑制的加快加劇……。

註

①本書引號內的句子，若未特別標明出處，皆出自楊儒門獄中的書信。請參閱楊儒門所著《白米不是炸彈》，二〇〇七年，印刻出版。

②楊儒門投書媒體時，常署名「前觀、斥堠、通信、刺客」，是特種作戰的軍事用語，同時，他也用「前觀」代表另一個自己，和「我」在心內對話。

③一九六一年，據聯合國統計，各國農作物的單位面積產量，台灣以蔗糖位居世界第一，資料來源出自《台灣全紀錄》，二〇〇〇年，錦繡出版。

④Craig Sams《食物的背後》，譯者楊曉霞，二〇〇四年，香港三聯出版社。

⑤F. Lappe & J. Collins 合著之《*Food First*》（糧食第一），譯者李約翰，一九八七年，遠流出版。

⑥何榮幸、高有智〈休耕啓示錄〉系列，刊載於《中國時報》，二〇〇五年七月十日到十七日。

⑦吳易叡〈沒有電的時候〉，收錄自《島嶼寄生》，二〇〇三年，春暉出版。

⑧不是隱喻，二林新生國小內，確實有隻石造的大象溜滑梯，刻了「正義」兩字。

拉扯的形容

「有時想想，我還眞不認識他是誰呢？」楊儒門從看守所內寫信說道：「呵！」（他超愛用這個詞）

「不管是別人口中或是電視、報紙、電台所講的『楊儒門』、『白米炸彈客』，跟我認識的那一個要白痴又無厘頭的人實在連不在一起，太陌生了。」他不認識那個，被媒體描繪、批判、讚揚到令他覺得不好意思的「自己」。

冬夜現身後，第一天。

天光未亮，報紙已從凌晨的印刷廠，送往全台各地的 7-Eleven、OK、全家、萊爾富等便利商店、零售據點，同時抵達公務機關、學校、監獄、公司行號及萬千訂戶的家門口。一行行鉛字，包括圖說，進入凡閱讀到的人的眼裡，化成印象——有些明顯的事實錯誤，如楊儒門的服役單位，「陸軍兩棲偵察營」變成「海軍爆破大隊」（只因有爆破兩字？）；主動到案，變成弟弟為了錢，檢舉哥哥的「大義滅親」版本，以及「楊東才」變成「楊儒才」等。而形容詞，計有「相當狡猾」、「冷酷」、「眼神異常冷漠」、「表現慾強」、「頭殼怪怪」、「明顯的人格異常現象」等。

其中，最令楊儒門在意的，或許是「這名造成國人極度恐慌的白米炸彈客……已呈現前禿情形」（中國時報），暗爽在心內的，則是「年紀輕長得帥且留短髮」（台灣日報）；呵，開玩笑的。

第一天，楊儒門其實沒有機會詳看報紙。第一天的報紙，也呈現此事（至截稿為止）仍在偵查中，因為前夜漏夜採集的指紋皆不符，DNA 送交比對，還在等結果，不過對於嫌疑犯，記者不需要等鑑定，便可以透過「專家」之口下定論。

說是「依照犯罪心理學分析後，發現炸彈客有明顯的人格異常現象。想扮『義賊』，卻找不到社會大眾能夠接受的訴求，利用攪亂社會的犯罪行為出名，根本是一個『卒仔』……」（《中國時報》陳

志賢、張孝義／台北報導）

卒・仔？

（卒仔的印象透過眼，進入腦。）

再翻看另一家報紙，《台灣日報》郭凱華／凌晨基隆報導，「中正里里長莊清日今天凌晨在現場接受檢調人員查詢時指出，楊儒門平時是傳統市場殺雞販，但行爲乖張，頭殼怪怪，他說，楊儒門殺雞時經常拿起刀子就直接剁下雞頭，異於一般殺雞販舉止，他這個狠準又怪異的殺雞動作，常令同行們不敢領教。」

狠・準・又怪異的殺雞動作？

莊清日里長若是讀到報紙，大概會像眾多接受過記者採訪的人一樣，在心底驚呼一聲，「奈會寫安ㄟ？」

一來，殺雞通常要先放血，沒道理直接剁下雞頭，再者，楊家位於基隆中正路勝利市場的攤位，數年來由父親楊昌順及小弟楊東才負責殺雞，大哥楊儒欣及楊儒門負責賣雞。

「問我敢不敢殺雞？呵，真是太看得起我了。蚊子、蒼蠅、螞蟻……等等，粉小隻的昆蟲還行。會潛水之後，有段時間還會打魚，不過那只是一時好奇的興趣，現在想起來還怪難過的……」日後楊儒門寫信說道，不過當時，關於雞，可引發了一番爭論呢。

第二天，《自由時報》下標爲「雞販竟是炸彈客？」然後《時報週刊》因爲楊儒門大哥楊儒欣一句：「他連雞都不敢殺了，怎麼會做炸彈傷人？」而將「敢做炸彈 不忍殺雞」題爲主標；但殺不殺雞和做不做「炸彈」，有什麼必然的邏輯推演嗎？農村裡的阿媽不只殺雞、殺鵝、還殺蛇，是不是做炸彈的可能性大些？

《時報週刊》還在封面文字捏造好萊塢電影必備的羅曼史情節，說「白米炸彈客，因前女友認養小孩，爲現女友投案」——呵，意思是，都是爲了女人啦？

第一天！

盛大追逐的（不管那些追逐中跌倒的）揣測，於錯誤的基礎中展開，SNG車也已在前夜出動，趕往基隆中正路、趕往中正第一分局、趕往地檢署，穿梭著，快快快，即時的新聞未經查證，往往來不及查證。一台台攝影機，蜂擁鑽入「案發」的市場巷弄，麥克風遞到其中一位歐巴桑面前，我記得她在反覆更新的新聞中說了句：「你去問這個市場一千個人，一萬個人會跟你說，這個囝仔很乖。」然後記者繼續東問問、西問問。

突然，「現場最新狀況」發現市場攤位上有「一支槍」、有「一支疑似改造的手槍」，到數個小時後，是一支不了了之的「玩具槍」。

即時的連線，被旁白的畫面，輕易左右觀者的眼、情緒、以及缺乏時間明辨思考的腦袋。大部分的商家店面、立法院、警察局、甚至住家，幾乎全天候開著電視，讓訊息一直播、一直播，網路、廣播也以同樣的速度，更新島嶼的「大」新聞——包括男女主播、明星婚外情等——新聞來得快，彷如躁症發作時整個禮拜聒噪同一件、不保證正確的事，然後退得也快，無聲無息，幾無記憶，包括那些錯誤。

無人出面承擔、負責的錯誤，已被說出、寫出、印刷出、傳送出的錯誤。

第一天，「電視們擺開擂台／轉播車出馬搶奪收視率／看得見現場的彩色畫面／卻更歧異迷濛且灰暗」（引自羅葉〈媒體〉）。

眞實不見了！

在「實況報導」糾纏的線路裡走失了。

然後晚報出來，「據專案小組透露，楊嫌僅是多次白米炸彈案的對象之一，白米炸彈客可能有四組人……」（聯合晚報），意指楊儒門之前投書時，署名「斥堠、前觀、通信、刺客」，所以應該是四組人馬，甚至揣測「四兄弟疑涉案」（聯合晚報），雖然楊家明明只有三兄弟。

《中時晚報》也將揣測的方向，往「不排除女性共犯」急行而去，只因當天上午，媒體鏡頭在楊儒門家中，拍到一位署名「如」的小姐寫給楊儒門的信（信上還有口紅印）。

「那位在我出現之後，很多人想知道的如小姐。但我沒見過她，我們是網上認識的朋友，只有通電話和寫信聯絡，而且我也告訴過她，有一天，我消失了，就不要找我了。不想見面，是怕有一天我出事了，警察與媒體會找她麻煩。」

唉，專找麻煩，兜著細節如貓繞尾巴轉的媒體。

第一天，從清晨到傍晚，媒體追追追，觀者也跟著接收、接收、接收，然後警方送交鑑定的養樂多瓶口及口香糖內的唾液，DNA-STR型別，十五組比對均相符合，傍晚五點二十分，楊儒門被押解至台北地檢署，檢察官鄭克盛以「楊嫌有滅證及再犯之虞，採取預防性羈押」（中央社）。

自此，楊儒門被關入土城看守所內，除了在移送過程中，穿過媒體競相推擠遞上的麥克風，曾微笑表示：「借過、借過」，「小心、小心」，至今不曾面對鏡頭說過任何話。不過鐵窗外的發言，哪能少？哪會輕易放過鎂光燈、目光投注的所在？尤其適值第六屆立法委員選舉，倒數計時的日子。

第二天。

《自由時報》記者張文川、劉慶侯在「新聞幕後」分析到，「何以殺雞取卵之徒，成為街頭恐怖分子？聰明、自負、雙重性格、不滿時局，絕大多數與楊儒門面對面交鋒的警官、警探，都對他有如此觀感。」

「楊的思考邏輯，兼合熱情陽光與冷血暴力的個性於一身……」

熱情陽光？奇怪，如何「兼合」冷血暴力？

同時，第一天寫錯楊儒門是海軍爆破大隊的記者王瑞德，也在「本報獨家披露畫像 助警破案」的標題下，「感性」的表述，「意外使這一位作案長達一年、警方束手無策的恐怖分子曝光，最後全案順利偵破，民眾擁有免於恐懼的自由，台灣終於重新恢復平靜……」

台灣，終於重新恢復平靜了嗎？曾經，平靜過嗎？

至於看到《中國時報》的人，印象就有些不同了，譬如「門仔寡言單純」、「勤記手札寫書信成熟且內斂」、「專案小組對楊嫌的印象是『智商高、興趣廣泛、很健談』……」（咦，是和《自由時報》同樣的專案小組嗎？怎麼說法不一樣？且在同一個版面裡，楊儒門既「寡言」，又「健談」。）《中國時報》並首次出現英雄的字眼，提及「老農民卻認為，大家不要把楊儒門當壞人看，因為他的行為，才讓稻米價格好轉，應該是英雄、有如『現代廖添丁』。」

於是第二天，在媒體上的同一個人，既是「恐怖分子」，也等於「現代英雄廖添丁」，既「寡言」又「健談」，既「熱情」又「冷血」。

然後第三天，距離投票日又近了一天。

被訊息一波波如浪打過的讀者，還會記得兩天前嗎？兩天前，「炸彈客有明顯的人格異常現象」（中國時報），但是同一個記者，到第三天，改寫成「兩種截然不同的性格相互交織」——有什麼立場正在細微的演變？

而《自由時報》延續，堅持下去的表示，「特種退役未列管 變恐怖殺手」、「想要一勞永逸的改變治安，十指的指紋建檔勢在必行」——恐怖分子已被加重語氣，形容爲「殺手」，雖然楊儒門沒有傷到任何一個人、一隻貓或一隻狗。

《台灣日報》則從剁雞頭之說，演變到「他與電影《刺客戰場》裡的安東尼班德拉斯有異曲同工之妙」。

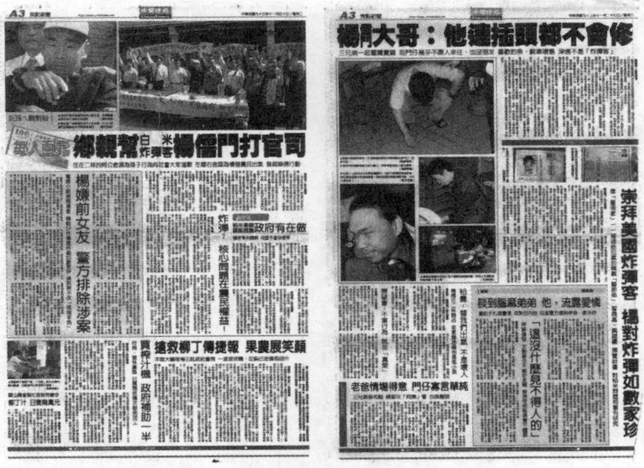
鄉親幫白米炸彈客楊儒門打官司

楊嫌前女友 警方排除涉案

搶救柳丁傳捷報 果農展笑顏

楊門大哥：他連插頭都不會修

崇拜美國炸彈客 楊對炸彈如數家珍

2004年11月27、30日《中國時報》的報導。

形容詞交戰著、推翻著、自相矛盾著，在鎂光燈聚焦的舞台上，那裡，反正活生生、吃喝拉撒睡的楊儒門缺席著。

第三天。《台灣時報》和《民眾日報》皆刊登同一份，記者幾乎一字未改的新聞稿，宣稱「透過明示爆裂物的方式，來對政府發出警訊，是一種『非暴力抗爭』的手段之一，也是民進黨過去最常運用的政治手段……楊儒門是對抗無能政府的『現代廖添丁』、『俠盜羅賓漢』。」

拿楊儒門當矛，直指民進黨政府是無能政府的發稿單位，是國民黨立委候選人陳杰的競選總部。

一九九九年陳杰擔任彰化市長任內，因工程弊案，被檢察官提起公訴，官司纏身中改選立委，選上了，同時由他的弟弟溫國銘，接任彰化市長，妹妹溫尤美是「監督」彰化市政的市民代表，不少彰化人都知道陳家做什麼起家、靠什麼賺錢。

這樣的陳杰，這樣的陳杰家族，竟然率先跳出來，聲援爲農民及貧童發聲的楊儒門？這是怎麼了？「當保守派搖身客串革命火車頭／走在這塊似曾相識的土地上」（引自羅葉〈被背叛的年代〉），當「俠盜羅賓漢」好像人形立牌，被涉及貪污的立委擺在競選總部門口，「共同」對抗「無能政府」。

人們對於事情的認知，對於價值的判斷，看來，正被越來越會說話，在媒體說得上話的嘴拉著走。

雖然認眞論起來，楊儒門的行爲並不像台灣廖添丁、中國梁山泊一〇八條漢子或西方羅賓漢，因爲工業革命之前的義賊、好漢、俠盜們，大多是靠劫富——或偷或搶或強徵——來濟貧及維生，楊儒門卻是靠賣雞的工資來資助貧童。但思索需要時間，拋出一頂帽子比較快。

從第一個貼著「炸彈勿按」字條的「純喫綠」利樂包，二〇〇三年十一月十三日在大安森林公園的男生廁所，被打掃的清潔工發現，報警處理後，媒體給稱的形容詞，便從「歹徒」、「稻米炸彈客」到「白米炸彈客」，一路營造驚悚的氣氛。雖然貼紙條自稱「炸彈」，是否就眞的算是炸彈了？現行法律對於槍砲彈藥的定義到底如何？是否太過老舊、太過疏漏？台灣實務上是否欠缺獨立的鑑識單位？……等，都有待釐清、驗證，但「新聞」已經迫不及待要「爆」，且既然要爆，炸彈這個詞當然比爆裂物這個詞更具威力，也更容易吸引目光（閱報率及收視率）。

於是不管事實如何，「白米炸彈客」定調了，被島中之人普遍的接收、相信、朗朗上口，來到楊儒門現身後的第四天。

第四天。

攝影記者繼續扛著攝影機，搭配文字記者，匆匆趕往二林舊趙甲的楊家三合院。楊儒門的阿公楊永塗，流著眼淚，爲孫子的行爲，向社會鞠躬道歉，「左鄰右舍則認爲楊儒門的行爲是替農民出氣，有其可敬之處，因此決定發起每人樂捐一百元，延聘律師幫他打官司。」（中國時報）

報紙所指的「左鄰右舍」，有日後身爲「楊儒門行動聯盟」總召的芳苑鄉農民林嘉政、曾參與黨外運動的許經世、還有楊儒門的堂叔楊慶昌等，並且在「募款當日，『二林廣懿宮』的『濟佛』張庭禎律師由於看到前一日的新聞報導主動電話聯繫，他同時找來了他台大法律系畢業的好友、在台北開業的農家子弟丁榮聰律師共襄盛舉……表達願意爲楊儒門義務辯護的立場。」（引自楊祖珺〈當愛向我們呼喚〉）

但第五天，人們從報紙上看到的，主要是一張照片。照片中，用毛筆寫著「大人啊！不要再有柳丁、高麗菜炸彈」、「官逼農反　禍延子孫」、「台灣版水滸傳」等標語的白布條，襯托五、六十人，站在三合院正廳前的晒穀場，一致握拳的舉起右手。

居中的那個——照片中唯一一個手持麥克風的人，戴著黑色墨鏡，穿著印有名字的競選紅外套，清楚出現九號字樣——是五年前因工程弊案遭起訴，才又被當場查獲買票，代表國民黨出來競選立委的芳苑鄉長陳聰明。

（2005/05/09 彰化地院判處陳聰明賄選，三年有期徒刑，褫奪公權五年。）

（2005/09/09 包括陳聰明等牽涉縣長阮剛猛主政時期，縣府發包工程弊案的十個官員，皆被判刑。）

陳聰明還出了一份文宣，標題是「聲援楊儒門，別讓正義的火炬熄滅！」、「搶救九號陳聰明，莫使農漁牧代言無人！」

「別讓楊儒門成爲執政無能的祭品」。

又來了！農民的困境再次成爲競選文宣、攻訐的武器，被標舉出來的「楊儒門」（這個符號），在藍綠對決的態勢推波助瀾下，加速往兩面翻的形象裡簡化，竟是這邊吹捧，所以那邊貶抑；這邊貶抑，所以那邊更加的吹捧。

支持正義？（支持貪污、賄選的國民黨候選人，是支持正義？）

恐怖殺手？（沒傷害任何一個人，反對民進黨政府，便成恐怖殺手？）

謬反的形容詞啊，謬反的價値。

第五天，「喉舌們找到各自愛唱的歌／只因聲音靠空氣傳播／而風可以隨意吹送」（引自羅葉〈媒體〉）。

第五天，楊儒門成爲國親兩黨立委候選人口中，「有愛心的農民英雄」，同時是民進黨支持者口中的「混蛋」。

第五天，縱使沙漠可以在媒體上變叢林，休耕的稻田仍然沒有人理。

第五天，選舉的熱度持續加溫中，但貧窮的小孩，仍然處於冬夜裡沒有電，也沒有熱水洗澡的日常生活裡。

第五天……

選舉文宣。

第六天……

第一百八十五天……

一年後、兩年後、甚至十年後，回過頭來看，事情已經不只在於農業政策，不只在於貧富差距，不只在於「底層人民的反抗聲，往往對當權者、既得利益者是一種嚴峻的不信任挑戰，理所當然的要制止，不讓其效力擴散蔓延、威脅到階級的順從性。」（引自楊儒門的信「代誌啊！」（事情的閩南語音）

也在於，「事實」有辦法在今日（及其後）的島嶼媒介中存活嗎？當資本握有最大決定權的媒體，收攏整個社會的眼睛，聚焦於如豆的一點，很快又跳到另一點，再驚爆、放大另一點；當媒體對於實事求是的要求越來越低，人們卻越來越仰賴媒體來認識身邊的世界；當世界好像成了一面面分裂的鏡子，各自的立場，皆可以在其中找到信仰的版本；當這座島嶼五天之內，就可以把一個二十六歲的青年，變成「恐怖殺手」與「農民英雄」的組合體。

這件事不是特例。

這件事「現形」了島嶼。

現身後，旋即被關入鐵窗內的楊儒門，失去直接的發言權，反倒見證出那些加諸在他身上的形容詞，原來是在形容島嶼本身。套用「新聞」的寫法呢，也許可以換成楊儒門寫到，「依照歷史心理學分析後，發現台灣有明顯的人格異常現象、相當狡猾、表現慾強、頭殼怪怪」等症狀。

「媒體→利益團體→賺錢→議題→炒作→灑狗血→收視率→廣告」，形成打轉的漩渦。但縱使漩渦一直在那裡，有些事，非幹不可，也就幹了，管不了將來會被如何解讀、咒罵或讚美。

「人最重要的是了解自己在做什麼。」而這麼做的人，其中一個，叫做楊儒門。

至於他到底是一個什麼樣的人？他從看守所內抬起頭來，「新發現，窗外的天線架，最近多了喜鵲與烏秋的造訪。」他看了看，笑了，寄出一首詩回答到：「我正在尋找」①。

我正在尋找
尋找泥土的記憶、幼時的童年
蝴蝶翩翩飛舞，伴我走過
甘蔗、稻田、葡萄園
盡情浪費生命美好的時光

我正在尋找
尋找生從何來、死往何去
汲汲營營於名、權、利
清清白白的來
帶著滿身污穢與沉淪離去
走這一遭，究竟是爲了什麼

我正在尋找
尋找明天的方向、尋找無根浮萍的落腳處
努力擺脫

鄙視、冷漠、眼淚的追逐
漫漫長夜，只有孤獨陪伴著我

我正在尋找
尋找自我的認同
在料羅的沙灘上，翻滾、奔跑
在東引的自然裡，漫步、魚游
大腳一踹，踢中人生道路上的兩粒尖石
流血、沮喪

我正在尋找
尋找風的訊息
收攏翅膀，站在岬角
當呼喚聲來臨時，我將訣別最愛
躍入滾滾的濁世

我正在尋找
尋找眞理的足跡、尋找勇氣的泉源
黑暗籠罩大地

貧窮、貪婪、階級
在泛紅的夜空中
流竄、橫行

我正在尋找
尋找理想萌芽的裂土處
冷清的街道，飄落毛毛雨
緊閉的心扉，堅定著步伐
走向隱身在叢草間的不平吶喊

我正在尋找
尋找上帝開啓的一扇窗
一扇農民的未來
孩童的希望
如果你知道在哪
請告訴我

註

①楊儒門〈我正在尋找〉，收錄自《白米不是炸彈》，二〇〇七年，印刻出版。

江湖在哪裡？

五〇年代

記得，「一個風和日麗的下午，紅澄澄的落日，掛在天空與地面的交界處，顯得又大又圓又有一股說不出的靜謐。天空籠罩在淡淡的金黃色光芒之中，爲頭上這塊畫布添上處處霞彩。我，正從萬興國小對面的家裡，牽著小鐵馬，踏著堅定的步伐，準備去實現我的夢想、一個心中盤算許久的計畫……。」

準備去幹一件「大」事的，是二林萬興國小四年級的學生，一個還不知道自己二十六歲時將被稱爲「炸彈客」或「白米客」的男孩。

他叫楊儒門，出生於一九七八年十二月。出生後沒多久，他父母從他阿公阿媽家的三合院，搬遷到萬興街上租屋，同樣都在彰化縣的二林鎮內。「風兒總愛搖動他家庭院的那株芒果樹，他便是那樣長大的。」——同年發表《打牛湳村》系列小說、二十六歲的國中歷史老師宋澤萊，在〈花鼠仔立志的故事〉裡寫到這樣一句；當然不是在指孩童楊儒門啦！不過據日後拜訪看見，楊儒門居住過的那棟，母親阿雪賣過雜貨、擺過電動、做過大家樂簽賭站，水泥平房加蓋閣樓的店面前，確實有一株樹，是一株榕樹。

好吧！那就是，風兒總愛搖動他家馬路邊的那株榕樹，他便是那樣長大的。從一九七八年人口密度僅次於孟加拉，位居世界第二；高速公路全線通車；而蔣經國由一千多個不需要改選的國代，圈選出得票率將近百分之百的、接棒他老爸蔣介石當選中華民國第六屆非民選總統的背景裡，孩童楊儒門吃飽睡、睡飽吃，偶而發生一些令人搖頭大笑的趣事。

歷史親像一條河，有人這麼說過，老愛這麼比喻。

說著的同時，攤開地圖。從楊儒門出生的萬興街上，「經過萬興溪上的萬興橋後，路的兩旁盡是一個人高的甘蔗田，連綿不絕，延伸到天際。」然後再往北一點點，接連二林的福興鄉，鄉內有兩百餘年歷史的八堡圳，灌溉著、徵收著水租。在那裡，出生雲林縣二崙鄉、初到福興國中任教，體認到「農鄉是如此美麗與窮敗」的年輕老師宋澤萊，「仍然單身生活、陷入不可測知的愛戀之中、日日被憂鬱和焦慮襲擊」（引自宋澤萊自序），於是常在課餘時間，騎著摩托車往南，到溪州鄉一個名叫圳寮村的庄頭，找年長他八歲的吳晟開講。

溪州鄉是島嶼第一條官設埤圳，莿仔埤圳，引濁水溪水進入灌溉渠道內的起點。莿仔埤圳從溪州鄉流經埤頭鄉，往二林一帶入海。而「馬路沿著小河流，以及兩旁的稻田／向西而行」，拒絕台北的編輯工作、返鄉擔任溪州國中生物老師的吳晟，「腳踏車的輪子／便在這條馬路上／日復一日，年復一年，轉了又轉」（引自吳晟〈輪〉）。

輪轉的清晨與夜，依傍人類墾拓時挖鑿、砌築、崩塌復又修建的水路穿流著。相連的土地、氣候、作物的根，迎向太陽落下時，月娘會升起。在楊儒門出生前六年，一九七二年，二十八歲初爲人父、搖哄著長女入睡後的吳晟，會坐到亮著檯燈的書桌前，攤開稿紙，一筆一劃將「鄉居日記抄」的筆記，化成詩句。那年，他發表《吾鄉印象》系列詩作；在那之前，在國民黨政府來台後的三十餘年，島嶼文壇幾乎少有農村的相關詩句，雖然戰後台灣農家從五〇年代約佔總戶數的四十五％，到六〇年代初期仍有四成的比例[①]，但「這裡有個剛抵達者。他不聆聽鄉土語言，而談論著那個他說不定只有遠遠看過的歌劇院……。」（引自弗朗茲．法農《黑皮膚，白面具》[②]）

什麼意思？

米糧與二二八

要回答問題，往往得回到歷史的流域，沿著紛陳的支流往回溯。說——「說，不僅是在運用某種句法，掌握某種語言的詞態，甚至是在承受一種文化，負載一個文明的重量。」（引自《黑皮膚，白面具》）——太平洋戰爭結束後，中華民國政府從戰敗的日本人手中，接收到台灣的統治權。於是，一紙宣言，舊的總督走了，同一棟建築裡，換入新來的掌權者；曾經的「國語」日文，換成各種腔調的北京話；「昭和」發行的台銀券與日銀券被收回，改發行「民國」的台幣；所有日產日資（包括土地、建物、工廠、機械、原料及成品），也統統收歸為「國有」——國民黨政府所有，或直接變成國民黨的黨產。

政權更迭，歷史之河改道。

被派駐來台的行政長官陳儀（兼任台灣省警備總司令），聲稱要使「台胞脫離在日本的壓制剝削下所受不平等，不自由的痛苦，得到富強康樂的生活……」（陳儀言），但實際的作為卻是延續日本舊制，整套繼承下來，換上新的制服與名稱。

譬如稅單，從「台灣總督府台中州歲入」字樣，改成「中華民國台中縣歲入」，而「納人」，仍是同一群必須繳納的農民。只不過稅單上的文字、語法、格式稍微不同，中華民國政府多印了一行，「納稅是人民的天職」，且一來就征收「建介壽館獻金」。介壽館？是的，準備迎接蔣介石入駐的、前日本時代的總督府。

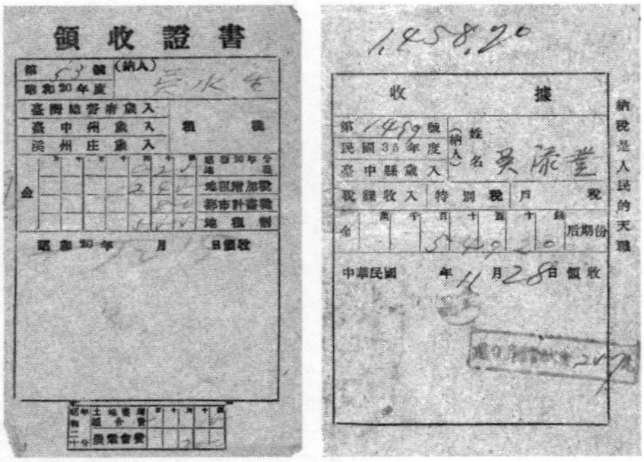

二張稅單，從昭和到中華民國。

又譬如一九四五年，行政長官公署公布「台灣省管理糧食臨時辦法」——在國民黨統治台灣前二十餘年，不少法令皆冠以「臨時」之名——將日本時代「壓制剝削」農民的食糧營團，改名為糧食局；將農業會分為農會及信合社（一九四九年又合併成「農會」），仍聽從官方的指示。比較大的不同，在於將貨幣繳納的地租（田賦），改為實物（稻谷）征收（「征收」的詞彙，日後改為「徵收」，而「稻谷」變成「稻穀」）。

這套直接征糧的辦法，當然也不是統治者的新點子，而是推翻王朝建立起的「民國」，承襲自中國歷代王朝的舊制。請看詩：

山前有稻熟，紫穗襲人香
細獲又精舂，粒粒如玉璫
持之納於官，私室無倉箱
如何一石餘，只作五斗量
狡吏不畏刑，貪官不避贓

——節錄自唐朝詩人皮日休的〈橡媼嘆〉

千百年前，詩人就在文字中留下紀錄，紀錄歷史原來一直重複搾取農糧的舊制。以白話文解釋這幾句詩，大意是：山前的稻子熟了，紫色的稻穗，風吹過，飄來稻香。仔細的一束一束收割，又精心的舂米，使一粒粒米粒，都像玉石耳墜般晶瑩。但這些米糧必須繳納給官府，農家根本沒有辦法剩餘。且官府收糧時，分明是一石多的米，卻故意減少只作五斗量。狡猾的官吏不怕刑罰，貪官永遠不避收贓物。

在中國歷代王朝，糧食被暴斂入官倉，甚至任其「化爲土」，造成廣大農民「不得食」（出自張籍〈野老歌〉[3]）的情形，屢見不鮮，而這套制度，輾轉隨著國民黨政府進駐島嶼。

於是，走了太陽旗的收稅官，來了青天白日滿地紅旗的征糧者，台灣農村的處境，也只能延續怨嘆的歌謠到：

納不完官廳租稅
又被他
收稅官
來催促
駭怕得、眞像犯著罪

農會豆粕
圳霧水銀
怎參詳、也不允准
差押官
牽去牛
拿去豬

雞鴨鵝、一齊攏總去

——節錄自賴和一九三一年〈農民謠——附李金土譜〉

日本時代兩次被捕、居住在彰化市的文學家，賴和先生（醫生），以歌謠的方式，寫出當時農家的辛酸苦楚。「風吹雨打／水浸日曝／一年中辛辛苦苦／只希望稻仔好／粟價高」，但收成往往只夠繳交給地主地租（粟租），「刈稻工／肥糞錢／無粟糶，怎得去開銷？」（割稻的工資、糞肥的花費，都還沒付，但已經沒有稻谷賣錢了，拿什麼去支付開銷啊？）

偏偏農會的職員又來收稅，「怎參詳」也不允准拖延，強強將農家剩餘的財產，豬也牽去，牛也牽去，雞鴨鵝都抱走，致使佃農「幾年來，勤勤儉儉／也依然／妻不飽／兒不暖」。

連基本的溫飽都有問題，當時農民的苦，是半數島民的苦。但在一九四五年歷史之河轉換渠道後，這款妻子不飽、孩子不暖的情況，不僅未獲改善，連丈夫失業的情況都加劇嚴重，且產米的島嶼，竟破天荒鬧起了「米荒」。

因爲「民國」一來，便透過新成立的貿易局，征調漁船及其他船隻，將米、糖、鹽、煤四大物資，拼命送出島去賣，去賺錢入官商勾結的口袋。譬如一九四六年，戰後頭一批新糖出廠之際，南京的行政院長宋子文便下令，將島嶼蔗田總產量約八萬噸中的五萬噸糖，限期，運往上海，交給國府資源委員會，完全無視島內因此供需失調，糖價飛漲數十倍。甚至連之前庫存在官倉裡的米糧、以及田賦征實中新征的稻谷，都大量大量運出去，致使米價一直攀升，有錢也不一定買得到米。（短短幾個月內，食米，也就是白米，從一斤〇・二圓飆到一斤十二圓，足足漲了六十倍。）

於是，「高雄餓莩倒斃街頭、台南市場情形混亂、米價黑市價格繼續昂揚、市民如臨大禍」（引自一九四七年二月十一日、十四日的《人民導報》）。

《人民導報》在一篇名為「餓死骨」的短評中寫到：「我們不能睜大眼睛看著同胞們餓死在路旁。……貧民因米價飛漲無錢購買而餓死，這是個多麼富有諷刺性的問題啊！……我們今天看見別人餓死，難保明天又給別一些人看著我們餓死，這豈不成民族慢性自殺了嗎？」

因為米糧都銷出島，換成錢進入少數官商的口袋了，所以產米的島嶼，島中之人反而沒米可吃；這款將人類活下去的基本需求，糧食，拿來貿易、走私、當成籌碼，牟取暴利的行徑，歷史之河流過，見證從前發生過，現在更以「自由貿易」之名變本加厲，致使非洲、美洲、亞洲越來越多貧民，因買不起糧食而餓死（到二〇〇六年，據聯合國糧農組織表示，全球飢餓人口不斷增加，平均每五秒鐘就有一個孩童死於飢餓）。

回到一九四七年，陽光普照中的島嶼，創刊一年多的《人民導報》，接續在二月十七日的標題中寫到：「向飢寒交迫之市民搶救吧！」

《人民導報》前社長宋裴如，彼時社長王添灯，總編輯蘇新，總主筆陳文彬。據日後蘇新回憶到，王添灯就任社長後不久，有一天，二林蔗農事件中和李應章先生到各地農村演講、成立台灣農民組合、日本時代被關十年的簡吉，帶著「高雄農民與警察大隊武鬥」的資料，到《人民導報》的編輯部，希望報社能夠報導，於是蘇新派記者呂赫若跟簡吉一起下高雄採訪……。

日後，二林的農家子弟楊儒門，在獄中閱讀呂赫若，簡吉的兒子和獄中的楊儒門聯繫，李應章的兒子李克世為楊儒門的書寫序。雖然，時代已經多麼不同！相連的土地、氣候、作物的根，歷史之河往返著，回到報紙的鉛字，再次呼籲：「我們不能張大眼睛看著同胞們餓死……」

但當時剛從外地抵達，隨時準備要走的掌權者，顯然故意沒有聽見，或聽見了，卻任由飢餓的哭聲在門外徹夜，而沉迷於細數耳際的銅板、金幣，叮叮噹噹。

終於，因爲外來政權與本地人位階不平等；因爲隨身配槍的軍警，經常爲了細故公然開槍；更因爲米也漲價，鹽也漲價，糖也漲價，連火柴都被專賣局專賣去了，漲價得離譜，而失業人口徘徊在尚未從美軍轟炸下復原的街道，一不小心，就會撞見路上有餓死骨……。種種不滿（尤以吃不飽，火氣最大），沿著一條看似突發，但其實點燃很久的導火線，晝夜間延燒成全島的動亂。

那條導火線，起火在一間名爲「天馬茶房」的聚會所附近；是個歷史的傍晚。新成立的專賣局——煙也專賣，酒也專賣，火柴、樟腦、度量衡等統統不准人民賣——派出配槍的緝私人員，到處查緝，看有哪個小老百姓，膽敢「私」賣只有國民黨政府可以賣的東西。剛好，在台北市太平町一帶，遇到中年寡婦林江邁在兜售香煙。六個講北京話的緝私員，於是團團圍住林江邁，意欲沒收她的煙和錢，林江邁以閩南語苦苦哀求，緝私員不爲所動，還用槍管敲擊林江邁的頭，敲到她流血昏倒。圍觀的路人看不過，群起要撲打緝私員，緝私員便開槍，當場打死一名路人陳文溪。

憤怒的群眾更氣了，集結到警察局和憲兵隊抗議，要求政府交出兇手。隔日（二月二十八日），更到行政長官公署前廣場示威，沒想到，趴在公署屋頂上的憲兵，聽從長官一聲令下，開槍向下掃射……。

那是日後被稱爲「二二八事件」的開端。

動亂中，由省議員、國民參政員等民意代表爲主體成立的「二二八事件處理委員會」，向行政長官陳儀提出建言。陳儀起初答稱歡迎、歡迎、盡量說，但就在處理委員會眞的通過「改革台灣省政」

綱領（三月五日）、發表〈告全國同胞書〉（三月六日），表示「這次二二八事件的發生，我們的目標在肅清貪官污吏，爭取本省政治的改革，不是要排斥外省同胞……」、確立「處理大綱」（三月七日）後，三月八日，國民黨從南京派來的軍隊已經渡海抵達，從基隆和高雄上岸，展開全面性的政治屠殺。

死亡人數難以估計，據日後追溯，從萬到上萬不等；被逮捕及「自首」者，更牽連眾廣。

從此，歷史之河的河底被埋入冤屈、血腥、憤恨、不甘、以及暗夜中的哭泣聲，噤忍著，用泥沙土石覆蓋住地底親朋好友被殺的痛。

痛，直到記得痛的人死去，仍隱隱作痛。

屠殺之後，國民黨政府從三月二十日開始，展開全島的「清鄉」，表示「政府爲了保護善良人民……決定實施清鄉……。清鄉的主要對象，是武器和惡人。凡是武器和惡人，都應該交給政府，由政府合理合法的處理。」（引自陳儀〈爲實施清鄉告民眾書〉）

但誰是惡人呢？由誰認定？

（騎鐵馬的小男孩，長大後也會變成「惡人」嗎？）

四月，陳儀被蔣介石調回「中央」（南京），不僅未被追究二二八之責，反而升官，成爲浙江省主席（直到一九五〇年因投靠中共被國民黨槍斃）。

那誰又是好人？誰是中飽私囊，致使人民餓死的「好人」？

歷史之河穿流著，沿著台灣海峽，中國國民黨在中國大陸的敗跡日趨明顯，島嶼陸續移入避難、偏安、撤退來台的黨、政、軍、人民。爲支付軍隊及行政機關的巨大開銷，一九四八年，台灣銀行還發行了一款從未見過的「定額本票」（反正鈔票是政府印的），來填補財政破洞，致使台灣發生嚴重的通貨膨脹。然後一九四九年，新年初，持續打敗仗的國民黨，在「做最壞的打算與萬一的準備」（蔣介石語）中，派陳誠來台擔任省主席，爲遷台預作準備。

台灣——這蕞爾小島——不再只是中華民國的一小塊領土，而是可能被迫落腳的，最後的所在。這所在，歷經二二八屠殺，歷經全島「清鄉」，逮捕各地避匿或不知道自己竟是惡人的「惡人」後，物價持續高漲、金融持續紊亂、貪官污吏都在，飢餓與武裝的反抗力量也在。新上任的陳誠認爲，唯有先安定、控制好農村——控制好生產糧食的農家人口——才能穩定外來政權在台的統治基礎。

他更換幣制，將台幣四萬塊，折合成「新台幣」一塊。雖然仍延續讓農民負擔沉重的田賦征實制，但推行「三七五減租」，將地租的上限，定爲全年總收穫量的千分之三七五。若地主收取的地租，高於三七．五%，必須降至三七．五%，低於三七．五%，也不得增加。「私有耕地租用辦法」（一九五一年正式由立法院通過爲「耕地三七五減租條例」）並且規定，地主不得收取押金，若要終止租佃契約，必須補償佃農，土地公告現值扣除增值稅後三分之一的地價（造成日後地主與佃農間五十幾年的糾紛，直到二〇〇六年才釋憲解決④）。

同時國民黨政府在那年的五月二十日，依「戒字第一號」戒嚴令，宣告島嶼從此戒嚴（此後長達三十八年）。

到了十二月，國民黨終於全面撤退逃到台灣，這「復興民族的基地」、「反共復國的跳板」，就這樣，像是被封閉起來的船隻，駛入全球冷戰體系中搖晃的一九五〇年代。

白色恐怖下的耕者有其田

三月，蔣介石在總統府（彼時稱為「介壽館」）前，萬人擁戴的台上，戴著白手套，宣布恢復總統職權。國防部公布「檢舉匪諜獎勵辦法」（一九五一年），鼓勵民眾告密，當「抓耙仔」，給予告密者兩百到六千銀元不等——當時到農場割甘蔗，一天工資五塊錢——而被檢舉者，可能被關數十年或槍斃。中國青年反共救國團（簡稱為「救國團」）成立（一九五二年），首任主任是蔣介石的兒子蔣經國。行政院公布「檢肅匪諜聯保辦法」（一九五三年），明訂人民「應相互嚴密考察」。

嚴密抓「匪」的高壓統治下，加強國語教育計畫——意思是，不准說閩南語、不准說客家話、不准說管你魯凱、泰雅或阿美族的原住民語，也不准再說之前的「國語」日文——從校內往校外推；反共抗俄列車沿著鐵路，巡迴全台各地；戰鬥歌曲昂揚的唱起，電影檢查、漫畫檢查（其實是什麼都檢查）的制度，全面實施；而小學生到作家的文章，無一不讚頌「民族的救星」、「世界的偉人」蔣介石。

蔣介石是中華民國的總統、中國國民黨的總裁、三軍總司令、課本裡從小看魚兒往上游的男主角；下令殺人的獨裁者。

蔣介石的背後，有美國政府；「反共抗俄」的美國政府。

「同一段時期，在美國主導的全球性反共大協作體系裡，也普遍出現了白色恐怖的風暴。其中特別著名者如：南韓李承晚、朴正熙（延續到全斗煥及今天的盧泰愚）、越南吳廷琰、泰國乃沙里、他農政權；菲律賓麥格塞政權、印尼蘇哈托政權等，無不有過白色恐怖的血腥紀錄。」（引自藍博洲《幌馬車之歌》[5]）

和運動。」

「既然稱為『白色恐怖』，」林書揚說：「可想而知，其主要的施行對象是一般所說的左翼人士林書揚，一九五〇年六月，因涉及「台南麻豆案」被捕，關了三十四年，於一九八四年十二月——推算起來是楊儒門六歲的時候——出獄。

但有更多人死在監獄裡，沒有機會出獄；還有更多人，尚未進入監獄，便被槍殺死去。

一九五〇年，十月的一個清晨，基隆中學校長鍾浩東被叫到名字，向同房被關的人一一握手道別，然後在腳鍊拖地聲中，輕哼出歌，走向生命的盡頭，走向被槍決的刑場。

一九五〇年，從此失蹤的、寫出令人驚豔的農村小說、甚至在日本東京演出歌舞劇〈詩人與農夫〉的呂赫若，據傳命喪國民黨政府派軍警圍捕後的台北縣石碇山區。

一九五一年三月，武裝反抗力量，台灣自治聯軍的成員之一簡吉，在馬場町被槍決，留下他草擬的〈農民組合宣言〉中，迴盪著：「如今世人視農業為卑賤，貧者依賴他人之門閥而不顧隸屬，富者則弱肉強食……毫無福利均霑之念……嗚呼，他是人，我也是人，豈可忍受？」

一九五四年，倡議過原住民自治的吳鳳鄉（今阿里山鄉）鄒族鄉長高一生，被槍決前，從鐵窗內寫出〈春之佐保姬〉的歌謠，寄回家給妻子，並留下遺囑表示，「田地和山野，隨時都有我的魂守護著。水田不要賣。」

而「我捏緊紙條，心中悲痛，不能站穩……在軍法處，我們已經習於天天看見許多青年被判決死刑。這段日子來，每天凌晨聽著其他政治受難者被帶出去槍斃時，用悲壯的聲音高喊口號。然而，如今一旦面臨殘酷的事實，我還是承受不住那尖銳無比的痛苦。」說這話的，是年輕醫師郭琇琮的妻子林至潔，她也被抓入牢房內。

入獄初期，林至潔每每在放封時間，假藉要去倒馬桶，然後溜到男犯的曬衣場，認出郭琇琮的衣物，再從晾曬的內褲褲袋縫裡，冒著生命危險，取出丈夫寫給她的訊息（紙條）。

那天，紙條上只簡單寫著：「二條一。死刑。」

緊捏住紙條的林至潔，入夜後在牢房裡失眠一夜，天一亮，她回給郭琇琮的紙條上，密密麻麻寫著：「如果我活下來，我一定會把你的一生寫下來；你在這短短三十三年的一生，做了他人五十年、一百年都做不完的事。題目我已經想好了：〈美好的世紀〉；但這題目好俗氣，怕你不會喜歡。」

隔日曬衣場的回條寫著：「題目『俗氣』沒關係，只要你能把我這短暫一生所信仰的理想、所做的事寫下來，我就感到非常安慰了！」

那是校長、醫生、詩人小說家、原住民鄉長、「豈可忍受」欺壓的游擊隊員被槍斃的年代。據統計[6]，若連一九四九年涉案的八十四人算入，整個五〇年代，有案可查的政治犯共八百九十三人，其中死刑二百五十一人。

隨口舉出的名字，都是令人不忍、令人哽咽的故事。

因爲不同的人生決定，有人很年輕就被關、被殺，殃及家人被特務監視、被親戚朋友避而遠之、被社會氣氛排擠唾罵；人性普遍不堪試煉。有人則永遠依附住統治階層，不管朝代如何更迭，至今活得體面，兒孫滿堂，家財萬貫。

甚至歷史也不能還給誰公道，理想的屍骨沉埋處，往往蓋起利益的大樓。但縱使如此，島嶼有志青年仍然前仆後繼，去向統治者要求公平與正義，雖然那時，隨著時代改組的統治階層，也已調整出新的步伐來因應，來維持及擴張少數上層的利益。

往返著上與下，往返著如浪的歷史，回到一九五〇年，美國總統杜魯門發表聲明，表示將繼續給予戰敗的國民黨政府（給予蔣介石）經濟援助，美援機構——包括美國經濟合作總署（所謂）中國分署、中國農村復興聯合委員會（簡稱爲「農復會」），也從大陸移往台灣。美國第七艦隊巡防台灣海峽，噴射機、美國大兵、以及美國大兵們吃的喝的用的聽的閱讀的，飛入戒嚴中，與全球海洋失聯的島嶼；浪潮拍打著。

一小塊「反共抗俄」，防堵全球共產黨「入侵」的據點。美國與蘇聯對幹下棋的棋盤上，一顆插著美國旗的棋子。

在島嶼（棋子）內的台北，一個「無形」的、沒有具體組織架構的美援運用委員會（簡稱爲「美援會」），每禮拜三召集一群人開會，討論美國撥款或透過各種器材、原料、設備、工程師、農產品等，「援助」到台灣，官方報表上每年約一億美元、簡稱爲「美援」的經費該如何運用。

會議中，除了美援機構的美國人，坐著喝咖啡，發表意見，國民黨政府的經濟、財政、交通、糧食、農林、工礦等單位的上級長官，也統統出席。舉凡經濟（工業）如何發展、交通如何造橋鋪路、礦業如何挖、林業如何伐、水利工程如何蓋水庫，而發電廠的竣工典禮，美國的星條旗與國民黨徽的中華民國國旗該怎麼插得漂亮等等，都算美援的業務，至於糧食、土地及農村政策，則由農復會負責「援助」。

工作人員一半是美國人、一半是島嶼中人（彼時稱爲中國人）的農復會，沒有直接以國民黨政府農政單位的名義，辦理各項業務，不過有錢核撥款項給政府，同時提供技術指導等。

從化學肥料、殺蟲劑（DDT）、電力、農耕機器、農會改組、土風舞到烤肉文化，可以說，台灣農業政策的底定，一路和農復會息息相關。一九五一年，行政院通過「放領公有耕地扶植自耕農實施辦法」的同時，農復會也撥款、派員，協助省政府進行全台地籍總清查、總歸戶（也許順便總「清鄉」？），以便繼三七五減租（一九四九年）之後，繼續實施「公地放領」、「耕者有其田」的土地改革；革別人土地的政策。

公地放領，係將過去屬於日本人的公私有土地，統編為公地，分期放領（其實就是轉賣）給佃農、雇農、日本時代就承租公有地的現耕農、以及耕地不足的半自耕農等。

放領的地價，係按土地等則，將全年正產物收穫量的兩倍半，以實物（稻谷或蕃薯）計算，讓承領農戶每年兩次，分十年繳還給政府。同樣的，「耕者有其田條例台灣省施行細則」（一九五三年）規定，全台每戶地主人家，不管原先有多少土地，一律，可保留水田三甲、或旱田六甲，其餘的，由政府征收來轉賣給現耕農。

政府征收的地價，和轉賣給農民的地價相同，不過增加了年息四％，因此想要買地的農民，必須每年兩次，將地價折合成的實物——水田是稻谷，旱田是蕃薯——連本帶利，分十年償付給政府。至於土地被買走的地主，政府則以七成實物債券（稻谷或蕃薯），搭配三成原本屬於公營（日營）的水泥、紙業、工礦、農林公司的股票，同樣分十年，每年兩次補償給地主。

於是，一征收一放領，一買一賣間，轉手的「中盤商」政府，不僅沒有因實施

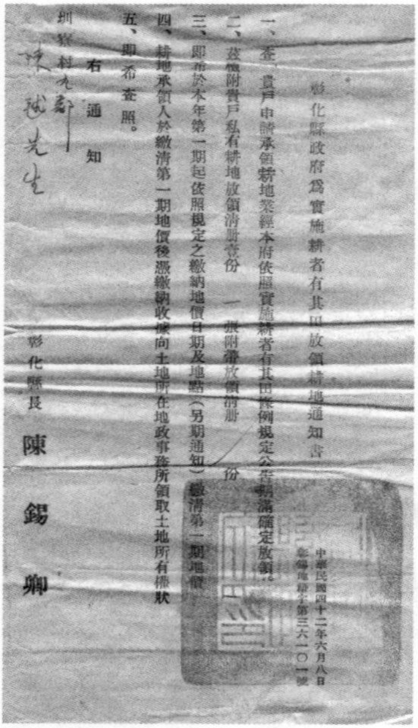
中華民國四十二年六月八日
彰錫地耕字第三六一〇一號

彰化縣政府為實施耕者有其田放領耕地通知書

一、查貴戶申請承領耕地業經本府依照實施耕者有其田條例規定公告期滿確定放領。
二、茲檢附貴戶私有耕地放領清冊壹份　一張附帶放領清冊　份
三、即希於本年第一期起依照規定之繳納地價日期及地點（另期通知）繳清第一期地價
四、耕地承領人於繳清第一期地價後憑繳納收據向土地所在地政事務所領取土地所有權狀
五、即希查照。

右通知

圳寮村九鄰　陳斌先生

彰化縣長　陳錫卿

放領耕地通知書。

土地改革而增加任何負擔，反而在財政上多獲得八億餘元的收入⑦。同時，透過耕者有其田，除了讓佃農成爲自耕農，奠定此後台灣以小農耕作爲主的型態，也讓國民黨政府，成爲島嶼唯一的大地主（兼糧商），年年（十年），向所有農戶征收稻谷。

同時耕者有其田，也將農村裡大小地主的土地資本，連同大戶人家收取地租、雇用佃農的「頭家」地位，甚至「有土斯有財」的傳統觀念，都一步一步拔除，轉移到都市型的工商發展上；大地主成爲水泥、紙業、工礦、農林公司的大股東（管轄的不再是佃農，而是員工），小地主成爲小股東，更小的地主，分到一點點不具影響力的公司股票，日後往往抱怨土地被「奪走」。

而地主陸續搬遷出去，剝削佃農者陸續被移除的農村裡，剛好——時代難道總是這麼剛剛好？——被農復會協助改組的農會系統，適時的卡入；被代議制度往往做票買票選出的民代官員，一一的進駐。

於白色恐怖的槍響中，完成土地改革。

麵粉代米、公賣局取代小米田、人造林取代原始林，而《豐年》雜誌發行

政策從上游，推動出時代如浪，一波一波的流向，從不曾侷限於某一年，不過，仍然讓我們以耕者有其田公布實施的一九五三年爲例吧！透過這一年，來看看時代浪潮湧現的弧度。

一九五三年（民國四十二年）元月，在蔣介石發表〈告全國軍民同胞書〉中展開，雖然距離一九五〇年，蔣介石宣稱的「一年準備，兩年反攻，三年掃蕩，五年成功」的反共復國時程表，已經過了三年。行政院長陳誠指定台灣是「違反糧食治罪條例」的施行區域——不然，中華民國政府還有哪

此可管轄的區域？——同時表示，年度兩大政策，一是耕者有其田（爲期十年），一是參酌美國懷特公司所擬的工業計畫草案而制訂的「台灣經濟四年自給自足方案」（簡稱爲「四年經濟建設計畫」）。

然後省糧食局以糧價高漲爲由，限令地主農戶必須將「餘糧」出清，並且延續之前之後，每當谷價一漲——可能每公斤漲個幾角幾分——就從征收而來的官倉內，取出米糧，以低於市場的價格配售（甚至無限制的配售），來政策性的壓低米價。

而什麼是「餘糧」？隔年省政府公布，定義農戶的收成，除留供自食、留作稻種、以及繳交稅糧外，其餘的統統都算餘糧，都必須低價賣出；不賣？以囤積罪論處。雖然彼時大多數農戶，光繳稅糧給政府，其實就繳掉了所有收成，根本談不上自食白米飯，飯鍋內總是蕃薯或曬乾的蕃薯簽。

吃蕃薯簽長大的庄腳囝仔——住在濁水溪畔的那些——日後也許會記得，小學時的某天（查資料才知是一九五三年的元月二十七日），被動員、被老師帶著，去參加西螺大橋的通車典禮。

西螺大橋，接連雲林的西螺與彰化的溪州，紅色的橋身，像一道長虹，越過島嶼最長的河流濁水溪，是由美國進口的鋼鐵築起。在近十萬人次的典禮人潮中，囝仔擠來擠去，大概會忘記，行政院長陳誠在典禮上致詞，表示西螺大橋，這遠東第一長的公路長橋啊，不僅是「自由中國」的建設里程碑，也代表「中美合作」的合作碑。

話語沉入歷史之河的河床，而橋面鋪設的軌道，通車典禮後，開始往返台糖公司的五分仔車。運載甘蔗的五分仔車，從溪州糖廠所在地的溪州，接連蔗田遍布的二林。穿過二林，經埔鹽鄉，到福興鄉，福興鄉經秀水鄉，和八卦山東麓的芬園鄉碰頭，而水的流域，不受行政區域劃分、限制，記憶往往不被編年的容器給盛裝。

相連的土地、氣候、作物的根。二月，農復會協助規劃的「四健會」，首度在台中縣霧峰鄉成立。四健會，是從美國的 4H Club 轉化而成，宗旨為「健全頭腦（Head），健全心胸（Heart），健全雙手（Hands），健全身體（Health）」；如同救國團舉辦各式營隊活動，宣導、教育青年「反共」、「救國」，彼時四健會主要的「教育」對象，是十幾二十歲的農村青年。

只要填寫報名表，就能成為四健會的會員，成為會員後，就能參加生產學習活動；但要學什麼？剛開始四健會的課程，分成畜牧、農業生產、農業經濟、農民組織、森林等組別，譬如畜牧組，作業項目在於教導農村青年養豬。但養什麼豬呢？沒有意外的、是日後小說家宋澤萊及鍾鐵民寫到、台灣農村普遍在飼養的「藍瑞斯」、「約克夏」等美國進口的豬種。

一步一步，如同小說家黃春明分析到，美國正在「放長線，釣大魚」，一步一步，不止推銷豬隻、以及養豬的方法，還有麵粉、以及麵粉工業。一九五三年初春三月，四健會運動正從台中霧峰向全島農村推行中，在台北的生產事業管理委員會，也從城裡倡導「多吃麵，少吃米」運動，為隔年「麵粉代米」的政策預先打廣告。

但為什麼要「多吃麵，少吃米」？為什麼配給軍公教人員的糧食，要由麵粉代米？

聽聽，口號是這麼喊的：「多吃麵，少吃米，把節省下來的食米外銷，爭取寶貴的外匯」。

由於五〇年代島嶼能夠外銷出去的東西，九成是農產及農產加工品，其中，米糖就合佔總外銷量的七成七，因此政府要人民每星期一天、至少一天（日後當然不止一天）不吃米飯，那全島一年就可以「省下」七分之一的米糧，而每多省下一噸米，透過中央信託局賣出去，就能多獲得一百美元的外匯（進入誰的口袋內？）。

至於不吃米飯的那一天，要改吃什麼？請食用麵粉做成的麵條。那麵粉從哪裡而來？沒錯，從美國的農場運出來。麵粉工廠也正在四年經濟建設計畫中，被扶植。

政策從來不是因為，官員突然心血來潮、突然認為吃麵比吃米好。食物的背後，有金錢與權力的兩隻手，在豢養著、操控著市場，主宰一般大眾的味蕾。不止豬肉正在被換成美國的品種，不止米飯正在被麵條給取代，不止大豆、還有大豆沙拉油，正在養出島中之人逐步捨棄花生油、豬油的吃食習慣。一九五三年六月，立法院三讀通過了「台灣省內煙酒專賣專行條例」（彷彿還有省外？）。

煙農與公賣局簽約種植煙葉，賣給公賣局，再向公賣局購買，只有公賣局能夠製造販賣的香煙，從「香蕉」、「新樂園」、「莒光」、「金馬」、「三五」到「黃（白）長壽」等牌子。

煙霧繚繞中，煙農不會自己捲煙，原住民也在規定下，從此（約五十年）不准釀酒；不准釀族人的小米酒，小米田隨之消失，取而代之的，是美國進口的小米、是公賣局在賣的酒精。國民黨政府「就丟給他們一打一打瓶子／米酒啤酒紹興酒保力達都無所謂／就用過量的酒精痲痺他們／……／痲痺他們清醒的頭腦／淹沒他們雪亮的眼睛／三百年來不也就這樣過去／誰叫他們是島嶼上的少數民族／……／強勢的經濟下只能向錢看／誰信平等均富那一套／……

就讓他們用土地去分期貸款
就讓他們用兒女去分期貸款
就讓他們用尊嚴去分期貸款
……
誰叫他們是島嶼上的少數民族

——節錄自瓦歷斯・尤幹〈丟給他們一打一打瓶子〉

日後，連署聲援楊儒門的泰雅族詩人、鄉村教師瓦歷斯・尤幹（後隨原住民傳統，更名為瓦歷斯・諾幹），於一九八八年寫下這首〈丟給他們一打一打瓶子〉，痛陳政權對原住民族的傷害與掠奪，並回憶起就讀台中師專時，因「接觸了吳晟的人與詩之後，憶起部落老人的祭典對吟，事實上就是絕美的詩意境表現……逐漸棄離華貴虛矯的文字身段……與童年的部落生活記憶對話……。」（引自魏貽君〈從埋伏坪部落出發——專訪瓦歷斯・尤幹〉）

童年的部落，連同部落的種作文化，正在蜿蜒的撤退再撤退，而國民黨政府的高山林道，連同水庫與發電廠，正在深入再深入。

一九五三年八月，數年來砍伐約兩千五百棵原始檜木，致使老樹的靈魂集體哀嚎，而賺得約兩千萬的八仙山盜林案，十一個官員被起訴。

但一件盜林案，及之前之後頻頻發生的、獲利沒繳入國庫的盜林案，並沒有影響到國民黨政府的林業政策；以「保林造林」為名，砍伐原始林木的林業政策。殺殺殺的、官商勾結成鏈鋸狀，啓動利益的馬達，一個林區接一個林區，一個山頭砍過一個山頭的，賺取原木外銷的鉅額利潤。一九五六年推行「多造林（造人工林）、多伐木（伐原始林木）、多繳庫（當然要繳給國庫通黨庫）」的三多政策。一九五九年更進一步公布，台灣林業經營方針，下令「全省之天然林，除留供研究、觀察或風景之用者，檜木以八十年為清理期限，其餘以四十年為清理期，分期改造為優良之森林。」⑧

預計分八十年的時間，陸續將原始林木清理（砍掉），補植成次生林（所謂優良之森林）的政策，不到二十年，就幾乎伐盡島嶼所有原始檜木林，且通常「忘了」補植。

然後被「清理」掉的原木，要運往哪裡？停泊在港口準備遠航的船隻都知道，官員和商人的口袋也都清清楚楚。

殺樹的屠夫，正在被稱爲「林業鉅子」；植樹節的活動，由伐木的林務局擴大辦理；愛護森林的標語，一直掛在高山林道的入口處。歷史之河流過，山林像島嶼的脊椎，正在一根根、一排排的斷裂，回到一九五三年。

十二月了，《豐年》雜誌在這個月裡正式出刊。

農復會的機關刊物，刊頭題有「農民之友／生產之道」的字樣（字的兩旁還有兩穗稻穗做點綴）。

創刊號封面，刊登一張照片，照片中，收割後的田地，四個短衫短褲（其中一個打赤膊）、頭戴斗笠的「農友」，圍站在當時剛推出的脫谷機（俗稱「機器桶」）旁。操作機器的農人，雙手捧握一束剛刈起的稻禾，傾身，放入杉木製成的方形桶內，桶內有一布滿A字型鐵齒的滾筒，農人一腳一腳，赤腳踩踏踏板，帶動滾筒快速旋轉（照片中聽不見滾筒滾動時，發出的霍霍聲，親像打雷），致使稻穗一束束被碾過，而稻谷一粒粒脫落（俗稱「脫褲」），掉入盛裝的受谷箱內。最新型的機器！美國公司進口到台灣的「機器桶」；想買嗎？

一步一步，在《豐年》雜誌發行的同時，省政府也透過農會系統，借錢給赤腳握鐮刀的農民，鼓勵他們負債，購買新型的農耕機具。新型的喔（一直一直推陳出新呢），像《豐年》雜誌上更換的照片那樣新，也像農會、四健會教導的農耕技術，那樣先進。

但大多數佃農買不起，在要成爲自耕農的過程中，又必須背負起債務，年年、年年，每年兩遍，將稻谷收成繳給耕者有其田後，島嶼唯一的大地主（國民黨政府）。而唯一的大地主又不時從官倉內，取出米糧來「平抑」米價（甚至鼓勵多吃麵少吃米），致使稻谷價格低落，農民的收入也跟著被壓低。

收入低落、賦稅又沉重的農民，於是紛紛想要離農，出外去打拼。去哪裡?能去哪?

時代不是湊巧的、而是被設計過的，離農的人口，剛好符合一九五三年元月推出的四年經濟建設計畫中，被扶植的大工廠所帶動出的下游小工廠，對廉價勞動力迫切而大量的需求。

> 政府有意壓低農民所得，為的是讓那些務農的人移轉到工業上去。

日後（一九七〇年），還沒晉升為國民黨高官、在農復會工作的李登輝，曾如此分析到。

據農復會調查，整個五〇年代，台灣農村的勞動力，平均每年遷移出六萬名青年（日後還會更多），於是「在陽光下流汗，在月光下唱歌的／吾鄉的少年仔，哪裡去了？／他們湧去一家家的工廠」（引自吳晟〈牽牛花〉），一家家不需要什麼技術，也不可能要求什麼薪資的食品加工廠（彼時以包裝鳳

脫谷機。（蔡滄龍／提供）

梨罐頭爲主）、紡織廠、塑膠工廠、化學工廠等。而這些小工廠的上游，是美援計畫中援助的大工廠。

譬如，由美國懷特公司協助規劃，發包給美國HRI公司設廠的台灣肥料公司（一九五九年因美方的設計錯誤，停廠，損失千萬美金）；譬如，一九五四年轉爲民營化的台灣水泥公司，董事長是大地主家庭出身、耕者有其田後投靠國民黨的辜振甫。

辜振甫和郭琇琮是台北一中（今建國中學）的同學，不過一心想要爲貧苦大眾爭取生存權的郭琇琮醫師，在一九五〇年（三十三歲時）被槍決，辜振甫則和每個統治者關係良好（從蔣介石、蔣經國、李登輝到陳水扁），以董事長的身分風光活到二〇〇五年。

這便是台灣的歷史。又譬如，日後以「我也是苦過來」的姿態，自述「一九五三年承蒙從美援當中撥出少數額度提供民間，著手興辦一些加工事業，才開始有民營企業的產生……起步發展的過程極度艱辛，當時種種情景可謂刻骨銘心」[8]的台塑公司董事長王永慶，藉由排放有毒的氣體、有毒的廢水，建立起「台塑石化王國」，一直到老，都不忘提及年輕時創業的「極度艱辛」，卻沒有提、不想提，五〇年代國民黨政府只讓台塑一家、只此一家、獨家生產PVC塑料的「保護」（勾結？）政策，也不提美援中的「少數額度」，在彼時、甚至今日，對大多數人來說，都是遙不可及的天價。

始於一九五三年，協助某些特定人士發展的、「四年經濟建設計畫」（此後共五期、二十年），在第一期中，美國政府及其跨國財團們，以鋼鐵、化學肥料、水泥大壩、以及一整套不一定適合海島規格的美式生產設備，喔，還有麵粉、麵粉袋、大豆、大豆沙拉油、棉花、美國棉、美國豬、4H Club轉化而成的四健會、《豐年》雜誌、以及美國人高大微笑的形象，給予國民黨政府和其扶植的（王永慶、辜振甫等）企業們，帳面上共六十五億八千八百萬元。

金錢的流入，流出支配與依賴，流出（誰決定的）買賣、以及（誰無法決定的）被買賣。

但彼時身在歷史之河的下游，在全球冷戰局勢下被當成一顆棋子，而獨裁者以「自由中國」之名統治下的島嶼，島嶼內的農鄉，農鄉內的村庄，成長中的囝仔在水圳內玩水，還不知道命運，和歷史的渠道脫不了關係。

囝仔嘴饞時，只懂得兜轉在阿母身旁耍賴，討著，「乎我一角啦！乎我一角啦！」

一角可以買一支劣質材的鉛筆，好一點的鉛筆要價兩角；一角可以買柑仔店在賣的糖水棒。

不過阿母往往連一角都沒有辦法給平日只吃蕃薯簽的小孩滿足，因爲隔年（一九五四年），省議會通過一期稻谷的收購價格，是每公斤一元四角六分。而剛收成的黃澄澄的稻谷，要繳給田賦征實、繳給公學糧、繳給隨賦征購、繳給耕者有其田、繳給肥料換谷。現金要繳給水利委員會水租（譬如一甲一分的土地，一期便要繳交普通會費一百六十元三角，還有特別工程費四十七元），繳給縣政府房捐，並被代征防衛捐三十%，繳給鄉公所戶稅，繳給農會生產指導事業費（感謝農會的指導），繳給稅捐稽徵處綜合所得稅等。若農家響應農村電氣化，牽了電線，夜晚用到兩盞六十瓦的燈泡，則每個月必須多付「包燈電費」十三元八角……，這些林林總總的稅——中華民國政府在稅單上表示，「租稅完納是國民之天職」——還不包括要支付耕作貸款、肥料貸款、蔗苗貸款、以及貸款利息等一

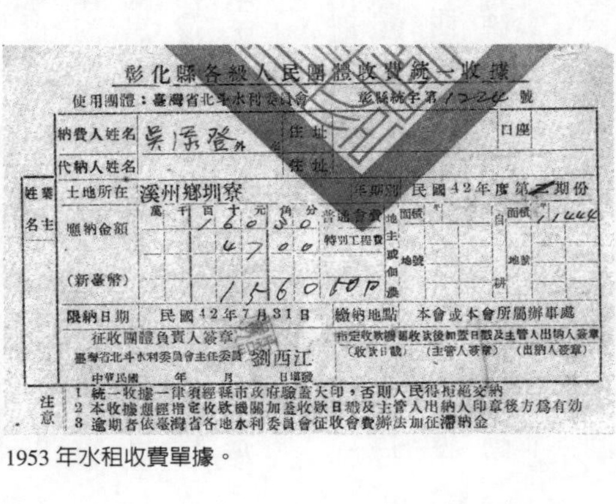
彰化縣各級人民團體收費統一收據
使用團體：臺灣省北斗水利委員會　彰縣統字第12240號
納費人姓名　吳深登外
代納人姓名
土地所在　溪州鄉圳寮
民國42年度第二期份
應納金額（新臺幣）　普通會費 160.30　特別工程費 47.00
限納日期　民國42年7月31日　繳納地點　本會或本會所屬辦事處
征收團體負責人簽章　臺灣省北斗水利委員會主任委員　劉西江
注意
1 統一收據一律須經縣市政府驗蓋大印，否則人民得拒絕交納
2 本收據須經指定收款機關加蓋收款日戳及主管人出納人印章後方爲有効
3 逾期者依臺灣省各地水利委員會征收會費辦法加征滯納金

1953 年水租收費單據。

大堆債務。

於是，六十五億八千八百萬元的美援，與每公斤一元四角六分的稻谷，形成歷史，而歷史親像一條河啊！

時代如浪

日後（二十一世紀初），如果你到柬埔寨、印尼等地的農村，旅遊參觀，極有可能像穿過時間的隧道，遇見眼熟或耳聞中的五〇年代，正在發展中的台灣農村。田地裡割稻的是一群人，彎腰，一手握住稻穗，一手拿著鐮刀，刈起稻浪逐步褪去的刷刷聲，於腳邊規律的躺出成排的稻禾。汗水在烈陽下蒸發著，鐮刀一不小心就會割傷手指。在你下榻的飯店裡，面孔黝黑、為你清洗被單、拿行李的男孩女孩，會在你問起時，說起他們剛從貧窮的農村出外討生活，手指還殘留割稻的舊傷痕（不久會有城市的新傷）。爲什麼離開父母田地，離開家鄉？實在是因爲種作太辛苦又難以餬口，而城市好像充滿機會，至少比種田多一點微薄的工資。

異國的經驗，讓你似曾相識的聽見，島嶼農村的發展史，也傳出離鄉的步伐，逐步逐步的。

經過一九五四年，農復會與台灣電力公司合作，支援全島鄉村電氣化；東部立霧溪發電所竣工（是的，竣工典禮插著國民黨徽的中華民國國旗與美國的星條旗）；西部縱貫公路的柏油路面，鋪設完成（沒錯，中美合作的兩隻手畫成圖案，貼在通車典禮架設的臨時牌坊上，而赤腳的囝仔再次被動員，去參加盛會）。

逐步逐步的，美國工程師設計的石門水庫，以遠東第一高壩的姿態，於一九五五年動工了。動工之前，住在水庫預定地附近的居民，全數被遷移，譬如住在桃園縣阿姆坪一帶的泰雅山胞、閩客農民，被遷到觀音鄉大潭村，而大潭村於八〇年代首度被發現長出鎘米；歷史循著發展的脈絡。縱使反水庫的運動從七〇年代起，已屢屢從美國內部、從匈牙利、從巴西、從印度等地，向世界證明：

水庫生產的電力、灌溉的土地也並不如預期。有了水庫之後，洪水變得更具毀滅性。水庫造福的是大地主、財團與投機客，卻霸佔原本屬於小農、鄉村工人、漁民、部落、原住民與傳統地區的土地。

——引自一九九七年第一屆國際反水庫大會所發表的〈庫里替巴宣言〉（鍾永豐翻譯）

縱使島嶼摸索至九〇年代，也終於從美濃山下組成第一支反水庫的隊伍，伴隨著〈我等就來唱山歌〉的嗩吶、月琴、吉他、貝斯、八音鼓等，以及一手傳至另一手的擴音器，激盪出重新檢討水資源政策的視野與力量。但虛晃出風的發展手勢，煽動歷史之河的河面，繼續經過一九五六年，新竹青草湖水庫完工，嘉南農田水利會正式成立，而台灣進入塑膠時代，王永慶的台塑公司，以美援貸款、購買美國進口的生產設備，開始生產；工廠裡不乏指尖留有割稻傷痕的工人。經過一九五七年，據省計處統計，國民黨政府來台後，八年內物價平均上漲了八倍——發展啊！安內卡有發展——不過稻米價格沒漲就是了。時代如浪，經過同一年已有紀錄顯示，光那年八月，台南縣就有七個農民，因噴灑巴拉松殺蟲劑而中毒死亡。

不過農會仍然推銷著農復會引介的農藥。歷史，輕輕踩過農人集體彎駝的背，像踏過稻浪或水面，在其上簽訂合約。經過一九五九年，國民黨政府也不是特例的、光那年就用掉一千多萬美元，向美國購買，美國政府寧願丟掉，也不願施捨給美國窮人或救濟非洲難民的、所謂剩餘的農產品（小麥大麥玉米黃豆小米等）。而八七水災淹漫田地、村庄城鎮、橋樑、與新鋪設的柏油馬路，造成六百六十七人死亡，將近三百人受傷，數十人失蹤在茫茫的水域中；是山洪爆發。有小小的聲音，質疑國民黨政府砍伐原始林木的林業政策，不過不敢大聲的說出。

時代的背景音樂，據許常惠發表的〈台北街頭聽歌記〉一文中指出，在一般本省人住區，大多聽日派流行歌（包括台語流行歌），在外省人住區，以港派流行歌爲主，而高級住區，不管本省或外省，聽美國流行歌以顯示「比較有水準」。至於貧窮的住區、三輪車伕群聚的所在地，可以聽到一些「可憐又可愛」的歌謠——日後逸散了的窮人的心聲。

歌聲穿透著、爭鬥著，經過五〇年代的最後一年，蔣介石在連任於法無據的情況下，表示他「一向不爲自己的出處考慮，但有三點要顧慮，一、不要使敵人感到稱心。二、不要使大陸億萬同胞失望。三、不要使海內外軍民惶恐。」意思是，如果這三點疑慮都可以解決，他就可以不要當總統。但能嗎？答案當然是，農業政策大致已經底定的島嶼，進入六〇年代，繼續由蔣介石來領導。

領導出一個「發展」的年代呀！

註

① 吳田泉《台灣農業史》，一九九三年，自立晚報出版。

② 弗朗茲．法農（Frantz Fanon），《黑皮膚，白面具》（*Peau Noire, Masques Blancs*），譯者：陳瑞樺，二〇〇五年，心靈

工坊出版。

③唐朝詩人張籍〈野老歌〉：老農家貧在山住／耕種山田三四畝／苗疏稅多不得食／輸入官倉化成土／歲暮鋤犁傍空室／呼兒登山收橡實／西江賈客珠百斛／船中養犬長食肉。

④根據大法官五八〇號解釋令，裁定原三七五減租條例第十九條第三項違憲，即契約期滿後，只要地主具備自耕能力，且佃農不會失去生活依據，無須補償即可消滅租賃關係。內政部並於二〇〇六年研擬三七五減租條例修正案，送交行政院審查。

⑤藍博洲《幌馬車之歌》，一九九一年，時報出版。

⑥林樹枝《出土政治冤案——台灣一九四七—一九八五》，一九八六年，台灣基金會出版。

⑦同①。

⑧李根政〈台灣山林的悲歌〉，出自Derrick Jensen & George Draffan《森林大滅絕》，二〇〇五年，新自然主義股份有限公司。

⑨王永慶《台灣活水》，一九九七年，台灣日報社。

江湖在哪裡？

六○年代

豐年？

確實，從數據上看來，「一九五四年到一九六七年的十三年間，可稱為台灣農業的快速成長時期……，不但各種作物個別產量不斷提高，而且複種指數及總產量亦於一九六七年達到未曾有的最高峰。」（引自《台灣農業史》）

但這款漂亮的數據，值得歡欣、值得慶賀嗎？難道，真的完全不值得肯定？要回答問題，沒錯，仍然得回到歷史的流域，沿著紛陳的支流，探訪線索前進。

進入六〇年代的島嶼，頭一年，美國新聞處和亞洲基金會支助過的《自由中國》雜誌被關閉，主張美式自由思想的雷震及其同事被捕入獄，而「自由」的美國持續反對台灣民主化，早透過駐台北大使卡爾・藍欽（Karl Rankin）表示，「基於美國國家安全的重要考慮，不應利用（美援）而企圖朝民主方向『改造』中國（國民黨）政府。」①

意思是，就讓國民黨政府抓人吧！繼續抓人吧！以「涉嫌叛亂」、「知為匪諜而不告密檢舉」、或隨便哪一款罪名，反正抓掉那些「不文過，不飾非」（雷震語）、想要改革或僅只是提出疑惑的異議分子，讓島嶼的投資環境，可以在高壓統治下穩定，讓想要跨足的跨國公司，可以安心的伸出腳來，才是美國關心的重點。

也就是說，美國官員在台不斷推動的，不是促使台灣民主「自由化」，而是促使國民黨政府的官營企業民營化。

五〇年代島嶼的官營企業（或說國營企業），仍然在工業總生產中佔很大的比重，舉凡電力、鐵路、電訊、煙酒、鹽、蔗糖、鋼鐵、鋁、水泥、煉油、化學肥料等都是，不過「貪污、浪費、虧空累累，是很普遍的現象。」[2]因此，要求「自由」開放的聲浪，以美國為最大聲也最有力，在島嶼推動出私營企業發展的空間。

一九五九年，美援會已在台灣成立「工業發展投資中心」，在國民黨政府耳邊，要脅式的私語、密語，要求開放投資環境、給予企業優惠。（不然，要立即停止美援喔！）於是大多數島中之人，沒有辦法知曉背後原因的、只知道，喔，開春的六〇年代頭一年，立法院通過了「華僑歸國投資條例」修正案、通過了「獎勵投資條例」，朝擴大投資範圍、取消投資限制、甚至企業擴張五年免稅等方向，大幅更動。

美援會也提出了十九點財經措施，及「加速經濟計畫發展大綱」（請注意「加速」這個詞彙）。國民黨政府更公布，第三期的四年經濟建設計畫，除了延續扶植王永慶的塑膠、辜振甫的水泥、伐木的林業、壟斷的化學肥料等，「更上一層樓」的、朝能源工業（電力、燃煤、石化業等）及重工業（鋼鐵、機械、造船、嚴氏家族的裕隆汽車等），大大的「發展」。

發展的浪頭呀，從外海（主要是美國）一波波的沖入，將島嶼捲起。島嶼仰起頭來，以為要飛了，拍動翅膀，撲撲撲的，一側羽翼向上拉抬，輕盈的，帶動出國民黨政府與外國簽署的幾億幾億美元的合約；一側羽翼沉甸甸的、在地面拖行出全島農民普遍背負著債務。

於六〇年代頭一年，彷彿是個象徵、是個隱喻，一支貧病交加、描繪農村的筆，向下插入島嶼南部的土地。

寫過〈笠山農場〉（生前沒人要出版）等文章、五〇年代被槍斃的基隆中學校長鍾浩東的兄弟，鍾理和，在這年逝世。歷史之河沿著溪流，來到美濃的月光山腳下，搖曳過水草、觸摸過毛茸茸的綠藻，以及波光瀲瀲中穿游的變遷，在這裡，繞了個圈，做下一個溫柔的記號。

日後，這支筆死去的地方，將長出一片樹林。

但彼時文壇的主流——一條順應或至少不違逆政權的渠道——奔流著，從五〇年代反共、反共、反共去的戰鬥文藝，普遍轉爲六〇年代現代派的「每篇作品都只會用存在主義掩飾，在永恆的人性、雪啊夜啊、死啦血啦，幾個無意義的詞中自瀆。」（唐文標語③）

雖然農村報導也是有的啦，好些作家、文藝人士，響應極權體制的號召與邀請，一團一團，旗袍與皮鞋，進入農村參觀，寫「富麗農村」的文章，拍攝「模範農家」的照片（照片中的模範農民，還背著模範的綵帶呢）。彼時的歌謠也用北京話（所謂的「國語」），唱著「我愛台灣同胞呀，唱個台灣調。四季豐收蓬萊稻，農村多歡笑」（節錄自〈台灣小調〉）——彷彿「我」並不屬於「台灣同胞」似的歌詞用語。

不過，要是像〈三年〉這款歌詞寫到，等待情郎「左三年，右三年」，那警備總司令部馬上就會通令全台，不准！不准錄音、灌片，不准播唱、演奏，也不准刊載流傳，不然，等著被依法議處吧。爲什麼？若有創作者不服，想要申訴、想要發問，會得到警總一九六一年查禁包括〈三年〉等二百五十七首國語歌所列出的理由，洋洋灑灑，說是意識左傾、危害青年身心、易使人生誤會、有失正常……等。

其中，「易使人生誤會」一說，日後看來倒是饒富興味，莫非擔心左三年、右三年一唱，易使人生誤會，很容易就聯想起，蔣介石宣示要反攻大陸的日期。

一座仍硬撐出眺望姿態的小島嶼。

一座持續逮捕百餘名知識分子入獄的小島嶼④。戒嚴中，增產的農作物卻年年破紀錄。

據聯合國統計（一九六一年），蔗糖單位面積產量，世界第一，茶葉單位面積產量，世界第五。

香蕉、鳳梨、柑桔等，佔輸出總值的第一位，賺入最多的外匯（一九六五年）。日本報紙指出，台灣蘆筍罐頭產量，世界第二，香蕉外銷到日本逾六百萬簍，創空前紀錄（一九六七年）。

彼時，由台灣派駐出去的農耕隊，更是「揚名國際」。例如，第一支非洲農耕隊（一九六一年），前往賴比瑞亞，在美國專家都搖頭的沼澤荒地，築水壩截水、開墾、整地，種出水稻、大豆和蔬菜，尤其水稻田的收穫特別好，特別轟動。例如，台灣農耕隊讓象牙海岸的玉米田（一九六三年），從原先每公頃收成約〇・三到〇・八噸，一季後，哇——，增加二十倍，變成每公頃收成六噸。

好像大地母親長出了「奇蹟」！

多麼會生啊。國民黨政府來台後首度舉辦「農業建設展覽會」（一九六一年），並以「拜政府德政所賜……」之類的發語詞，一年接一年的公布，水稻田的單位面積產量，又增加、又破紀錄了，從世界第六名到第五名到第四名到第三名……，進步「神速」的邁進，渾然不知，或假裝不知，島嶼並不是特例。

港口被嚴格控管的島嶼，沒有聽見，彼時海洋正轟隆隆的捲起，號稱第一波「綠色革命」的全球性糧食增產計畫；是波大浪呢。不止台灣，不止台灣農耕隊前往的非洲、沙烏地阿拉伯等地，「作物均有顯著的成長」（如《台灣農業史》所言）。在菲律賓，一九六三年成立「國際稻米研究機構」，研究出被譽爲「神蹟米」的RI系列稻米品種，十年間，這款神蹟米讓東南亞的土地，平均增產二・五倍以上。在印尼，旱稻種作逐漸被耗水量大、產量也比較大的水稻給取代。在印度，一九六六年引進新的小麥品種，隔年收成暴增，致使「旁遮普省」（Punjab）有些學校必須暫時關閉，空出教室來，作爲大豐收的應急倉庫。

從來沒有過的新高紀錄，年年、年年（不會長久的），朝生、還要生、還要生更多的方向發展。但歷史之河彎拐過一處處陡然攀升的豐收數據，不禁訕笑了，笑得如此激烈，都泛起了眼淚。淚水一滴、兩滴，滴落時代如浪，如雨紛紛、如露如霜，垂掛在狹長稻葉的末梢，稻浪迎風，鋪展出正在懷孕中的土地。相連的土地、氣候、作物的根。不如就讓我們潛入吧！潛入稻浪中，摸索著，以耕者有其田實施後的第十年為例，看看這到底是個怎麼樣的「豐年」？

新年的初始（一月十八日），咦，「地牛就以一股強大的力量把土地抬起來『摔』……房子如骨牌般震垮，人站都站不住，到處黑天暗地，我的阿祖堅持不離開家，窩躲在大神桌底下，不斷的祈禱默唸著：『嗷！嗷！嗷！（牛叫聲）地牛乖乖，地牛惦惦，地牛乖，不倘震動……』」（引自黃淑梅〈我與中寮的相遇〉⑤）

日後，花六年時間於南投中寮，拍攝九二一震後重建紀錄片的女導演，從父母口中得知這年，造成台南縣白河鎮、東山鄉、嘉義市等房屋倒塌約一萬多間，計一百一十人死亡的地震。

地牛沉睡在地底，背脊癢的時候，誰也不能夠限制、命令或乞求牠不准翻身。島嶼位於斷層帶的命運，大自然的定律，像睡醒伸了個懶腰，搖一搖，揭開一九六四年的序幕。

至今仍不斷變動的土地，地底，除了地牛循環的甦醒，還有人類挖鑿的一條條隧道。需索煤礦（供應給誰？）的隧道，陸續爆發出傷亡的火花。光一九六四年這一年裡，基隆市（楊儒門日後在那裡賣雞）就有三合煤礦瓦斯爆炸，造成三人死亡，旭坑煤礦瓦斯爆炸，十七人罹難，而台北市郊的金興煤礦，炸掉了四人，新店的和美礦區爆兩次，四死七傷，新竹縣的尖石煤礦，也在這一年裡毀了三個工人及他們的家庭。

傷亡不會停止在這一年。地底的痛，沒暝沒日的加倍痛著。地底的勞工，用雙手挖掘出礦藏，輸送到地面，供發展的燈光亮起（記得嗎？能源工業是六〇年代加速經濟發展重要的一環），卻在黝暗的隧道裡，接連著哀嚎死去、窒息死去、被炸得血肉模糊才被拖出坑外去。

而坑外，接近天空的所在，那有雲霧繚繞、有老鷹飛、有溪水流、有森林正在被下令「伐木利用爲緯」（一九六五年）的山上呢？

彼時花費約三十二億元、歷時八年、切山截水、築出約四十層樓高的水泥大壩，石門水庫終於完工了——數十年後就會嚴重淤積，造成大桃園地區民眾經常無水可用的遠東第一高壩——負債蓋好了！國民黨政府緊接著宣布，要繼續蓋曾文水庫。

省政府也公布，公有山坡地自即日起，朝地盡其利，全面開發的「新境界」邁進。立法院更通過「國軍退除役官兵輔導條例」，講明凡爲輔導退除役官兵就業，不管是合歡山、雪山、梨山或東部海岸，哪裡都沒有關係，都可以「依法」撥給輔導會開發使用，「依法」造成日後水土保持出大問題。

省政府同時夥同省屬行庫、台灣糖業公司、退除役官兵輔導委員會、台灣製鹽總廠等彼時的公家單位，共同出資一億五百萬元（錢從哪裡來？），成立台灣土地開發公司，於一九六四年正式營業，上天下地的工程發包。

至於平原呢？

探入彼時仍佔島嶼半數人口的務農人家（據一九六三年，省政府農業普查委員會調查，約有六百萬人），隨便找一戶，土角厝、竹管厝、竹篾石灰牆的黑瓦厝、紅瓦厝、還是比較寬裕些的人家，延伸出兩側護龍的三合院、四合院等，走進去，通常會看見泥地稻埕上，擱放著「古亭畚」。

呈鼓腹狀、覆以稻草禾防雨的「古亭畚」，是農人們用來儲存稻谷的糧倉，竹編土牆開有一方形口，從方形口往裡探，會發現，咦，並沒有滿溢的餘糧；不是豐年嗎？

稻谷總產量不是又創新高紀錄（二百二十三萬公噸）嗎？白米外銷日本賺取外匯不是多達七萬五千多公噸嗎？

耕者有其田實施十年後，大多數承領農戶，不是已經集滿二十張、蓋有「耕」字樣的繳納聯單收據，可以確定從國民黨政府手中，領取一紙「土地所有權狀」；好歹，不是終於還清了一筆債嗎？爲什麼院埕裡忙碌的農人們，普遍沒有像模範農家裡的照片那樣，笑得合不攏嘴？

是夏收後，一期稻作已經收割。從田裡汗流浹背挑運回家的稻谷，先用竹架子懸吊起的「谷篩」篩過一遍，或用「畚箕」盛裝，舉起、倒下，藉由風力揚掉稻芒、草莖、葉梗等，然後將潮濕的稻谷，披晾在泥地稻埕上，再用「粟爬」，耙出山稜狀，一壟一壟的翻耙在陽光中，曬太陽。

每隔一段時間，農人就要將稻壟翻耙過一遍，一遍又一遍，務必使稻谷能全面接收到陽光熱情的撫觸。不能曬得太過火，會太乾，也不能曬不夠，會太濕。農人沒有度量乾濕度的儀器，全憑經驗，拾起一把稻谷，取一粒啃咬看看，試那脆度，度量著好了沒？

如何將陽光平均分配，是曬稻的功力。若有烏雲，從山的那一頭，透過雷聲，預告來訪，「吾鄉的晒穀場／是一驚惶的競技場……晴晴朗朗之際，誰也不知／太陽，何時將陰著臉／拂袖而去。天公／何時將遣來一陣／不爽快的細雨，或是一場／惡作劇的西北雨」（引自吳晟〈晒穀場〉）。

日後有歌，歌唱到晒穀場。

出生在美濃月光下的歌手林生祥，將吳晟的〈晒穀場〉譜成歌，在大大樹音樂圖像公司主辦，聲援楊儒門聯盟協辦的「草根之聲新演繹」（二〇〇六年二月）等活動中彈唱。

歌聲誠懇的牽引人們的耳朵，再次去聽見台灣農村。聽見稻谷翻動了，濕度蒸發了，而牛頭上的牛鈴叮叮噹噹，在泥地稻埕的樹下，甩了甩尾，驅趕牛蠅。

在農人與老天爺競技的晒穀場上，還有一個小孩，也曾在那裡走來走去。日後成爲聲援楊儒門行動中一分子的林深靖，記起他小時候住在嘉義新港的鄉下，還拿不動長竹柄的「粟爬」，就已經開始幫忙農務，提動孩童短短的腿，一步一步，踢動披覆在稻埕上的稻谷，幫忙大人曬稻谷，還要隨時注意趕雞，不要讓雞來偷吃稻谷。

如此「惜寶」的稻谷，從浸種育苗、分秧、犁田、放田水、巡田水、整田、播田、施肥、跪地搜草、再施肥、再搜草……才能呵護出「新秧萬頃綠其腰」（引自清朝陳肇興〈肚山道中即景〉），而得以收成的稻谷。

每一道做工，都蘊含農人千百年來與土地「交陪」（閩南語音）形成的文化；繁複細膩的稻作文化。

從《詩經》描繪的時代，輾轉渡海，徙入島嶼，「徙到那可耕可種／水甘土肥的地方……墾墾！闢闢／忍苦拼力／鋤鋤！掘掘／土黑砂白／只望能早成田／哪顧惜腳腫手裂？」（引自賴和〈流離曲〉）一路結穗，來到產量破世界紀錄的六〇年代島嶼。

曬得黃澄澄、乾濕度適中的稻谷，接下來，用畚箕，一畚箕一畚箕的盛裝，倒入「風鼓」內。用手搖動風鼓，使風鼓內不飽實的谷粒（稱爲「粕粟仔」），隨風揚出。搖動風鼓的手勁，是門學問。若搖得太大力，風颱得太大，連飽實的谷粒都要飛了；若搖得太小力，風微微，微弱到連原本要汰掉的「粕粟仔」，也會順著風鼓的引道（俗稱「二槽仔」），掉落至谷粒堆內；那有「汰」就等於沒「汰」了。

鼓出來的「粕粟仔」，用來餵養牲畜，飽滿的谷粒裝袋，運去糶（賣），換得生活所需的新台幣，然後將剩餘的稻谷，存放入古亭畚內，取出準備食用的量，到「米絞」（碾米廠），碾磨成白米；不是這樣嗎？

送入碾米廠的稻谷，第一遍碾出「粗糠」（谷殼），再碾出「米糠」（米的薄膜），成爲白米（未碾去薄膜的稱爲糙米）。粗糠可以成袋運回家燒、成爲糞肥、撒給鴨啄，或留在碾米廠，由碾米廠賣給小飯店當燃料等。米糠則是珍貴的「飼料」，補充雞鴨鵝的營養。而稻草，用途可多可廣了，可鋪在田間覆蓋作物、可做屋頂、可混入土牆內安定牆面、可編草鞋草席、可堆疊成小丘狀，漸次取之，紮成一束束「稻草縈」，作爲大灶每日煮飯必備的燃料，或隨手取來作爲綑綁用的草繩……。

對了，稻草還可紮成稻草人，站在田間趕鳥，站成日後可能被稱爲「裝置藝術」般的風景。

「一束稻草的過程和終局／是吾鄉人人的年譜」（引自吳晟〈稻草〉）。

不是這樣嗎？因爲稻穗在島嶼結出了前所未有的、那麼多的稻谷。

但爲什麼，呈鼓腹狀的古亭畚，在院埕裡如此空虛？

爲什麼「金樹坐在灶坑前」，困頓著臉？「灶坑裡的火光逐漸黯淡下去，金樹抓了一捲枯草往裡塞，不久，火光佔據了那張眉頭深結的老臉……。」

出生在二林、本名洪媽從的小說家洪醒夫，二十四歲（一九七三年）在馬祖北竿服役時，發表了〈金樹坐在灶坑前〉這篇小說，描寫到「那時候，許多蘆葦兀自在公路的兩邊開花，村裡的狗兒到處亂跑，牧牛的孩子把牛綁在墓碑上，用乾牛屎烤甘藷吃。」

金樹和他的牽手，從村子裡走到鎮上有些低矮商家的街道，準備去看他們因爲養不起、不得不分給有錢人家養的兒子。站在小店裡，金樹緊捏著手中的鈔票，想要買份禮。

「牛奶粉一罐多少錢？」

「這個四十五。」

老女人拿出一罐，擺在櫃台上，上面印著一隻綠色的母牛。

再拿出一罐，罐皮上印的母牛是棕色的。老女人說：「這個三十八。」

「不，我要那個！」

「那個呢？」金樹指向貨架上。

「四十二。」她說。這回沒動手去拿。

「給我一包代奶粉好了！」金樹掏出皺皺但舒理整齊的鈔票……

——引自洪醒夫〈金樹坐在灶坑前〉

金樹買不起牛奶粉。買不起之前都是進口，一九六四年味全台中廠開工生產後，才逐步在島嶼自製的罐裝牛奶粉；據說，喝了會讓小孩長得又高又壯（像美國人那樣）的牛奶粉。一罐要三、四十塊錢！金樹低頭算數手中的鈔票，不會知道，日後有「阿凸仔」（西方白人的俗稱）出書分析到，六〇年代西方國家的出生率開始下降，嬰兒食品公司於是動腦筋，將市場轉移到人口快速成長的低度開發中國家，用盡各種廣告的手段，鼓吹買牛奶粉，取代餵母奶。

金樹也還不知道，日後當島嶼「發展」到牛奶粉普遍取代了母奶，衛生署會撥款做廣告，宣導餵母乳的好處。（多麼諷刺！）彼時的金樹只是卑微的、好想買一罐，買不起的牛奶粉。

不是豐年嗎？爲什麼農人金樹連一罐牛奶粉都買不起？歷史之河沿途勘查著往回流，流經農戶一家家、聚落一處處、平原接著平原，再進入某戶農家的泥地稻埕瞧仔細些。

除了滿院黃澄澄的稻谷，農家的屋簷下，通常堆放薪材、稻草綮，屋角晾曬菜脯、蕃薯簽。應該有一叢刺竹、也許一棵龍眼、好幾株香蕉或檳榔樹，依傍著屋子生長。凡有空地，大多闢成菜園，蔓生蕃薯藤或至少種空心菜、九層塔。茅廁往往搭蓋在屋的後方，挖有一凹狀糞坑，存放要用來澆灌田地的堆肥。

一早，雀鳥總是嘰嘰喳喳，像小孩一樣吵。而「鳥仔無關快樂不快樂的歌聲／還未醒來／吾鄉的婦女／已環坐古井邊／勤快的浣洗陳舊或不陳舊的流言」（引自吳晟〈晨景〉）。

一口古井，絕對少不了。彼時農家大多尚未安裝抽水馬達或「幫浦」，繩索綁著水桶，向井底拋擲，裝滿水後再拉起。古井旁，來去著農婦，打水、提水、洗衣、過年過節殺雞殺鴨或偶而殺青蛙、殺蛇、甚至殺狗來冬令進補。村庄人走路時不沿著馬路，因爲屋緊鄰著屋，可以院子通院子的直接穿梭，不像日後圍起了水泥板或磚瓦圍牆，變得有「內」、「外」。

歷史之河迆邐而過，循著泥地稻埕上雞爪的爪痕，聞見空氣中有牛屎味、豬糞味、雞屎味、連同稻谷晾曬的氣息，熱烘烘的蒸騰著。確實是豐年啊，稻谷的收成又比上一季增加許多，農人——譬如金樹——彎下腰、蹲下身，拾起一粒稻谷粒，用牙齒咬了咬。

（大約幾度呢？）農人憑經驗度量。

然後站起身來，擦了擦汗，斗笠下黧黑、瘦瘠的臉龐，有著決定後，認分的神情。

晒穀場又忙碌了起來，農家大大小小的成員（據統計，彼時農戶平均人口數約七．三人[6]），走動在泥地稻埕上，將曬好的稻谷聚成堆，準備裝袋。兩人一組，由一人拉住麻布袋的袋口，另一人拿畚箕盛裝稻谷，一畚箕一畚箕倒入袋內，成爲飽滿的「粟包」。再拿布袋針穿線，縫好布袋嘴後，算是大致完成。裝袋的過程，整個晒穀場沸沸揚揚，揚起了令人騷刺的熱氣，又濕又癢的隨汗水直流，黏附住農人勞動的毛細孔。

裝好袋後，農家主要的農務勞動者，男人在肩胛處墊塊毛巾，彎下腰，挺住腰身，由另一個人協助，扛背起重達約一百六十斤的粟包（日後換成飼料袋裝約一百斤）。一袋接一袋，扛背的動作，以一種甩動重物的音律，呈現出陽光下使力的肌肉，有著糾結的張力。然後比上一季多出幾袋的粟包，依序疊放到牛車上排滿。

農人用牛軛套住黃牛或水牛（俗稱「大牲畜」，算是農家的一分子），坐上牛車，扯動貫穿牛鼻的韁繩，輕喝一聲。溫馴的牛隻喘著鼻息，便喀登喀登、嘩啦嘩啦的駛出院埕。

陽光亮著牛隻的角，亮著牛隻的細毛發光，亮著農人黝黑結實的肌膚又冒出汗珠。

輻射式木輪牛車或塑膠輪牛車（日後逐步換成鐵牛車、曳拉機、拼裝車等），運載沉甸甸的粟包，要去哪裡？歷史之河沿著莿仔埤圳、沿著八堡圳、沿著萬興排水溝、沿著全島各地的圳溝路，發現一車接一車的收成，咦，不是要運去糶，而是往各地農會駛去。

爲什麼？因爲每年兩期（俗稱「兩冬」，早冬慢冬）收成前，國民黨政府都不忘向全島農家，寄出各種名目的征調令，征調豐收的稻谷，在運去糶或存放入古亭畚前，必須先繳到農會給政府。

於是農人喝斥著老牛拉動牛車，運載政府要求的稻谷數額去農會繳納，而泥地稻埕頓時顯得落寞，雞隻滿院覓食著，覓不到剩餘的谷粒。

是豐年啊！

收割後曬好的稻谷都運出去了，農婦將泥地院埕上的蕃薯簽，收拾收拾，準備煮飯。農家的廚房有一長方形的大灶，大灶上有兩個凹洞，擱放「大鼎」及「小鼎」。農婦劃亮火柴，用稻草引燃一小綑「稻草縈」，往灶內塞入木柴、竹枝等，邊顧火邊切菜。炊煙從土角厝、竹管厝、黑瓦紅瓦的厝頂，像翳入天聽，又像繚繞在村莊的訴說著，縱使是在這樣的豐年，譬如農人金樹家、譬如打牛湳村裡諸多村民、譬如彼時三十幾歲的楊儒門的阿公家……，「灶腳」裡的木桌上，普遍沒有一大鍋香噴噴、熱騰騰的白米飯。

通常是蕃薯簽摻米飯（有現剉的蕃薯簽或曬乾的蕃薯簽兩款），或蕃薯塊飯；白飯的比例，隨農家的貧窮度而定。種稻的農家，吃不起稻米。有些小孩帶到學校去吃的便當，一打開，裡面盡是蕃薯簽，配上空心菜，還有幾條菜脯。

每一日早起時，天猶未光
阿爹就帶著飯包
騎著舊鐵馬，離開厝
出去溪埔替人搬沙石

每一暝阮攏在想
阿爹的飯包到底什麼款
……
有一日早起時，天猶烏烏
阮偷偷走入去灶腳內，掀開
阿爹的飯包：無半粒蛋

三條菜脯，蕃薯簽參飯

——引自向陽〈阿爹的飯包〉

日後（一九七六年），出生南投竹山的詩人向陽，在〈阿爹的飯包〉一詩中如此回憶道。但這款普遍的、農家種稻卻只能吃蕃薯簽的日常生活，並不會出現在《豐年》之類的雜誌裡，不會被《快樂農家》的報導給提及，甚至不久後就被島嶼集體的記憶——到底是如何形塑而成的記憶啊？——給淡忘。

淡忘了古亭畚的空虛，是因爲稻子結穗、收成後，大部分都被征收進官方的糧倉裡。

在那個盛夏，一九六四年當然不是特例，只不過那年夏天稻谷收成之際，剛好有個出生長大在二林、考上台大政治系的學生，謝聰敏，和他的同學魏廷朝（一生中三度入獄），以及老師彭明敏，因起草〈台灣人自救宣言〉，被以叛亂罪逮捕。

謝聰敏被關了十年後，流亡海外。日後（一九九二年），他回二林競選國代，遭對手「洪家班」的人馬毆打，出版《黑道治天下及其他》一書，痛陳家鄉已被黑道統治，而黑道往往擔任農會總幹事、鄉鎮市民代表會主席、鄉鎮長、縣議員、省議員、甚至立法委員及縣長等職務[7]；但那是以後的事了，是歷史正在前行的方向。

回到那年夏天，稻谷產量又破世界紀錄的島嶼，從四面八方、每一塊賦籍冊裡有編號的田地，紛紛走出了農民，一戶都不准漏掉，排隊向各農會的「指定倉庫」（或如稅單上印的「征收倉庫」）繳納稅谷，像「進貢」一般。

「伊娘咧！進展的速度像蝸牛，三進兩退！」等候的人都罵起來。
「八成又是農會那批人在搞鬼……先秤他們認識的人。」
「今年還是這樣啊？」
「當然。積習難改！若沒有農會，農民還不見得怎樣，有了添麻煩。」

——引自宋澤萊〈糶穀日記〉

排隊繳谷的農民，依序抵達農會倉庫前的磅秤；對大多數農民絕不馬虎，與少數糧商交情良好的磅秤。磅秤旁，農會職員拿尖形細鏟，插入粟包，隨機取出抽樣的稻谷，倒入濕度計儀器內，檢測是否有符合規定標準的十一度。

在秤量時他們便要收「秤費」，來充當農會的額外收入，好比你到我的地盤來，非收你的買路錢不可。當然他們從來不會覺得自己是強人，因爲他們都是正正當當來服務的，穿著整齊的衣服，會一手的速算……還會仰起頭來說：「阿吉桑今天眞運氣。」

——引自宋澤萊〈笙仔和貴仔的傳奇〉

若不讓農會職員撈點油水，抽些過磅費，磅秤就會變得特別嚴苛。超過十一度，太濕，不行，全部退回！於是天未亮就出門排隊，流了滿身汗的農民，只好摸摸鼻子，自認倒楣，把整車稻谷再叫老牛運回，回到泥地稻埕上，重來一遍。

像倒帶般，把粟包一袋袋拆線，稻谷全部倒出來，重新翻耙成壟，重新與烏雲競技，重新曬太陽，曬得「感覺」差不多了，再重新裝袋，重新運到農會的磅秤前，等待宣判。

等待尖形細鐽這包插一下、那包插一下，從整車粟包裡，取出抽樣的稻谷，倒入濕度計儀器內，碾過、測度——怎樣？怎樣？合格了嗎？——若農會的職員伸出手來暗示，可能還是必須繳點費用才能「通關」，否則請重來一遍；你，若是農人，會怎麼做？

農人的性格，正在被時代形塑與改變。是花點錢，得過且過，抑或硬氣的不屈從麻煩？一車車繳納的稻谷，依序送上磅秤。若是稻谷曬得太乾了，介於八度到十一度之間，農會還可以接受，反正乾稻谷的重量比較輕，農人必須繳更多稻谷，才能達到政府要求的量。但若真的曬得太過火，少於八度，那農會可是會拒收的，因爲那樣的谷子，碾磨成白米時易碎，農人只好去向其他農家借貸稻谷，來繳給政府。

度量衡，由權力賦予「標準」。農人什麼都沒有，只能用自己的牙齒，度量稻谷的乾濕度，來符合農會的標準，而農會的標準，握在農會職員的手中。

至今，島嶼農民慣用的秤重方式，是台斤（或直接說斤），但農會採行的標準是公斤。斤與公斤，相遇在農會的地盤裡。農會的職員從辦公桌後抬起頭來，代表政府、代表隨時可以抓人去關或索性槍斃人的國民黨政府，來驗收農民繳納的稻谷。

於是金樹及打牛湳村的村民、楊儒門的阿公、以及那些正準備離開農村，甩掉農村像甩掉沉重包袱的農家子弟們，也許嘴裡暗罵著幹伊娘，終究乖乖的扛背下粟包，放到磅秤上。

麻布袋的粟包，一袋約一百公斤，飼料袋裝，約六十公斤。一袋接一袋、一聚落接一聚落、一平原接一平原，過磅驗收後的稻谷，統統被「光明正大」的搬入農會的倉庫，再從各地農會的倉庫，運送到糧食局的大倉庫，統由「上面」決定如何分配或外賣。

是個豐年啊！

外來的國民黨政府不需要種稻，就官倉滿滿，而豔陽下依序走入農會的農民，臉上汗水直流，並沒有泛出喜悅的光。因爲他們手中，都緊捏住一大疊繳納通知單、驗收單、貸放單等；必須要農會職員蓋印的薄薄的紙張。

一張單據，牽涉一項政策。

記憶，也許會因後來的目的或立場，而偏頗、捏造、或刻意遺忘，但稅單不會說謊。

進入農會，種稻的手，首先遞出數張「田賦實物通知單」（一筆田地，一張單）。

田賦

不同於日本時代的「納金制」，國民黨政府戰敗來台後，爲確保撤退來台的百萬官兵、以及一般公教人員（初期大多是隨國民黨政府來台者），實物配給的糧源，遂將田賦改爲「納物制」，回歸到中國歷代王朝採行的納糧舊制。

歷史悠久的稅糧制度，在漢朝就有〈農民謠〉歌謠到，「農夫寃苦辛／向我述其情／難將一人農／可備十人征」，翻成白話文是：老農夫向我抱怨，艱苦啊，一個人種作的收成，要繳交可供十人的稅糧。唐朝詩人韋應物也在〈觀田家〉一詩中呼籲，「倉廩無宿儲，徭役猶未已」（農家都已經沒有隔天的糧食了，朝廷爲什麼不停止征糧？）。

而白居易觀察到種田人家「少閒月」……

復有貧婦人，抱子在其旁
右手秉遺穗，左臂懸敝筐
聽其相顧言，聞者爲悲傷
家田輸稅盡，拾此充飢腸

——節錄自白居易〈觀刈麥〉

一千多年前，在中國某處遍地小麥翻動出黃浪的田地邊，彼時當官、「吏祿三百石，歲晏有餘糧」的白居易，看見田裡彎腰收割麥子的壯丁，「足蒸暑土氣，背灼炎天光」（腳踩冒熱氣的土地，背頂灼燙人的豔陽），「力盡不知熱，但惜夏日長」（筋疲力盡不知道炎熱，只珍惜夏天日頭比較長，可以再多收割一些）。

白居易在時間的彼端，接著說，他還看到一個窮苦的婦人，抱著兒子，右手拿著揀來的麥穗，左手臂懸掛破舊的竹筐。白居易和婦人聊天，婦人告訴白居易，爲了繳納給官府繁重的稅糧，她家的田地都「輸稅盡」了，只好帶著兒子在這裡拾麥充飢。

這番話，讓白居易「念此私自愧，盡日不能忘」。

「嗚呼，他是人，我也是人，豈可忍受？」而簡吉在一九二〇年代草擬的農民宣言中寫到。

但一代一代，讓農人、讓鄉村教師為之心情激盪，為之感到愧疚的農人苦處，並沒有動搖當權者，謀求利益的決定。一代一代，本質相同的稅糧制度，清朝在島嶼實施之後，相隔百年，再次隨國民黨政府進駐。

台灣的地租制度由納金制改為納物制……這可視之為台灣社會經濟歷史發展的一大反動。

日後（一九七四年），旅日學者劉進慶分析到。田賦征實，始於一九四五年行政長官公署公布「管理糧食臨時辦法」，設置台灣省糧食局，緊接著，一九四六年實施「戰時田賦征收實物辦法」，沿襲日本時代的地租——也就是賴和寫到「納不完官廳租稅」中的租稅——依農地登記的級別，決定單位面積的基本賦稅額，稱為「賦元」（或稱為「賦額」），每賦元，再乘以政府決定的實物征收量，便是農民必須繳納的「賦谷」。至於不插秧的少部分農地，則以「代金」繳納。

一九四七年「二二八」之後，台灣持續通貨膨脹，以當時征收的「鄉鎮所得稅」可瞧出端倪，譬如農戶，一戶光鄉鎮所得稅，就得繳交千餘元台幣。陳誠來台後，將台幣四萬元折合成新台幣一元，賦額也改以「一元」計。

每一元，征收稻谷三公斤（當時稻谷平均價格約三公斤一元），並附加鄉鎮所得稅〇・六〇元，縣市所得稅一・三五元，共二一・九五賦元。

也就是說，農戶若一塊地要繳稅二元八角九分，那實質上要繳二十五、六公斤的稻谷。同時，稅單上還加征「公學糧」，作為配給公教人員的糧食；像從前唐朝皇帝，配給「吏祿三百石」給白居易。另外，「隨賦收購」（之後改為「征購」）稻谷，並「帶募積谷」（雖然大多數農家，其實沒有什麼足以「囤積」的積谷）。至於「災歉減免賦額」的欄目，通常是空白的，沒有塡寫上數字。

一九五〇年，「台灣省防衛捐征收辦法」公布施行後，「田賦實物繳納收据」（日後演變爲「收據」），除了征實、公學糧、隨賦收購，還多印了一欄「帶征防衛捐」；防衛什麼呢？當然是防衛島嶼農家可以安然無恙的、繼續被中華民國政府給征收。而加征防衛捐後，每賦元征收的稻谷，也加增到十四・一六公斤。

到了一九五四年，將「戰時田賦征收實物條例」，正式修正爲「田賦征收實物條例」，也索性將隨賦帶征的各種名目——鄉鎮所得稅、縣市所得稅、公學糧、防衛捐——都不用列舉了，就是「應繳田賦實物」，以及「隨賦征購」。

同時，因應各項「建設」，不定期向農民征收附加的稅額。譬如一九五九年八七水災發生後，深受山洪爆發所苦，田地被淹沒的農家，一期田賦的應征賦額，便要多繳四成的「水災復興建設捐」。

然後一九六一年，省議會又將田賦征實額，隨豐年，調高到每賦元征收稻谷十九・三七公斤。一九六七年，因應政府停征戶稅，這邊少了收入，那邊補，再次提高稻谷的征收額，改爲每賦元征收二十六・三五公斤。

從每賦元，國民黨政府可征收三公斤的稻谷，到每賦元收取二十六・三五公斤的稻谷，稅單可以證明：確實是豐年啊！因爲每塊田地可以「進貢」（繳納）的稻谷量，都提高了。

一九六八年，九年國民「義務」（還是要繳錢）教育通過立法，農民的田賦通知單上，便多了「教育捐」的欄目；繳交「教育捐」，讓國立編譯館編審的教科書，教育農家小孩，春耕夏耘秋收冬藏等，根本不符合農家現實脈絡的說詞；教育原住民的小孩，說阿里山有個通事名叫吳鳳，穿紅衣、騎白馬，犧牲自己來教化愛砍人頭的「番人」；教育全島的小孩，從「殺豬（朱）拔毛」、「反共抗

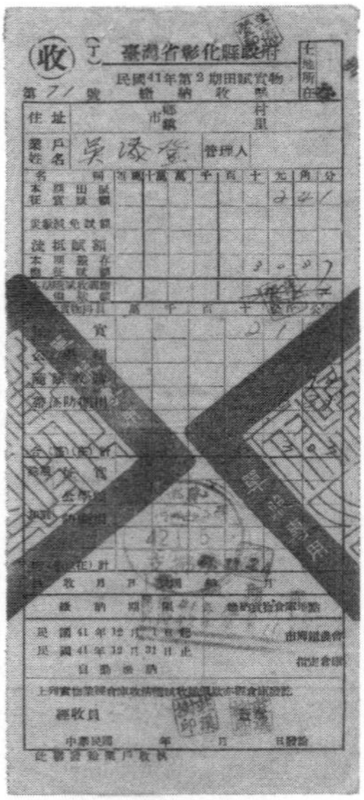

1952 年第二期田賦收據。

俄」、「勿忘在莒」等口號中，學習「毛匪的僞政權，陷入了四面受敵、內外夾擊的崩潰腐爛之中，亦正是我們消滅共匪、拯救同胞的機運來臨的時候！」（引自一九六四年蔣介石〈告全國青年書〉）之類，全面造假的謊言；考試會考呢。

回到田賦征實，反正年年、年年——直到一九八七年才停止征收——國民黨政府會以拗口的官方腔調，於「注意事項」中，對大多數不識字的農民表示：

「本期田賦限一個月繳納……逾期未滿一個月者，照應征額加征五％。」

「逾期一個月以上未滿兩個月者，照應征額加征十％。」

「逾期兩個月以上尚未繳納者，照應征額加征十五％，並移送法院強制執行。」

換個說法，換種口吻，其實就是威脅農民：「你若好膽，敢不繳、遲繳或繳不夠該繳的稻谷，你就給你爸試看麥。到時陣，法院會來查封你的厝，不管是竹管厝、土角厝、還是『一式三間的簡陋房舍，泥土牆壁，刺竹棟樑，茅草屋頂，屋頂上再覆鉛皮。』（引自洪醒夫〈黑面慶仔〉），都一樣，都會被貼上封條，不准住人，而人也會被移送法辦；這樣，你有了解了嗎？」

農民直點頭，害怕沒有房子住，也害怕被抓去關，於是田地接連著田地，盛產的稻谷不敢不從，趕緊送到農會去。

但這只是田賦而已。

隨賦征購

田賦實物通知單上，「應繳田賦實物」字樣的下方欄目，還印有四個字，名曰：「隨賦征購」。隨賦征購，隨田賦，每賦元向農民收購十二公斤的稻谷。意思是，政府向農民購買稻谷啦！但請問一下，農民不賣可不可以？不可以。那再借問一下，政府開多少價格買？答案是，沒有比較餘地、沒有議價空間、也不准說不的，通知單上的「注意事項」都有載明，「本期稻谷價款暫按：每公斤新台幣二元九角八分」（一九六四年）。

農人花一季、約四個月，種出來的稻谷，政府從一九四九年以低於市價六成二、一九五〇年代以低於市價三、四成的價格，強制「收購」，到六〇年代維持低於市價約三成[8]的二元九角八分，表示要「征購」。

買與賣之間，擺了個磅秤。

金錢的度量衡，擺上稻谷、擺上香蕉、擺上甘蔗、擺上原始檜木、擺上小米麵粉、擺上雞鴨鵝豬牛、擺上腳踏車、以及腳踏車騎過的土地溪流、還有人類騎動腳踏車時的勞動力……，統統，都必須通過金錢的刻度，來度量、度量，確立出「價值」。

但問題是，磅秤是公平的嗎？

譬如農人金樹，若是在一九六四年，稻作收成後，因爲有事要到台北去一趟。他可以走路（總不能駛牛車上台北吧），或者他已買了「鐵馬」（腳踏車），可以氣喘吁吁、汗流浹背、日曬雨淋的騎到台北。或者，他也可以坐火車，但要忍痛花掉一筆車錢，途中可能緊張的張望，因爲車內廣播說的都是金樹聽不太懂的「國語」。

然後人生地不熟的抵達陌生的城市，彼時梁哲夫導演的台語片《台北發的早班車》正在上映。電影看板及宣傳海報是用畫的。故事敘述彰化縣永靖鄉下一個田庄姑娘，名叫秀蘭，因爲務農的家中欠債，聽說台北賺錢容易，便搭早班的火車，離開阿母及男朋友火土，準備到台北當店員。到了台北才發現被騙，她的工作其實是當舞女。墜入繁華（剪髮、美容、換新裝、學舞）的田庄姑娘，在金錢的誘惑下，並未拒絕，青春的身體走入夜總會的舞池裡。不久後，秀蘭遭到夜總會董事長強暴，甚至在衝突中被潑鹽酸毀容，而意欲帶她返鄉的農村青年火土，也被毆失明，流落街頭。故事的結尾，田庄姑娘秀蘭黯然的說：「我若沒有出來都市，也許現在我們仍在鄉下過著快樂的日子。」

也許，在鄉下互相怨嘆也不一定？

也許各種情節都會發生，不過大抵脫不了發展的趨勢中，城市表面亮閃閃，吸引農村的人力資源遠道而來，投入後才知，從繁華底層要往上爬，可能必須加倍遭遇的辛酸、苦楚、黑暗、殘忍。

而農人金樹，初入城市像個「鄉巴佬」（雖然他比大多數人都懂得種作、氣候、天文、土壤、以及動植物的知識），土直而不知所措。彼時台北市正在舉辦「國產商品展覽會」，若是金樹也跟人家去「鬥鬧熱」，他將大開眼界的看見電鍋（想起自家燒柴的大灶）、看見電視閃爍出陌生的畫面（說著他陌生的「國語」，沒有他平時解悶拉的「殼仔絃」）、看見新奇的電冰箱（想起他家屋簷樑柱垂吊的竹籃）、看見有錢人和外省官員在坐的汽車（想起他家的老牛，是不是也該賣了？）。農人金樹也許不知道，那年，島嶼第一條快速道路通車了（反正他的牛車上不了）！象徵經濟起飛的跑道，被命名爲麥克阿瑟公路；麥克阿瑟是誰啊？沒錯，是美國一個軍人。

美國繼續與國民黨政府舉行聯合軍事演習，雖然在那一年裡，國民黨政府的正當性，在國際社會中少掉一大塊，因爲法國政府改與中國共產黨建交，不過「獎勵投資條例」繼續號召外商來台，加速，以農養工的起飛！

起飛的成果，農人金樹沒有一樣買得起。他若有所失的逛完展覽會場，也許有個金樹小時候的鄰居——某個五〇年代離開家鄉，到台北縣郊某間工廠打拼的前農夫——問金樹，要不要去見識一下台北人的夜生活。

（其實我上來台北這些年，也都沒去看過呢！）金樹的鄰居也許偷偷在心底暗忖。

去夜巴黎舞廳聽歌嗎？聽吳靜嫻小姐——八〇年代初期演出《星星知我心》電視劇那個、因爲家貧又生病、只好將小孩分給別人養的母親——唱歌嗎？金樹和他的牽手日後看到《星星知我心》時，許是心有戚戚焉的一把眼淚一把鼻涕，想起自己分出去的小孩吧！但彼時的金樹搖搖頭，路過夜巴黎舞廳沒有進場，因爲舞廳每小時的鐘點費要四十塊錢，每位茶費「僅收十元啦」（出自一九六四年《公論報》刊載的舞廳廣告）！

或者，到新嘉坡大舞廳聽美黛小姐唱歌，到維納斯舞廳「享最高的享受，花最低的花費」；最低，是多低？沒多少啦，一晚門票二十元，每跳一支舞三點五塊錢。

每跳一支輕盈的舞，索費重達一公斤多的稻谷。農人金樹爲自己的收入感到羞赧，離鄉背井、成爲廉價勞工的金樹的鄰居，也搖搖頭，不過搖得沒有金樹那麼大力、那麼不可置信。

一個發展的年代呀！（歪一邊發展的年代）

鉛筆在漲價、衣服在漲價、鞋子在漲價、車票在漲價、陽春麵及滷蛋也在漲價……，一九五九年【文星叢刊】出版的文學書籍，一本大多定價五塊錢，到一九六四年，一本相同大小的書已要價十五塊錢。但農人種作的文化、傳承的智慧、蒸發的汗水、付出的勞力、生產出的稻谷，在政府出價的金錢「標準」裡，十年來的漲幅，是從每公斤一元四角六分（一九五四年），「躍升」到每公斤二元九角八分。

是人人都要吃，才能活下去的糧食啊，卻如此賤價。金錢的磅秤，也不得不進駐農人金樹依賴土地的腦袋裡，反覆度量著。

眞要離開家鄉嗎？
不出外打拼，還有前（錢）途嗎？
這可是祖先留下來的土地啊。
可是留在鄉下，以後小孩子要如何跟別人比拼？
可是，眞的要離開田地了嗎？
思緒像腦頁裡有兩片森林，心裡有兩雙腳，走來走去。

如果眞有兩片森林
朝朝夕夕相守
一在北，一在南
鎮子蹲在中間
每日便會有人
用松聲來喊醒我
行過默首的稻禾
就是一排木麻黃
……

之後，再給我一片
溫柔的蘆筍田
而青青的甘蔗總孤獨的
伴著初冬的陽光
等待失信的海風
彷若一場無終的
辯論，正進行著

——引自廖永來〈二林〉

在二林出生長大，之後隨父母遷居台北的廖永來（筆名廖莫白），一九七七年寫下這首詩，名爲〈二林〉。

像心中有兩片林子在辯論著，穿行其中的腳步，該往哪裡去？是留農，還是離農？是留，還是離？不過事實證明，在國民黨政府刻意壓低米價的策略下，島嶼農戶（含兼業農），從一九六一年約佔總戶數的四成，到一九六六年降至三六．八%，到一九七一年再降至三二．五%（而彼時專業務農的人口，剩下一七．七二%），走上一條被催逼離農的道路。

事實也證明，這場農業頻頻敗退的辯論，彼時尚未踏出第三條路，那就是，質疑金錢磅秤的度量衡，根本不準、不對、不公平。

思緒徘徊著，回到那年夏天，尚未離農的農人們，還是得扛著粟包，依序來到農會的磅秤旁，不然注意事項又要說話了，說：「欠繳隨賦征購稻谷者適用前項規定，同時加罰。」意思當然很明白，和田賦一樣，不繳，就給你爸試看麥。

但這也只是田賦，加隨賦征購而已。

肥料換谷

離不開、或沒有能力離開田地的農民，陸續抵達農會的磅秤旁，還要忍痛，遞給農會職員數張「貸放肥料收回稻谷驗收單」。

始於一九四八年，依據「台灣省政府化學肥料配銷辦法」實施的「肥料換谷」制度，透過省糧食局再透過農會，向全島農民推銷、配售化學肥料，然後「交換」農民生產的稻谷。

肥料換谷，顧名思義，肥料交換稻谷，或說，稻谷交換肥料，但問題是、重點是，如何「交換」？

交換的「天平」，是的，擺在農會倉庫的入口處。天平的一端，是國民黨政府在全台「孤行獨市」（專賣）的化學肥料，另一端是島嶼所有農人的汗水、勞力、親手種植的稻谷；且一定要是稻谷，現金不可以。

交換的方式呢，限定在一定時間內，不是稻谷想要交換就可以交換，不是稻谷想交換多少，就可以交換多少，且交換的比例，肥料說了算！

於是更多袋稻谷，在繳完田賦及隨賦征購後，繼續留在農會裡。農會的職員做爲國民黨政府——這間壟斷的大公司——低階的員工，從辦公桌後抬起頭來，問農民要什麼？

要硫酸錏嗎？OK，每公斤的肥料，請繳交〇．九公斤的蓬萊谷來換。要化成氮磷？交換的比例是一比一。還是要尿素？喔，這個比較貴，一九六四年的交換比例是一比一．八。農民粗估後得知，每一百斤的稻谷繳入農會的倉庫，可換得一袋肥料運回家。

從草繩編的肥料袋，到塑膠的肥料袋，國民黨政府與農民「交換」的化學肥料，價格比國際市場高出甚多，譬如比日本的平均市價高約五十%。但反正島嶼戒嚴中，像被碗蓋蓋住了，不知道海洋外面在發生什麼（日文刊物也被禁止中），不清楚統治者在算計什麼。

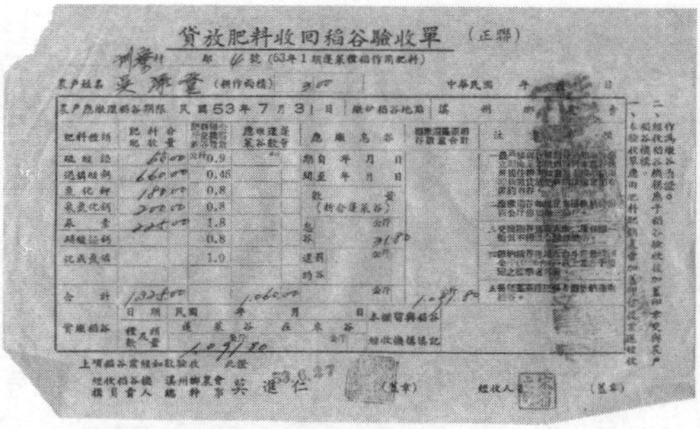
貸放肥料收回稻谷驗收單 （正聯）

農戶應繳還稻谷期限 民國53年7月31日

合計

上開稻谷當經如數驗收 此證

經收稻谷機關負責人 溪州鄉農會總幹事 吳進仁 （蓋章）

經收人 （蓋章）

1964年貸放肥料收回稻谷驗收單。

縱使窺見了，想要質疑、想要出聲，喂，怎麼可以賣得這麼貴？嘿嘿，小心被抓去關或抓去槍斃。於是農民普遍只能聽見，深入各鄉里的農會（還有四健會），全面性的宣導，化學肥料是農作物增產必備的「營養補給品」；希罕昂貴的營養分。

「甘眞正有效？」

「甘會乎粟仔變芭樂？」（會讓一粒稻谷，變得像一顆芭樂那麼大嗎？）

要是「沒知識」的農民，謙卑的請教握有少許公權力的農會職員，盡責的銷售員大概會笑笑，解釋到：「阿伯，灑這，收成眞正會卡好啦！卡省事，嘛卡衛生。」

卡衛生？

工廠冒黑煙製造出的化學肥料，比農人自製的有機堆肥、比千百年來慣用的「糞田疇」（引自《禮記．月令》）、「壅培禾本」（引自《正字通》）的澆灌方式，卡衛生嗎？

歷史之河流過，不禁又訕笑了！

訕笑著，循著農會前的水圳往回溯，經過化學肥料運載的路程，顛簸著，看見途中一間間化學工廠，有發包給美國懷特公司設廠的台灣肥料公司（高雄硫酸錏廠一九五〇年成立）；有「中美合資」（資本額兩千五百萬美金）、一九六二年在苗栗建廠的慕華聯合化學公司；有和兩家美國公司（索科尼・莫比爾石油公司和聯合化學公司）合資的中國石油公司等。

公司雇用從農村征調出來的廉價勞動力，生產氮肥、尿素、磷灰等，然後透過國民黨政府，以壟斷的高價，配售給負債的農民。因而負更多債的農民，更大量的從農村出外討生活，走入更大量生產的化學工廠裡。好一道循環的離農之路，離農之路的其中一條；是誰？鋪設得如此「巧妙」？

繼續往政策的上游探去，探向樓的頂、權力的上端，那裡，一間間會議室出現，會議室接連著交頭接耳的密室（密室裡有誰？），門口都站著警衛、保鏢、甚至有軍人戒備。於是等在門外觀看的眼，只能看見，西裝筆挺、紅光滿面、笑容和藹可親的官員們，一次又一次的走出來宣布，省政府與美國經濟合作總署又簽訂了哪些肥料進口條約，又向日本購買了幾億的化學肥料……。

雖然彼時不識字的「農婦」，早出於某種土地的智慧，意識到：

> 稻田灑肥料，就像人吃西藥，只有一時的應效；施堆肥卻像人吃食物、吃補藥，是對土地最根本的培固，功效較爲久長。
>
> ——引自吳晟《農婦》⑨

但事實是，大多數農民都被代表公權力的農會推銷員給說動了！負債的農民，囁嚅著對農會的職員表示，很想要「收成卡好」，但這一季收成的稻谷，繳完賦稅後，已經不夠「交換」化學肥料，怎麼辦？

「沒關係啦！」農會職員笑笑，拍拍農民的肩膀，對農民解釋，說政府有通過「貸放肥料」的政策，農民可以先借貸，把化肥運回去，灑在田裡，等待下一次收成，再連本帶利（連同「谷息」），交更多稻谷「還」給政府。不過——要事先聲明喔，如果逾期未繳，注意事項還是會跳出來說話，說：「依照貸放肥料辦法規定加征違約罰谷。」

違約罰谷，當然是處罰農民，繳更多稻谷給政府的意思。

如同日後兼辦信用卡業務的銀行，鼓勵民眾負債去刷卡消費，彼時的國民黨政府（被稱為「買辦政權」），早深諳這套辦法，透過「肥料換谷」的一買一賣，國庫（通黨庫）都賺錢了，化學公司當然也都因此賺錢至今，至於農民？根據一九六八年監察院的調查報告顯示，光化學肥料的費用，就佔掉生產成本的四五％，只得負債。

但這也只是田賦、加隨賦征購、加肥料換谷而已。

房捐戶稅

走入農會的農民，手中還有薄薄的各式稅單。不說之前被附加在田賦裡征收的縣市費、鄉鎮費（也就是鄉鎮所得稅），連「村費」都被附加在戶稅的稅單中。不說要繳給農會的會費、以及生產指導事業費。不說牛車、鐵馬、「離阿卡」（三輪腳踏車），要繳交車輛牌照稅。更不說，遇到建設要繳「復興建設捐」，遇到軍民合作站成立，要繳交「軍民合作站經費」，遇到水災要繳「水災捐」，遇到義務教育開辦，要繳「教育捐」，遇到家裡有人當兵，要繳交綜合所得稅給稅捐稽征處時，除了照例被「帶征防衛捐」，收據上還會有「帶征新兵安家費」的戳印。

就說固定的，年年兩期要繳納的，還有「房捐」、「戶稅」，年度必須申報的有「綜合所得稅」（萬一少估，要多算「短估稅」；萬一遲繳，加罰「滯報金」、「怠報金」），統統，委由「民間團體」的農會，代理公所的公庫收受。

「中華民國萬萬歲（稅）！」日後有說法如此喊到，但忘了提及，台灣農民肩扛過的稅更重。

但這也只是田賦、加隨賦征購、加肥料換谷、加房捐、戶稅、防衛捐、及綜合所得稅而已。

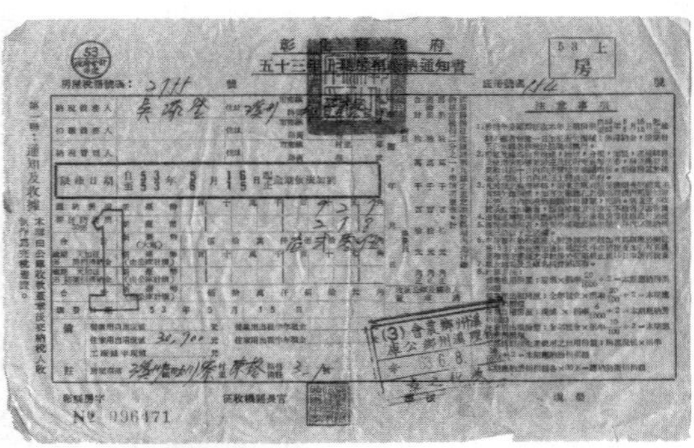

1964 年上期房捐繳納通知書。

高利貸

種稻，但家裡往往沒有米飯吃的農家，繳稅的同時，往往還要付貸款。國民黨政府委託農會辦理的農貸，依耕地面積、作物種類別（蓬萊米或在來米）來核定貸款的金額。農民用土地做擔保，收成時再償還本金（稻谷）、及利息（谷息）給政府。

據省農林廳「台灣農家資金供需研究」看來，一九六〇年台灣有將近七成的農家，都背負債務（都是債務農）。一年兩次收成後，繳完林林總總的賦稅，古亭畚空虛，沒有多少稻谷可以換成錢，縱使存有稻谷可以換成錢，稻谷的價格也很低。

於是「儉腸捏肚」的農人，需要用到錢的時候，都用借的。有土地擔保者，可以向農會信用部、信合社、甚至台灣糖業公司（台糖）等金融機構借貸（約佔三二·六%），不能提供擔保物的農民，在左鄰右舍、親戚朋友「這景氣／無塊借」（賴和詩）的情況下，只好依賴民間的高利貸（佔四三·四%）。要是不小心生病、受傷，通常忍忍就過，萬一出大問題，急需醫藥費（否則醫生不看病），那可能就要賣地了。

貧窮的農人沒有生病、或坐月子的權利。在小說家洪醒夫〈黑面慶仔〉的故事中寫到：

> 阿麗生產後的第三天，他在田邊找了一把草藥，想要從雞寓裡摸兩個蛋，弄一點麻油煎一煎，給她補補身體。貧窮人家，有時也只能這樣做。他家裡也養有兩、三隻雞，但必須慎重其事的計算著時日，珍惜著殺。
>
> ——引自洪醒夫〈黑面慶仔〉

黑面慶仔和金樹，同樣背負著債務。同時，不只黑面慶仔，也不只金樹，全島農人走入農會，農會職員聽從上級的命令，鼓勵下面的農民們，來，背起更重的債務，購買現代化生活的「必需」。

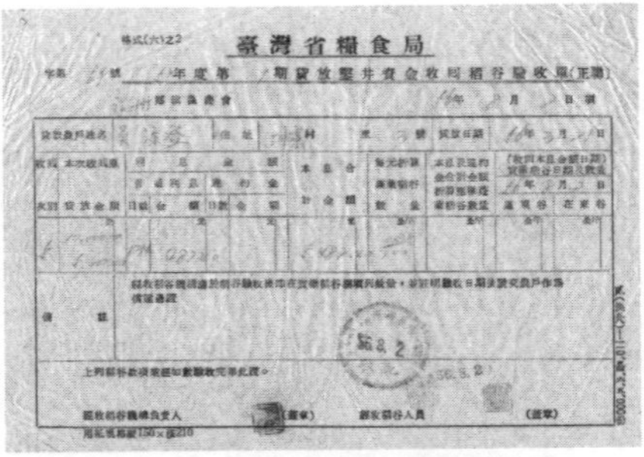
臺灣省糧食局
年度第　期貸放鑿井資金收回稻谷驗收單

1965 年第一期貸放鑿井資金收回稻谷驗收單。

譬如，要鑿井嗎？不想和鄰居共用一個井嗎？OK、OK，農會有在讓人拿取「貸放鑿井資金收回稻谷驗收單」，只要定期「還」給政府稻谷或代金就可以。抑或繳了水租，卻老是缺水用嗎？沒關係，農會有在推動「貸放購置抽水機及水利設施資金收回稻谷」政策，是的，只要繳交稻谷，連同谷息、以及有時候遲繳加罰的違約罰谷或代金，就可以購買——咦，是哪家工廠承包製造的——馬達抽水機。

日後，幾乎每塊田地都安裝的抽水機；大賣的抽水機。當然，少不了脫谷機、曳拉機、耕耘機、插秧機、收割機、乾燥機、動力搬運機等等，越來越大台、越來越貴的農耕機械。

要不要，要不要「現代化」？

要買的話，農會都有在「補助」喔！比「定價」——雖然農民無從得知，這定價從何而定——更為便宜的配售給農民，鼓勵農民心甘情願的彎下腰來，背脊上有債務及每個月的利息在起飛。

但這也只是田賦、加隨賦征購、加肥料換谷、加房捐、戶稅、防衛捐、綜合所得稅、加各種貸款債務，而已。

水租

直到一九八九年，民進黨籍的周清玉當選彰化縣長，率先在任內允准境內農戶不必繳納水租，然後一九九三年中央向農田水利會「代繳」水租前，島嶼農家年年、年年還會收到水利會（之前名為「水利組合」）的征收單。譬如，以莿仔埤圳為例，一九四七年前，北斗水利組合每年兩期，向納人收取「組合費」（有時包括「特別組合費」），之後，改為征收「會費」（包括「特別會費」）。一九五五年行政院公布，「農田水利委員會改進辦法」，以及「農田水利組織章程」，之後又多次改組。

水的歷史，讓我們溯呀溯的，透過文字紀錄，追索至十七世紀初期。

身為殖民帝國之一的荷蘭，因為遠東需要一個貿易中繼站，攻取澎湖不成，轉佔台灣。在今日台南一帶，建立起商城，向彼時「無揖讓跪拜禮／無曆日文字／山花開則耕／禾熟拔其穗／不許私捕鹿」（引自陳第〈東番記〉[10]）的平埔族人，以課稅之名，要求繳納鹿皮。

雖然「稅」是什麼東西呀？之前不曾在平埔族人的腦袋內，但武力不敵荷蘭帝國的原住民，只好乖乖繳納狩獵所得。於是生活在島嶼千萬年的梅花鹿，一被貿易碰上、盯梢了，便開始走向滅絕之路。

且由於平埔族人的生活態度，大抵是吃飽就好，其餘時間，「樂起跳舞／口亦烏烏若歌曲」（〈東番記〉），不符合荷蘭帝國對生產力的要求。荷蘭統治者便以耕牛、農具、種子、甚至土地（佔來的土地），作為誘餌，向明末住在中國沿岸，想要移民的漢人招手。

來吧！來島嶼開墾。

歷經秦、漢、唐、元、明等王朝更迭下的漢人，耕作方式不同於「無水田／治畬種禾」的平埔族人（被稱為「番人」），而朝「人定勝天」的拓荒方向，開疆闢土。

引水灌溉，築水塘成為必要。日後據推估，荷蘭時期漢人用竹椿草土等建材，在島嶼共築了十二處統稱爲「荷蘭堰」的埤池。鄭成功取代荷蘭的統治權後，又多築了七處埤池。然後島嶼的「主權」換清朝擁有，原住民變成「大清帝國的子民」，一波波漢人——偷渡客、罪犯、海賊、冒險家，通常是單身的羅漢腳——無視清朝初期頒布的禁令，如潮湧入，上了岸，成爲「台灣的農夫」。

如同當時從英國來台傳教的馬偕牧師，在日記中描繪的那樣：

台灣的農夫，是以大自然最嚴格的模式鑄成的，多有英雄氣概。塵世的財貨，他們擁有的很少。他們終日用斧斤在山林中工作，夜間則燃燒材木，炊煙常常飄在他們簡陋的屋上。[11]

初入島嶼這「深山大澤尙在洪荒／草木晦蔽／人跡無幾／癘瘴所積」（引自郁永河〈裨海紀遊〉[12]）之地，拿鋤頭、斧頭，像拿刀劍闖蕩江湖的農夫，由點、線至面狀的開埤築圳，而平埔族人也被迫沿著新闢的埤圳，由點、線至面狀的撤退。

一個族群，及其千百年來傳承的點點滴滴，被迫如野溪蒸發，翳入天聽，走上滅絕之路。

「埤」是攔水的蓄水池，「圳」是引水的渠道，粗估，清代島嶼約砌築一百六十二處埤圳。主要有讓濁水溪流過彰化平原的八堡圳，引新店溪入台北盆地的瑠公圳，以及牽動高屏溪灌溉高雄、鳳山等地的曹公圳等。這些挖鑿後的水路、圳道，以竹製倒筍，內裝石頭砌起竹編蛇籠等。大多是民間透過宗族、仕紳、地主等集資或獨資興建而成；屬一款投資的「事業」。

投資者出錢出力，費時數十年，闢建綿延的水利工程，待完工後，是埤圳的「主人」（擁有所有權），可以向沿途想要用水的人，收取「水租」（或以稻谷，或以銀子繳納）。

水——正在平埔族人祖居的土地，改變流向、流速、以及流動的本質。歷史之河面向現代化改道，同時透過雨、透過海、透過清晨露珠滑亮的滾動，用各種即將被丟棄的土話方言，戀戀不捨的說到：

> 流動的水不是水，而是我們祖先的血液／清澈湖泊中的每一抹倒影／都倒影我們族群生活的記憶／如果我們把土地賣給你們／你們必須記得，並且教育你們的孩子：河川是我們的兄弟，也是你們的／從此以後，你們必須以手足之情／對待每一條河流。
>
> ——節錄自泰德·佩瑞受西雅圖酋長觸動而改編之〈怎麼能夠出賣空氣？〉[13]

相連的土地、氣候、作物的根在尋找水源。在彼時剛被命名爲「美利堅合眾國」的土地上，有一位被稱爲「西雅圖酋長」的原住民酋長，發表了日後知名的演說，預言到白人「不久就會佔滿整個土地，而我們人民卻如迅速消退的潮水，永不回流。」

水圳的水閘門。（蔡滄龍／提供）

會長發表演說的同時，也正是島嶼原住民，土地被買走騙走，森林被砍伐，溪流被築去收水租，而天地一體的生活方式被瓦解之際。

歷史之河的水流，流動著停不了的趨勢。從清朝進入日本時代，日本總督府公布「台灣公共埤圳規則」（一九〇一年），將大型的埤圳收爲「國有」，並開始興建官設的水利措施——島嶼第一條官設埤圳，是莿仔埤圳——繼而頒布水利組合令（一九二一年），公布河川法（一九二九年）等。

灌溉的水路，從主幹線、支線、分線，通過幹線與幹線，支線與支線，分線與分線間控管的水閘門，水流過，常被比喻爲身體的動脈、小動脈，而微血管，便是深入田間各角落的給水路。

越築越多的埤圳（取代了溪流母親，取代了河流兄弟），也代表權力系統越來越嚴密。

從主要的引水幹線，歧出多條支線，再從支線分配出更多分線，抵達爲數最廣、最小條的水溝，像是政府的層級單位，或是企業的體系，由上而下，分區分段的編號灌溉，增加農作物的產量，同時更爲全面的、需索農人的汗水（收成），由下而上的繳納。

一整套收取水租的「現代化」體系，大抵在日本時代完成。日本戰敗後，國民黨政府延續日本的征收方式，不管田頭田尾、引水難易，也不管農人是否引得到水，一律，反正農家多少田地，就要繳納多少水租。

流動的水，都成了「水資源」。

在征收體制中，位於下游的台灣農民，也不再是「多有英雄氣概」（如馬偕所見）的農民，而是怕繳不出水租，會被抓去關的農民。

和農會一樣，名爲「民間組織」的農田水利會，每年兩期，按田地地段，向所有農地寄發征收單。

征收單上，「應納費款名稱」有「會費」、「特別會費」、「用水使用費」、「深井特別會費」、「追征手續費」及「滯納金」等，繳納的地點，則在「工作站或代征農會」。

又是農會，與農民息息相關的農會、一直在收錢的農會。但繳了農田水利會以「會費」之名收取的水租，絕不保證有水可以灌溉。歷史之河流過莿仔埤圳、流過八堡圳、瑠公圳及曹公圳等，豎起耳朵，不需要特別傾聽，就會聽見，開始向世界銀行及美國借錢蓋水庫的島嶼，陸續在空氣中蕩漾著叫罵聲：

「幹破伊娘，連一滴水都沒有！田地乾渴，都快開口了。」

一時聲浪增高，炎夏午間台灣島西部沿海丁家村的氣溫似乎也大大增高了。

——引自林雙不〈大圳流血〉

一九五〇年出生雲林東勢厝，與宋澤萊曾是同班同學的林雙不，日後（一九八三年）在〈大圳流血〉這篇小說中寫到，田頭（黃厝寮）及田尾（丁家村）的農民，爲了爭搶田水而彼此械鬥、幹架、甚至打死人的常態。

雖然小說家在故事裡，透過老村長年邁的嘴，呼喊著：「不要打了，打死很多人了——打死再多也沒路用，還是一樣沒水——繳了水租沒有水種稻子，要找水利會，不是找自己人瞎打——憨百姓！憨蕃薯仔……。」不過，下游缺水的大圳還是染血了。

中學時代以「碧竹」爲筆名，開始創作的林雙不記得，直到他就讀輔仁大學研究所時，他阿爸在雲林「貧苦而匱乏」（林雙不語）的鄉下，還曾因爲繳不出水租而被抓去關。夜半裡，警察和法院的職員，進入農村抓人，抓那些拖欠水租的農民。

在台北得知消息的林雙不，趕緊籌錢，將剛領到的稿費，全數拿去繳納水租（及一天一天加征的滯納金），阿爸才被放出來。沒想到阿爸出來後，對林雙不表示，何必那麼急著把他救出來呢，關就關嘛，反正牢裡吃的便當還有滷蛋，比在家裡吃得好咧。

「但是你吃的便當，我嘛要付錢。」林雙不無奈的對阿爸解釋，兩人只好一陣沉默。

研究所畢業後，到員林高中任教的林雙不，對吳晟聊起這件關於水租的記憶；相連的土地、氣候、作物需要喝水的根。被征收的記憶漣漪在腦海裡，宋澤萊也回憶到，直到他念高中，有時候在家睡到半夜，聽見警車駛入村庄，阿爸會警覺的叫他趕快起床，一起從後門窗跳出去躲避。

因爲警察又來抓人了！總是半夜來。宋澤萊記得，村裡繳不出水租而被抓去關的農民，在家人奔走借貸，趕緊籌錢繳納後，放出來時，往往被剃了光頭，作爲「犯罪」的印記。

繳不出水租的農民，都成了罪犯！

但這也只是田賦、加隨賦征購、加肥料換谷、加房捐、戶稅、防衛捐、綜合所得稅、加各種貸

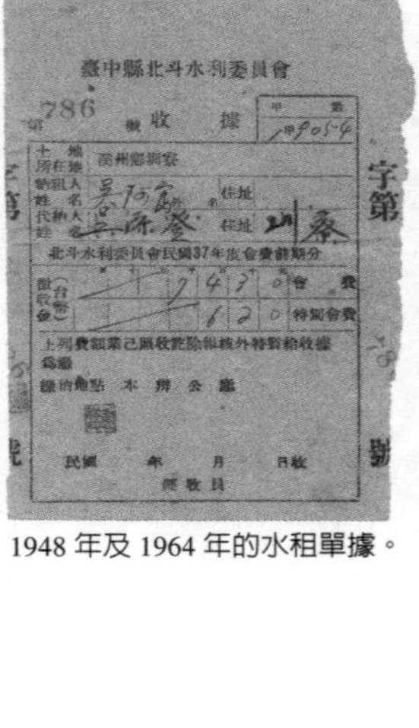
臺中縣北斗水利委員會
收據
北斗水利委員會民國37年度會費繳期分

臺灣省彰化農田水利會征收單
收據聯

1948 年及 1964 年的水租單據。

款債務、再加水租而已。

麵包

歷史，親像一條河啊！在這條需要繳納水租的河裡，蜿蜒流入島嶼田地的，還有從美國漂洋渡海而來的小麥、大麥、玉米、黃豆、小米等，國民黨政府持續採購美國的「剩餘」農產品。譬如一九六一年，撥款二千一百三十萬美金，簽約購買棉花、小麥、煙草、以及金樹買不起的進口牛奶粉；一九六二年撥款一千五百五十五萬美金，購買美國農產品；一九六四年又簽訂總值達六千餘萬美金的農產品協定等。

但公庫裡的錢從哪裡來？從稅金及各款名目的稅谷征集而來。其中，據統計，國民黨政府光從隨賦征購和肥料換谷兩項政策，一九五〇年到一九六〇年間，就進帳達一百億元⑭，等於是征收島嶼每公斤二元九角八分的稻谷，去支付美國幾千萬、幾千萬美金的大宗谷物。

不過，透過簽約買賣農產品，畢竟只是其中一條管道而已，對於跨國傾銷的美國大農場而言，最重要的，是「市・場」。創造市場，養成吃食的人口，才能讓不公平的貿易，從根本（需求），繼續，更「自由」的從中獲利。

意思很簡單，用麵粉取代白米飯的主食習慣，才能確保美國谷物長銷入島嶼；但要如何改變民眾的吃食習慣呢？其中一項辦法，便是在學校開辦「營養午餐」。

一九六四年島嶼正式開辦營養午餐，名爲改善偏遠地區兒童的營養。首辦初期，學校向學生收取每天一餐二元五角的費用，提供學生一菜一湯的午餐。歷史在《台灣全紀錄》的百科全書裡，留有

官員參觀營養午餐試辦情形。

一張照片，記錄營養午餐的開辦典禮。

地點在桃園縣龜山鄉的龍壽國小（日後，楊儒門在龜山鄉的台北監獄服刑），禮堂裡有一張擺滿食物的桌子，有一個理平頭、穿制服、長相清秀的小男孩，被挑中，一臉呆楞的坐在桌子旁示範吃飯。

在男孩身後排排站了三個大人，彷彿將小男孩包圍住了！左邊的「大人」，是彼時島嶼的省主席，右邊呢，是穿旗袍微笑的官夫人，夫人的手還親切的搭住小男孩畏縮的肩，而中間，眞正比較高大的，是個美國人，是代表美國政府致贈麵粉給國民黨政府辦理營養午餐的駐華（台）代表。

然後隔年（一九六五年），省政府宣布島嶼的營養午餐，全面改爲吃麵包。

「小朋友們——」日後（二〇〇五年），編導《楊儒門歷史報告劇》的詩人、民眾劇場工作者鍾喬，記起營養午餐剛開辦的時候，他在台中念小學，老師在講台上教小朋友們如何吃麵包，「不可以把麵包整塊塞入嘴巴咬喔，」老師說，要用手，斯文而有禮貌的、把麵包一片一片撕下來吃，「因爲，美國人都這樣吃！」

美國人吃麵包，喝牛奶，所以長得又高又壯呢！鍾喬記得，約莫也從那時候起，上學途中的街道，陸續開起了麵包店，販賣「比較高級」的西式麵包。

麵包，不只是麵包。

如同白米也不只是白米。

「一粒米值多少錢？」你問風。
在你差些踏上祖田前，風將你
推向路口的讀書人，斯文的臉孔
潛伏著WTO的分身，頭頭是道
道你是本土化的恐怖分子。

炸彈客，人家這樣稱呼你，並不忘
在主流的門旁，給你留個邊緣的攤位
就說：危險！危險！這裡騰清。但，那時
你微笑著一張臉，不忘給底層，給農民
一個清清白白的行動，走進法庭
就像將白米，擺在政客的裝聾作啞間。

——引自鍾喬〈WTO夜訪楊儒門〉

日後，鍾喬在〈WTO夜訪楊儒門〉一詩中寫到，「『一粒米值多少錢？』你問風。」而風，回身，「一瞬間，統統將市場的爪痕／遺留在貧困者的土地上」。市場的爪痕，烙印過麵包不只是麵包，白米不只是白米，咖啡不只是咖啡，菜頭、芭樂、蕃茄、香蕉、花生、柑橘、金香葡萄、黑后葡萄、荔枝、鳳梨，也統統不只是作物而已。

市場透過一紙紙合約，從美國坐船來的大宗谷物，正自由的進入戒嚴的港口，沿著政策的河道，流入城市，流入農鄉，流入海邊的漁村、山頂的部落，悄悄的消滅著島嶼的水稻田，以及農人、作物與土地摸索著共存的空間。

是豐年啊！但歷史之河一遍又一遍的耙梳流過，發現，沉在農人記憶的河床底，最大宗的文字紀錄盡是一疊疊借據、各款繳費通知單、以及擔心國民黨政府重複征收而妥善保管的收據。

「我明明繳了！」農人對登門來催收的職員說。

代表公權力受質疑的職員，翻了翻新開出的稅單，給農人看。

不識字的農人看不懂，不過，農人懂得將征收單與收據分開來收藏，收成兩袋布巾縛綑的包袱仔。若遇到一個好心的職員，也許會陪著農人打開包袱仔，一一翻尋。於是，一張張缺角、起皺、泛著歲月微黃的借據、貸放單，連同水租、房捐、戶稅、防衛捐、隨賦征購、田賦征實等，都在歷史又臭又長的帳冊裡現身。

以證人的身分，證明，縱使在那些年裡，農作物持續增產，供給全島人吃食，且外銷為台灣賺回外匯，農人從農業所得的收入，完・完・全・全，沒有任何的「進步」，且農戶納的稅，還比非農戶高出數倍。

若以一九六六年為例，根據台灣省家庭收支調查報告顯示，年收入不到三萬元的農戶，平均賦稅是同樣所得的非農戶（薪資家庭及勞工家庭）四・一五倍⑮。

意思是，如果住在二林的農人金樹家，和台北縣的某勞工家庭，同樣年收入兩萬多塊的話，做田的金樹家，要比做工的、離農的人家，多「貢獻」給國家四倍多的稅。

國民黨政府透過糧食局、中央信託局等單位，委託基層農會，每年兩次，稻谷產量又破紀錄的同時，全島大征收。征收來的稻谷（途中必有私呑），統由「上面」決定，看多少量，要配給軍公教人員，多少量要簽約到日本或韓國賣錢，多少量的白米，要拿來空投到對岸中國，作爲政治宣傳；誰有糧食，誰握有最大的決定權。

同時透過隨賦征購、甚至向泰國進口稻米（譬如一九六〇年簽約進口五萬噸泰國米）等策略，在全島物價不斷上漲之際，獨獨，壓低稻米的價格達二十餘年。然後，在農業所得惡化的情況下，再透過肥料換谷，以壟斷的高價，向農民推銷化學肥料；透過農會辦理補助借貸，推銷一直更新的農耕機械；透過農復會的《豐年》雜誌，鼓吹現代化的「生產之道」，許農民一個增產的美夢，卻又簽約購買美國的大宗谷物，萎縮稻米與雜糧在島嶼發芽的空間。

一條條征收之路與推銷之路，通往負債之路。一條條負債之路，加速離農的道路，而離農的路上，一條條進口之路，更斷絕農村存活的道路。

「鄉鄉有路，路路可通」啊（一九六五年省政府喊出的口號）！在所謂的快速成長期，條條道路相連的、鋪設下台灣農業衰敗的根基。

台灣不是特例

台灣不是特例。

歪斜著起飛的島嶼，位於美國國際開發總署（前身爲美國經濟合作總署）及其金主們，共同攤開的「發展」地圖中。

聲稱要解決世界性饑荒問題的糧食增產計畫，以「綠色革命」之名，將全球攤開來，像把活生生的大地母親，攤平在權力與科技之前，這裡、那裡的溪流兄弟，森林祖先，農作物及農民傳統農耕的智慧，統統，都成爲需要改進的「資源」數據。

非洲（圈起來），中南美洲（圈起來），亞洲（包括台灣圈起來），皆納入現代化農業「改造」運動的推行地；成爲版圖之一。

於是從美國國際開發總署，從世界銀行，從美國的洛克斐勒基金會、福特基金會、以及和基金會同一個老闆的種子研發公司、化學公司、水利工程公司、農耕機械公司等，派出一團接一團的農經專家、工程師、公關企劃等，各司其職的工作人員，拎著行李箱，飛往有美國大使館駐紮的地方。

而接機的，往往是當地獨裁政權轄下的官員，譬如，蔣介石轄下的國民黨官員。

綠色革命的生產之道，主要仰賴三項政策：一、蓋水庫（越大越好）。二、使用化學肥料與殺蟲劑（越多越好）。三、機械化耕作（機器越大台越好）。於是化肥、農藥、機耕，消滅掉各地農村（亞洲、非洲、中南美洲除了古巴），發展健康農法的可能性。

這一套大的布局，指稱經過長期物競天擇，在各地演化生成的種子，是「低產能」的，最好一律改種西方研究室的「高收成品種」[16]。雖然這款號稱「奇蹟」的品種，對當地病蟲害往往缺乏抵抗力（像城裡的小孩不適應野地）。不過，沒關係，號稱「綠色革命」的整套農業發展模式，正在改造美國勢力下的低度開發中國家，會把「野地」變成「魔力種子」得以生長的「好」環境。

「發展喔——」（閩南語音）「安ㄟ卡有發展！」

發展出讓大地母親生得很累，讓溪流兄弟被禁錮在水壩裡（會生氣），讓農民駝彎了背的生產之道。

不管長期使用化學肥料，會對土地造成傷害，同時對肥料商產生依賴；不管農藥會使人類中毒、致癌、有機體突變，會被水蒸氣帶入雲層中，又化成雨，落成雪，一視同仁的降落至地面；也不管單一的改良品種，正藉由少數人的買賣，在毀滅作物的多樣性；更不管在曾經是殖民地的國家，推行這款只著眼於量產的現代化農業，反而迫使更多農民，因爲負擔不起倍增的生產成本，只好離開祖先留下來的田地，將田地出售給大農場經營，或賣給資本家蓋工廠，然後農人成爲被招募的廉價勞工，或者有一天，被工廠踢出門，已沒有土地可以回，只好流落街頭，加入失業與飢餓，孕育犯罪的行列。

在這套生產模式裡，公平分配從未被納入考量，於是在全球糧食增產的攀升弧線中，挨餓人口也持續增加。

譬如在美國，是的，在有史以來糧食最大宗過剩的國家裡，一九六九年，加州的史坦尼斯勞斯郡[17]，正式被劃爲飢餓區，成千上萬的失業者和低收入民眾，因爲沒錢，買不起食物而受苦，不過他們眼中看到的，不准進入的大農場，卻長滿豐收的「剩餘農產品」。又譬如在中美洲及加勒比海地區，大約有一半農地都用來種植谷物，外銷到美國農場餵養美國牛，再讓美國牛肉（包括麥當勞的牛肉漢堡等）銷到世界各地賣錢，而讓中美洲及加勒比海的農民，能夠吃到的谷物，比美國農場裡的牛還要少。

再譬如，綠色革命的重鎮之一印度，那裡每年有數百萬街頭兒童，死於營養不良；那裡農民喝農藥自殺的事件，屢見不鮮；那裡，日後有《微物之神》的女作家阿蘭達蒂・洛伊，因爲反水庫而被印度政府起訴。

是豐年啊！糧食增產而飢餓人口增加的豐年。確實是豐年啊！讓台灣農民吃蕃薯簽的稻米豐收之年。

春種一粒粟
秋收萬顆子
四海無閒田
農夫猶餓死

——引自詩人李紳〈憫農詩〉⑱

唐朝詩人李紳在〈憫農詩〉中，早描述到類似的處境，糧食分配不均的老問題。但彼時戒嚴中的島嶼，只能讀到這首詩的後半段，比較溫馨的，「鋤禾日當午／汗滴禾下土／誰知盤中飧／粒粒皆辛苦」。

不准洩漏眞實狀況的島嶼。蔣介石的國民黨政府，樂於當美國的小跟班、小伙計或說不對等權力關係的合作者，聯手、攜手、威權的小手挽住資本的大手，共同指派台灣農業，作爲工商業起飛的墊腳石。

於是，資本主導的經濟發展，起飛得有多快，傳統農村就被瓦解得有多快。

台灣不是特例。

歷史會來索討代價

歷史之河看著河裡的島嶼，飛過一九六四年，東南亞規模最大的砍樹工廠，大雪山製材廠，因低價外銷原木，中飽私囊，爆發了「黑森林弊案」。彼時，花費新台幣二億元，向美國購買大型機具，營運九個月後，就因不適用而廢棄——有權力的人，九個月花費掉兩億，同年，島嶼所有農民種植四個月才長出的稻谷，公定價是每公斤二元九角八分。

二億與二元九角八分。

歷史之河流動著金錢不等速的前進。一九六五年，美軍轟炸越南，美國終止對台美援，改與蔣介石簽訂「經濟社會發展基金協定」，表示五年內，每年借給國民黨政府新台幣二十億。

資本積累中，大大小小的中毒事件也開始起步。一九六五年，東南化學工廠溢出二氧化碳，造成樹德女子中學數百名師生中毒昏倒，當然，農藥中毒的比例，也隨著經濟起飛在昂揚。據環境衛生實驗所表示，台北市每月落塵「已」達六十公噸，空氣污染非常嚴重（不用懷疑，日後會更嚴重）。而國民黨政府的預算書中，已開始編列「整治河川」之類的名目（歷史之河也會證明，河川越「整」越有問題）。

稻谷的產量仍在破世界紀錄，在化肥及農藥的「呵護」下成長，但農民的生產成本也跟著成長，外銷的市場則跟著萎縮。農村成爲廉價的谷倉，供應全台糧食，同時農村的勞動力，隨著經濟「起飛」，正在逐步用「兼業」的方式，流入製造業的勞動市場。

一九六六年，紡織品取代農作物，成爲島嶼最大宗的出口物品。紡織廠的女工們，大多來自工廠鄰近的農家，背景音樂哼唱起：

請借問播田的田庄阿伯喔
人在講繁華都市台北對叨去
阮就是無依無偎可憐的女兒……
雖然無人替阮安排將來代誌
阮想欲來去都市做著女工度日子……

——引自葉俊麟〈孤女的願望〉

歌聲唱出農家女孩成爲女工的時代處境。然後很快，亞洲第一個加工出口區，高雄加工出口區，在美國專家選定的位置上，成立了！旗津渡輪日日夜夜運載農村的少年郎及少女們，入廠、出廠，超時工作，並且在途中發生船難。隨後，楠梓加工出口區及台中潭子加工出口區，也跟著成立。

「報上依舊說經濟起飛／笑的是權貴／哭的是我們／啊，只因我太太是個女工／……

我嫉妒那些無生命的機器
從早，我太太已陪它十二小時

——引自廖永來〈我的太太是個女工〉

踩著向農村征集來的廉價勞動力，吃著農村種出的廉價糧食，經濟正在起飛，飛出島嶼在國際分工體系中的加工地位。

日後，被壓榨過的人們是否還記得？是否能夠反省，別再用同樣的步伐，踩著別人的頭起飛？抑或循著同樣的步伐，踩過那些弱者的頭頂，繼續往上眺望。

一九六七年，戒嚴中，行政院全面開放美國的小麥自由進口。日後，參與聲援楊儒門行動、擔任中研院副研究員的丘延亮（阿肥），彼時仍在台灣大學就讀，因爲和作家陳映眞、林華洲、吳耀忠等人籌組「民主台灣聯盟」，被捕入獄，獄中翻譯《貧窮文化：墨西哥五個家庭一日生活的實錄》。而塑膠業很快取代紡織業，成爲島嶼最主要的出口工業。「獎勵投資條例」繼續呼喚著：來吧！有錢的大老闆們，請來島嶼開設國際觀光飯店，可免征所得稅五年。然後一九六八年，可口可樂來了！香蕉輸日暫時中斷（自由的市場啊）！

相連的土地、氣候、作物吸收化學肥料的根。空氣中有越戰的氣息，有煙囪冒出的嗆鼻之味，有農藥殘留著，隨水蒸氣進入雲層中又降落至地面。在遙遠的尼加拉瓜，到了一九六八年，縱使創下「單一農作物使用殺蟲劑數量的世界紀錄」[19]，棉花田的產量也無法再增加了，反而下降。

警訊正在腳邊，但島嶼仰起頭來，拼命起飛，不知道好景不長，絕對不會是特例。

一個接一個，採行綠色革命增產計畫的國家，都與尼加拉瓜有著類似的「發展」；像是吃慣特效藥（化學肥料）後，藥劑分量得一次比一次加重，還不一定有效；像是毒品（農藥）上癮後，「藥力若退去，哎呦，實在比死卡艱苦！」（引自洪醒夫〈吾土〉）

要求大地母親拼命生、拼命生，生沒幾年，母親就會很累、很疲憊，餵再多肥料，噴再多農藥都沒有用。增產的弧線，很快來到下滑的起點。歷史終將證明，只是沒想到，證明在島嶼來得這麼快，就在一九六八年。

一九六八年，好吧！像是要取代農作物增產的弧線，從東部的布農部落投出高飛球。紅葉少棒隊由一群原住民小朋友組成，在缺乏經費的情況下，土法煉鋼，據說初期削樹枝為棒球棍，投石為球，赤腳練習跑步、盜壘、滑壘等。這樣一支克難成軍的棒球隊，竟然打敗剛獲得世界少棒賽冠軍的日本隊；簡直是個「奇蹟」，不同於綠色革命花大錢研發的「奇蹟米」那款的奇蹟。

雖然意外打勝仗，完全是臉孔黝黑、輪廓深邃、功課不好、國語也很爛的野孩子們的本領，但一款民族的情緒，正被用來凝聚威權體制下的愛國意識。島嶼專注而狂熱的盯著民族的球，投出，飛起，飛得好高好遠呢，完全不清楚，那年海洋帶來訊息，說法國學生在巴黎街頭搞盛大的學運，說蘇聯坦克一夕之間鎮壓了「布拉格之春」，說美國黑人民權運動領袖，馬丁路德．金恩被槍殺身亡，而田頭圳溝也在腳邊透露著，台灣農業自此，來到一路衰敗下去的起點……。

歷史從來不會無緣無故，大地母親不會從原本懷孕至多生雙胞胎或三胞胎，「自然而然」變成一次生二十胞胎。

六〇年代前往非洲的農耕隊員，若是和當地人合作「生產」了台非混血兒，縱使返鄉後頻頻遮掩，假裝沒發生過，新聞終有一天會出現，某個父不詳的鬈髮男子，從非洲尋親尋回台灣來。

歷史會來索討代價；受傷的地方會痛，痛會要求更大代價的痛。

那些犯下的惡，縱使日後被遺忘得如此迅速，溜滑著脫了罪，甚至反而被頒發榮耀的獎章，大地母親會記得，所有發生在她身上的事。

而借貸永遠迴避不了，必須償還的本金與利息。

在一九六八年，歡慶的河面上有高飛的球，歷史之河卻在河底叫苦連連，默默宣布，一整套催逼離農的機制，已在島嶼鋪設完畢。台灣農作物的總產量，自此，一路下滑；水稻田的耕作面積，自此，一路遞減；台糖公司也從這一年起，一路減少甘蔗的產量。

糧食主權一路遞交、奉送出去，然後加速，衝往一九六九年。高雄青果運銷合作社發生舞弊事件（俗稱「剝蕉案」），爆出香蕉雖然外銷日本賺錢創紀錄，但第一線種植香蕉的蕉農，被青果合作社的理事長等，至少剝削達二億元。六〇年代的最後一年，內政部制訂「空氣污染管制長期計畫」，不過空氣中留有台塑高雄廠爆炸，死傷二十人的惡臭（這臭，還會繼續）。而民族的球，又揮棒擊出！

是冠軍、是冠軍，是世界冠軍耶！當消息從收音機及少數人家擁有的電視機裡傳出，半夜守在電視機前，觀看實況轉播的親朋好友、隔壁鄰居、室友同學等，頓時歡呼了起來。金龍少棒隊的小將成爲民族英雄，竟然打敗喝牛奶的美國隊，榮獲威廉波特世界少棒冠軍。

「世界第一頂」（閩南語音）！

但同年，比較沒有那麼風光的，歷史之河流過，還聽見省新聞處在講台上宣布，台灣水稻田，咚咚咚咚——以每公頃收成六千三百七十六公斤的稻谷，榮登世界第一名，最會生的稻田。

世界第一啊！

像是增產的年代，不斷被拿出來做宣傳的稻米產量正要退場，而棒球運動正要上場，兩個世界第一，交會在一九六九年，擦肩而過時，稻米暗中對棒球說，接下來換你了，換你成爲政府拿出來搖的宣傳旗幟。

雖然歷史之河流過，又將嘲弄的指出，那時所謂的「世界」少棒賽，主要參賽隊伍，不過就是美國各州而已，況且彼時正派兵攻打越南的美國，國內根本沒有餘光注意到少棒。

一九六九年，約三十萬的美國青年高喊愛與和平，作戰不如做愛等口號，去參加爲期三天，名爲「Woodstock」的演唱會。頭戴鮮花，在泥地裡打滾，抽著大麻的演唱會上，正當年輕的歌手，與六〇年代美國的社會運動，合奏出一首接一首的抗議歌謠。Bob Dylan、Joan Baez、Pete Seeger、Woody Guthrie 等，彈唱出日後持續在世界各地鼓舞反叛力量的歌聲；那刷奏吉他的手，還有一雙來自彼時是個小伙子，以街頭走唱起家的 Jim Page。

日後（二〇〇五年冬天），Jim Page 來到台灣，探望正在看守所內，爲抗議在香港舉行的 WTO 部長級會議而絕食的楊儒門，隔著看守所的壓克力窗，楊儒門問 Jim Page：「請問，你爲何支持弱勢（underdogs）？」

Jim Page 回答：「有人站在許多人的上面，使許多人成爲 underdogs。如果你不做些什麼，就成了站在上面的人的共犯。」

楊儒門對 Jim Page 比了比大拇指。

他們又談了一會兒，楊儒門說：「人們要一直做下去，而不是做做就停了。」[20]

不久後，Jim Page 寫歌，以說故事的方式吟唱到：

讓我唱首歌給你聽吧
關於一個值得訴說的故事
在中國的外海，有一個名叫台灣的島嶼
楊儒門在農村裡長大
有著對土地的愛及堅實有力的臂膀……

Yang, Ru-Men was raised on the family farm
with the love of the land in the morning and the muscle in his arm.
Out in the China Ocean on the island of Taiwan
It's a story worth the telling and I'll sing it in a song.

——引自 Jim Page〈The Rice Bomber —— Yang, Ru-Men〉

不過，彼時六〇年代的島嶼青年，大多不會唱「自己的歌」，在「大家同聲高呼：黃花崗革命先烈的精神長存！討毛救國勝利萬歲」（引自一九六九年蔣介石〈告全國青年書〉）中，迎向七〇年代。

註

① Karl Rankin〈*China Assignment*〉，一九六四年，出自陳玉璽《台灣的依附型發展》，一九九五年，人間出版社。

② 陳玉璽〈庸屬的發展〉，原載於紐約《台灣與世界》，一九八七年，收錄於《台灣的依附型發展》。

③ 唐文標《天國不是我們的》，一九七六年，聯經出版社。

④ 林樹枝《出土政治冤案》中寫到，六〇年代入獄的政治犯有一百二十九位，其中八位被槍斃。

⑤ 黃淑梅《我與中寮的相遇》，二〇〇六年，全景印象。

⑥ 劉進慶「根據一九六一年農業普查得到的耕地規模別、家計規模別，這裡可看到每戶農家平均人口數是七點三人」，出自《台灣戰後經濟分析》。

⑦ 謝聰敏《黑道治天下及其他》，一九九三年，謝聰敏國會辦公室。

⑧「當局強制收購的公價與消費者價格相比較，一九四九年的公價只有消費者價格的三八%」，出自石田浩〈農業生產結構的變化與工業化〉。另有「按市場價格二十%至四十%的價格，隨賦征購稻谷」，出自劉進慶《台灣戰後經濟分析》。也有「以糧食局歷年稻谷征購價格標準觀之，都低於生產地批發價的二五%到三十%左右。」出自吳田泉《台灣農業史》。

⑨ 吳晟散文集《農婦》，一九八二年，洪範出版社。

⑩ 明朝陳第〈東番記〉，一六〇二年。

⑪ 王雅慧〈守著土地守著水〉，出自《少年台灣》雜誌第六期，二〇〇二年十一月。

⑫ 清朝郁永河〈裨海紀遊〉，一六九七年。

⑬《西雅圖的天空》孟祥森譯，一九九八年，雙月書屋。不過翻譯的文句，作者略有改動。

⑭ 王友釧〈台灣肥料換谷制度之探討〉，收錄於《台灣農業史》，一九九三年，自立晚報出版。

⑮ 陳玉璽《台灣的依附型發展》。

⑯ 據聯合國社會發展研究組織的巴默爾博士指出，高收成品種這個名詞乃是誤用，應該稱爲高反應性種子，因爲這款種子只是對灌溉和肥料等外來因素特別有反應。

⑰ F. Lappe & J. Collins 合著之《*Food First*》（糧食第一）。

⑱ 黃益田編《農師選粹》，一九九七年，農世股份有限公司。

⑲ 同⑰。

⑳ 參考「錄釁坑」網站文章〈楊儒門與 Jim Page 獄中對話〉。

江湖在哪裡？

七〇年代

相連的土地、氣候、作物的根扎在土壤底，口號散播在風中。戒嚴的小島嶼隆起在浪潮拍打中，進入一九七〇年。

新年照例總統府前呼喊萬歲、萬歲、萬萬歲！新年照例礦坑裡爆炸連連、死傷連連。新年照例山上覆蓋起水泥，興建水庫（達見水庫，一九七三年蔣介石將之改名爲德基水庫，於一九七〇年動工）。新年呀！在海洋的外邊，彼時大多由台灣留學生組成的台灣獨立聯盟（國民黨政府的說法是「僞台灣獨立聯盟」），主張採行革命的路線，推翻島內的外來政權。

其中，就讀康乃爾大學的留學生黃文雄和同伴鄭自財，在蔣介石的兒子蔣經國（彼時任行政院副院長），前往美國拜會而座車抵達下榻飯店之際，抱著一死的決心，展開刺殺行動，不成，被捕。

被逮捕的過程中，年輕的黃文雄說了句：「Let me stand up like a Taiwanese.」（讓我像個台灣人一樣站起來。[1]）日後（二〇〇五年），歷經長年國際流亡、黑名單限制入境的黃文雄，已回到島嶼，他在一場以楊儒門事件爲發端，名爲「抗議、暴力與民主政治」的座談會上[2]，談及「我個人思考緩慢而且不善言詞，兩年前中風以後更是老化得厲害……」

他說：「依我對楊儒門先生的印象及了解，他應該希望他的作爲能夠刺激台灣社會的反省，而且是越多越廣越好。」他以老去的聲音說：「我建議我們談到他（楊儒門）的時候直呼其名，不要使用白米炸彈客之類的稱呼，我們沒有理由追隨媒體炮製的標籤。」

「如果我們承認我們所受的養成教育跟社會教育存在很多問題，那麼不僅是政治人物，我們每個人對還沒有深究的問題都很可能犯了同樣的錯誤，而成爲成見和定見的俘虜。」黃文雄緩慢的說道。

但島嶼從七〇年代年輕的黃文雄等人，冒死一搏，展開刺殺行動，意欲推翻強人統治的威權時代，歷經爭取與犧牲，來到言論好像自由了、可以自由的依各自的立場與目的，偏頗事實成定見的媒體時代，更普遍的報導是，不管時代背景與訴求的，只列表比較黃文雄及楊儒門的「暴力」程度，以及被起訴的刑期等。

歷史在島嶼錯亂的速度，像離農那麼快，像踩著農村起飛的經濟，發展得那麼快。經過六〇年代，台灣已經倚靠人口密度集中的廉價勞動力，倚靠超時工作，倚靠無污染管制的開放、以及圖利（主要是外資）企業的免稅優惠等，取得國際分工體系中的一席之地，加工（代工）的基地；美國及日本的外商公司持續加碼投資，官營企業主導收編造船、鋼鐵、重化工業等，和官方關係良好的家族型集團企業，如台塑、國泰、裕隆、大同、遠東、台泥、台南紡織等，以及在商場上被置於保護政策之外，卻仍蓬勃發展的中小企業、零星企業等，都全面增加著產值。

金錢積累的弧線中，新興的中產階級（財富）正在形成。

一個新的時代，作家楊青矗在〈新時代〉這篇小說中描述到，「從鎮上通往市內的大路」，沿途新建的工廠，把農家少年及少女吸納進生產線上。其中，女工佔成衣業勞動市場的八六％、紡織業的七九％、電子業的六十％③，而工資每天約二十塊，穿粗布工作服，吃便當或自助餐的女工（通常名叫阿秀阿惠阿芬阿芳），下了生產線，最普遍接收到的「文化」，是瓊瑤集團——「擁有各項傳播媒體：電影院、電視、出版社國內外銷售網、唱片公司」④——強力推銷的「浪漫愛情」故事；故事裡的男女主角，通常穿著時髦、家住豪宅、通常不用工作，只是出入客廳、餐廳、咖啡廳（一杯咖啡要價女工數天的工資），愛恨情仇哭泣擁抱甩耳光。

他們通常名叫慕凡、丹楓、雲煙之類，通常字正腔圓的講「國語」，不曾發出任何台語、客語、「山地同胞」的口音。「窗外」（瓊瑤小說名），「我是一片雲」，但林立的針織廠內，女工們日夜輪班，巡視機台密密麻麻的刺繡針，一愛睏，可能從半空中的走道摔下，頭往下栽；「窗外」，「月朦朧鳥朦朧，庭院深深，雁兒在林梢」（皆是瓊瑤小說名），但化學工廠裡，女工們「整年與硫酸、硝酸、冰醋酸、氫氯酸、磷酸等，及一些化學藥品為伍……」[5]。

「窗外」，「煙雨濛濛，幾度夕陽紅」，但電子工廠裡的強光，常造成女工們視力受損、眼發紅；「窗外」，有錢人家的男男女女，在「一簾幽夢」裡「心有千千結」，但現實的窗內，女工宿舍通常「靠牆放置兩座上下舖的狹窄單人鐵床……脫釘翹起的天花板貼膏藥似的黏幾塊膠紙，沾滿灰塵污漬的白漆，脫皮的脫皮，剝落的剝落，間雜一簇簇漏雨滲濕的乾黃水印」[6]，並且在窗下的小桌，放著一台小收音機，唱著鳳飛飛搭配瓊瑤電影而風靡（而銷售賺錢）的歌曲，〈奔向彩虹〉。

七○年代持續戒嚴中的島嶼，沒有歌曲，歌唱到男女勞工騎摩托車集體出遊；沒有歌曲，歌唱到冰果室與撞球間；當然更沒有歌曲，歌唱到留在田裡種作的農家子弟的愛情。

歌聲穿透著、往返著。日後（二○○五年），參與聲援楊儒門聯盟主辦的「滾動的農村・WTO天烏烏・走出台灣農村路」三部曲活動的卑南族歌手，胡德夫回憶到，七○年代顯影在他腦海裡最明晰的印象，就是日光燈管。路過的台北街巷，挨家挨戶，入夜後紛紛亮起白晃晃，幾近慘白的燈光。日光燈管下通常忙碌著數人，進行「客廳即工廠」的代工承包。烏黑黏稠的機油就流淌在水泥地板上，惡臭的化學氣味溢出窗外，棉絮及布料纖維滿屋子飄浮，白熾的強光逼得人睜不開眼，而小孩在紡織機、電鍍機、車床、焊接、模具、塑膠射出等機具聲響中嬉鬧成長，埋下疾病的種子。

直到今日（二○○七年），如果你跨出台北市，抵達三重、蘆洲、五股等縣郊——那裡對某些台北人來說，彷彿比紐約還要遙遠、還要陌生——你會發現客廳即工廠的運作型態，留存至今，只不過數量少了，而「師傅」（對專業技術勞工的稱呼），有部分換成外籍青年的臉孔。你經過化學氣味嗆鼻的家庭工廠，想必立刻掩鼻，掩鼻的同時可能會想起，這是第一線的勞工（如今身分認同上也許已經

「黑手變頭家」），長年呼吸的氣味。

族群、文化、經濟收入交會，併吞、摩擦、衝突的氣味。

一九七〇年二十歲，出生成長在台東太麻里山谷，遠到台北城就讀台大外文系的胡德夫，因在校內屢次舉辦，探討原住民（彼時習慣用語是「山胞」或「番仔」）身分認同的座談會，被教官約談，軍訓及操行成績都不及格，索性走出校園。

他走入哥倫比亞大使館附設的咖啡廳，在那裡駐唱，在那裡的日光燈管下，遇見李雙澤及一大夥人。李雙澤拎著便宜的烏梅酒，走近對胡德夫表示，「可悲啊可恥，我們這一代怎麼唱不出自己語言的歌？」（引自李雙澤文）

怎麼唱來唱去，盡是模仿的英文歌？

彼時深陷越戰泥沼中的美國，駐台美軍達上萬人（到一九七五年撤減至三千人左右）。台北城因美軍進駐，興起酒吧業；大學生普遍認爲，聽英文歌才比較有「水準」；美軍電台（ICRT 的前身）從天母發送出英文廣播，襯底可口可樂開罐時冒著氣泡，咖啡在少數聘請「下女」（大多是從中南部北上的鄉下女孩）幫傭的外省人及美國人家裡，飄散「日常」的香氣，而牛排在幾間高級餐廳內煎得滋滋作響……。

歷史之河聞見，空氣中有工廠擴建之味，有煤氣石油之味，有日光燈管燒壞的焦味，有重化工業（國民黨政府主推）瀰漫的臭味，同時飄浮著蘋果進口，但大多數人買不起、吃不到的滋味（一九七二年黃春明發表小說〈蘋果的滋味〉）。

尾隨長髮及肩的胡德夫，走出駐唱的餐廳——餐廳裡「桃木細雕桌椅，落地窗加腥紅地氈，紳士淑女，珠光寶氣」⑦——在馬路上遇到警察來取締。

警察取締什麼呢？取締男子頭髮太長，妨礙善良風俗。據一九七〇年公布的取締標準，警察當場拿出剪刀，要把胡德夫的頭髮喀嚓一剪，但胡德夫伸出黝黑健壯的手臂一擋，與警察幹起架來。日後（二〇〇四年冬天），在楊儒門主動走入的台北市警察局（已從七〇年代的城中分局，改爲中正第一分局）內，有資料詳載，案由：女生迷你裙太短，取締；男生穿喇叭褲，取締；什麼，西門町有一少婦打扮成印地安人的模樣，當然是馬上取締。

強勢的文化戒嚴，仍意欲壓制住國民生產毛額逐年提高的島嶼（一九七〇年，農戶平均每年所得三萬兩千三百二十元，非農戶平均所得三萬四千零八十元），不只取締那些透過雜誌，透過廣播及外商勢力，接收到六〇年代美國嬉皮餘風的青年（大多是居住在台北城的叛逆青年），彼時的新聞局長宋楚瑜，更停播一九七〇年播出數月後，大受全島歡迎的閩南語布袋戲《雲州大儒俠》。

發源自雲林虎尾，講閩南語的《雲州大儒俠》，不准在電視上出現。幾年後，當「史豔文」重現江湖（電視）時，換成講國語，而一度被觀眾竊竊私語，說是在暗指國民黨政府的「藏鏡人」角色，仍在幕後口白著：「順我者生，逆我者亡。哈、哈、哈——」

七〇年代的頭一年呀！美國銀行繼續貸款數億美元給國民黨政府，讓國民黨政府向美國購買設備，在台北縣的石門鄉（記得嗎？石門鄉的某支電線桿，日後窩藏過楊儒門丟棄的印表機，印表機列印過：不要進口稻米），蓋起島嶼首座核能發電廠。緊接著，小小島嶼還會蓋起第二座、第三座、第四座核電廠，也有反核運動，從北部漁村發出吶喊、悲嘆，流下眼淚，更有環保運動人士因此被關。

進入一九七一年，美國國務院在世界（像是他家的）講台上宣布，要把釣魚台列嶼的主權，交與日本。消息傳入島嶼，數千名大學生到美國大使館及日本大使館遞交抗議書，在美國念書的台灣留學生，也隨即展開，不久後就分成獨派、統派、革新保台派的保釣運動。然後聯合國代表大會通過，阿爾巴尼亞所提的排中（中華民國）納中（中華人民共和國）提案，台灣退出聯合國，或說被聯合國驅逐出境。

一九七二年，日本政府宣布與台灣斷交，轉過頭去承認中華人民共和國，美國總統尼克森也飛往北京訪問。全球冷戰的對立情勢，正在爲市場的利益大和解。從五〇年代被美國部署成反共防線中，重要一站的島嶼，如今被抛擲於國際外交現實的大海裡。

「偉大的領袖」（蔣介石），二十餘年來，在島嶼內咬牙切齒，貌似義憤塡膺、正義凜然痛罵對岸的「匪區」、「鐵幕」，已經成爲國際社會普遍公認的「中國」，而宣稱擁有中國正統代表權的島嶼，邦交國一個個離去，大使館一間間撤離。

面對一連串的外交失利，島內學生們舞龍舞獅拉出的布條，村辦公室牆壁張貼的標語，天橋噴印的提醒，無處不出現「莊敬自強，處變不驚」。像是國民黨政府用以蓋住島嶼的碗蓋，被外海的局勢沖出了縫；縫裡，「憂國憂時者／仍然也得匍匐挺進在時代的浪潮裡……高高唱和／愛國者永生」——「喂／你愛的是哪一國？」（引自初安民〈無題〉⑧）

日後，不同款的國族認同，各成立場，甚至各有各的「鄉土」，但彼時島中之人，隨著經濟積累正要抬起頭來，質疑天空不該只是碗蓋；低下頭來，意識到腳踩的土地多麼陌生，咦，叫做家鄉或居所。

動盪的時代，沿著水的途徑，歷史之河離開台北，沿著加工出口區，沿著市鎮林立的工廠，沿著勞工下班的腳踏車陣（沒幾年後，變成烏煙噗噗的摩托車陣），流進農村的水圳，河面上波動的光影，越流越緩。

一九七一年
是秋收後。

所有苦苦的掙扎暫時停止
秋收之後的稻田，太累了
懶懶的躺著
忍讓了太久的野花野草
任意喧鬧、任意開放

低低徘徊的秋風中
有一些什麼訊息
遙遠的傳來

——引自吳晟〈秋收之後〉

離農的時代趨勢中，一九七一年二十七歲，從城市回鄉任教的青年吳晟，騎著腳踏車，沿著兩旁立起木頭電線桿的莿仔埤圳，往返住家與學校。川流的濁水，種作的田地，以及童年的記憶。吳晟邊騎邊構思《吾鄉印象》系列詩作的畫面——木麻黃、牽牛花、月橘、含羞草、水稻、檳榔樹，陰天、雨季，神廟、晒穀場、店仔頭……歌曰：如是，「人人必回諾：如是／人人都清清楚楚，反正／大荒年與大災變與大荒年／之間，空隙何其短暫／不如啊，順著歌聲的節拍呼吸」⑨。

順著農民曆的節氣，短暫的秋收之後，春耕之前，約兩個多月，稱爲農閒時期。

腳踏車輪轉過水圳路，兩旁聚落間的田地，因小農耕作，呈現多款樣貌。是秋收後，有些田地稻叢矮齊，像被理了平頭；有些田地燒過稻草，色澤焦黃帶黑；有些田地正在燒稻草，火光熊熊，映照天空霞彩；有些田地，水光泥地，農人嘴叼煙（長壽煙一包十塊錢），手握犁耙，吆喝水牛肩拉鐵製牛犁，將田土犁鬆，再用手耙，將田中雜草及前期作物未腐爛的根耙除，而「鐵牛仔」（據統計，一九七〇年每一百戶農家，有二、三戶擁有耕耘機⑩），也零星響起吃油的引擎聲。

有些田地，水稻收割後沒有休息，馬上又播下蔬菜、豆類等間作，務必使田地發揮最大、絕不浪費的生產力；有些田地種甘蔗，戴斗笠、覆以花頭巾蒙面的農婦正在剖蔗葉，爲甘蔗頭培土；有些田地搭起草菇寮，或闢成魚塭，魚塭的抽水機噗噗噗的抽水，魚塭旁通常有豬舍，潑剌、潑剌跳出水面又潛入水裡的草魚、鯽魚、吳郭魚等，吃著豬糞及飼料過活。

吳晟的腳踏車從水圳路，轉入其中一個名叫圳寮的村庄。庄頭普玄宮，供奉董公、普唵眞人、玄天上帝等。廟埕前，秋收後的田地，搭起布袋戲及歌仔戲棚，準備酬神，謝天地，慶祝一年一度的「董公生」。

到時候，野台戲的戲棚內，用線懸垂的擴音器，將嘈雜而熱情的向全村播放咚咚咚——鏘；雖然離農之路年年都帶走台下觀看的眼。

普玄宮旁邊有樹，榕樹垂下年歲的觸鬚，樹籽順著黑瓦斜屋頂的柑仔店，滾落至地面。柑仔店有「店仔頭」，店仔頭的泥地上，擱放一二張長板凳，長板凳上蹺腿、盤膝的農人，在抽煙、在開講。

作爲村庄傳播站的柑仔店，掛有「煙酒零售商」的招牌。跨進木頭門檻的店門內，臨窗靠牆處，有一台電冰箱（通常是大同牌），冰箱用來冰存冰棒、飲料及檳榔等。沿著石灰牆面，冰箱旁是整列開敞式的木頭櫃子，櫃子內放置數個軟木塞瓶口的玻璃罐，罐內裝著餅乾、糖果、酸梅等；村庄少男少女離農到食品加工廠生產的零食。

隔著走道，櫃子對面的置物架，堆滿各式各樣的日常生活用品，雞蛋、油鹽醬醋、米酒、味精，製成醬油的大豆正從美國進口。袖套、雨衣、鐮刀、斗笠……，垂掛在屋樑的吊鉤，吊著層層疊疊的雜貨。

陽光通常在屋外，一間光線彷彿永遠幽暗的矮厝柑仔店，走過通道，收銀的木桌在屋的最裡側，柑仔店的頭家，坐在那裡「裹檳榔」。用小菜刀剖開檳榔，抹紅灰或白灰，再放到鋪著沾水棉布的木盒內。檳榔大多採自村庄內零星種植的檳榔樹。至於一小台新進的黑白電視機——一九六三年外資引進美國的半導體及電子零件，開始在台灣加工製造黑白電視機——放在木頭屋樑下方，新搭起的鐵支架裡，必須仰頭收看。

吳晟的腳踏車經過柑仔店，和店仔頭前閒坐的農人打聲招呼，轉入自家三合院。泥地院埕上，吳晟的母親，《農婦》一書中描繪的典型「農婦」，剛從田裡走路回家，脫掉膠鞋、斗笠及袖套，到古井旁汲水，坐下來洗「菜頭」（白蘿蔔），準備要用來炊成過年時必備的「菜頭粿」。

而「剛剛從城市嫁到鄉下夫家的第一個過年」，吳晟的妻子，鄉間教師莊芳華日後寫到，「首次看到我的婆婆忙著做一種名叫『莿殼粿』的年粿。掀開蒸籠的一刻，我看見露出一團團棕褐色、污黏黏的粿，實在有點驚訝……。」⑪

不過，年輕的少婦莊芳華很快學習到，「農家女人爲了儲備過年時做粿的莿殼，入冬以來，每天下田工作結束回家之前，一定沿田埂採摘一些莿殼帶回家鋪在屋簷下陰乾」，然後做粿時，「糯米浸泡一晚後、磨成米漿、裝進布袋內，用繩索軋扁擔、再用石頭或其他重物壓在袋子上擠出水分」，讓米漿成爲「粿切」，再圍跪於竹篾簟旁「揉粿切」……等等，農家女人必備的技能。

冬尾的季候，快過年了。

七〇年代農宅樣貌。

過年是家人團聚、歡慶的日子。除夕黃昏要「拜公媽」，祭祀祖先。要貼春聯，將廳堂神明桌上供奉的粿類（菜頭粿、甜粿、發粿、莿殼粿也稱包仔粿），插上紅色的「飯春」，表示年年有餘。

但小孩出外討生活的農村，漸漸有家庭成員因爲各種理由，沒有回來「圍爐」。

至於年節返鄉的農家子弟——譬如彼時就讀台中師專，身形矮壯的洪醒夫——可能站在彰化火車站的廣場，看見一輛計程車停在他身邊，「司機從裡頭探出頭來大聲嚷：『二林、二林，有誰要去二林的？』」

叫客的計程車在拉客，年輕的洪醒夫坐了進去，然後計程車司機爲了要湊足乘客人數，在街路上繞了又繞，「一有趕路型的行人出現，他便把頭伸出車外……對那些疏疏落落的行人喊著：『二林、二林，有誰要去二林的！』」

終於上路後，計程車出了彰化市區，「在柏油路面上飛馳著

……很多騎單車的農夫被拋在我們後邊。

秀水到了，瘦太太下車，兩塊。

埔鹽，胖先生擠出車門。五塊。

到了溪湖。……「八塊錢！」司機說……「唉，繞了整個中午，現在都兩點了，才掙到十五塊錢！」

——引自洪醒夫〈有誰要到二林去〉

一九七一年，二十二歲的小說家洪醒夫，發表〈有誰要到二林去〉，描述回鄉的路程。彰化市接連著秀水鄉，秀水鄉接連著福興鄉，福興鄉的福興國中，一九七五年夏天，走入彼時二十五歲的鄉間教師宋澤萊；秀水鄉還接連著花壇鄉，花壇鄉接連著芬園鄉，芬園鄉山腳的某戶人家，一九七三年年初，迎接第一個小孩林淑芬誕生；而山腳路直通員林，彼時以「碧竹」爲筆名，美麗島事件後改名爲「林雙不」的黃燕德，一九七八年開始在員林教書。

同在彰化縣——島嶼最大的農業縣⑫——境內，相連的土地、氣候、作物的根。洪醒夫、廖永來等人的家鄉二林，日後孕育出「白米炸彈客」楊儒門，再往南，溪州鄉的吳晟家，不時有客人走入三合院內，在稻埕、穿廊、龍眼樹下，擺幾張藤椅，或在書房裡談天論地。

江湖啊！水的流域。

歷史之河流過島嶼內的農鄉（行政區域劃分出數百個），農鄉內的村庄（數千個），從山、海、屯，每一條水流，每一顆水珠，都牽引出時代變遷的線索。山澗野泉，海口溪流，平原圳溝，以及潛伏又冒出的地下水。空氣中的濕度，來到春節前後，田水冷霜霜，間作的蔬菜、豆類等收成後，挑選分好壞，裝入竹籮筐內（日後演變成紙箱）。凌晨起床，用扁擔擔著，用三輪車或用牛車拉載，用摩托車或雇請拼裝車，整車將竹籮筐內的收成，運到果菜市場，等待販仔來出價。

或者，以契作的方式，收成前已談好價錢的包給商販、食品加工廠等，抑或遇到「敗市」（機率頗高），收不夠工，乾脆整園犁掉，做肥料。

但不管結算後有無虧本、有無賺錢，春雨降臨，農人的庄腳性格，通常沒辦法不戴上斗笠，拿起農具，走入田裡；縱使是借貸買來的秧苗，也要播下去。於是水牛、鐵牛犁動田地，農人的吆喝聲夾雜機械輪轉聲，召喚成群的白鷺鷥，飛來啄食泥地翻動起的昆蟲大餐。

犁田後，整平泥地。秧籃盛裝秧苗，擔到田埂上堆放。然後前後拉好線，左右再對齊，三、四個農人成一排，各就各位，彎下腰，一手一手、節奏規律的往泥地鏡面插壓秧苗。一叢叢、一行行，拉動放置秧苗的秧船，緩步後退，播好一整畦遠看如蒙上一層淡綠薄紗的、春天的水稻田。

由於仰賴家族人手種田的傳統，已隨農村勞動力外流而行不通，「播田班」及「刈稻班」也因應而生。數十人組成一團隊，從南到北，配合島嶼熱帶到亞熱帶氣候，稻作不同的生長速度，梯次播種，依序收割。新型態的「播田工」（日後，全面機械化後被淘汰），全島接工作。播田時，農家主人必須煮「點心」，挑到田裡給農務勞動者吃。

日後獨居在村庄內，領「老農年金」或靠兒女寄錢回家的老農，也許偶而會想起，當年是播田班一員時，哪裡吃過的點心最豐盛，播田班裡誰播田的速度最快最俐落，而記憶中交織各地水稻田（平原及梯田）的景致。

至於農家的「灶腳」，在農忙時期，當然就炊煙不斷。剛嫁到鄉下的少婦莊芳華，也得開始忙碌的「款起」一天兩餐，每餐一、二十人要吃的米飯菜餚，而水在大茶壺內燒滾著，冒出水蒸氣。

時代如浪，點點滴滴。

若以一分地爲例，據估算，請人犁田要一百五十塊錢，播田的工資一百一十塊，向農會購買的秧苗一分地一百塊。投注下去的成本，從青綠薄紗狀，到春分後已出落得亭亭玉立，雨中的水稻田水汪汪，霧中的水稻田霧濛濛，而豔陽下的水稻田，青綠綠。

農人跪地「搓草」，雙手伏爬泥地，搓稻縫中的土，把土抓鬆，把草抓死，把稻子橫生的根鬚抓斷，比較容易吸收肥料。除去田岸長了又割，割了又長的雜草，通常一季要四次，若是請工人，一次工資六十塊，四次二百四十塊。然後施肥料，化學肥料一分地用掉約三百三十塊左右，肥料工通常五十塊。再加上噴農藥，一季稻作，農人爲求最大、最好的收成量（綠色革命的耕作模式），習慣噴灑數次有毒的、白霧茫茫的液態農藥。一分地農藥錢大概要「貢獻」給化學公司兩百塊，而與殺蟲劑爲伍的農藥工，工資約一百五十塊。

如此成本，經過清明掃墓吃春捲；經過穀雨，「百穀滋長之意」（農民曆）；經過立夏，「萬物至此皆已長大」，稻子幾乎已到農人腰際。風吹稻翻浪，如厚毯波浪，不到農民曆標誌的「小滿」，稻作便已大致「圓身」，莖變大變粗，如孕婦大肚。

就要出穗了，稻殼一粒粒像貝蚌開縫，吐出細緻的小白花，成串。這時節，最怕颱風豪雨來攪局，淋掉花粉，或颳得稻浪成「倒浪」。偏偏稻穗「入漿」、「勾頭」之際，連日大雨豪雨暴雨微雨太陽雨，霪雨霏霏落不停，致使稻作整片伏趴在地。

農人雖然穿雨衣（或仍有蓑衣），扛鋤頭，冒雨掘開田埂的水路，試圖讓雨水流出，但田裡還是汪洋一片，蔬菜瓜類都浸爛了，甘蔗東倒西歪，果園裡開花的、結果的、快要成熟的，都被雨水打落地（而沒有農業災害保險或賠償）。

「伊娘——這款天氣」的幹譙聲，於是從村庄店仔頭傳出。

「該來不來，不該來／偏偏下個沒完的雨／要怎麼嘩啦就怎麼嘩啦吧／伊娘——總是要活下去」（引自吳晟〈雨季〉）。

總是要活下去，在這款失收的雨季。

坐在長板凳上的農人，盤算著等雨稍歇，要趕快搶割稻作。到時候割稻工錢一分地二百一十元，若再加上曬稻工，一天六十元，三天一百八十元，以及必須繳給國民黨政府的田賦，一分地大概要一百斤的稻谷，林林總總加起來，「一分稻子從犁田開始到收穫約要二千四百元的本錢……約可賣二千五百元左右」[13]。

大抵賺吃、賺做而已。

但能怎麼辦呢？伊娘咧！誰叫物價一直漲，唯獨米價，像稻田一般平坦。

據估計，「一九六六年至一九七三年間，批發物價水準上漲四十％，醫療費用上漲六四％，而米價只上漲十四．五％」[14]。農人幹伊娘著，傍晚吃飯後，照例踱步到店仔頭閒坐。

闃暗的柑仔店內，有一管微弱的日光燈管，飛舞著蚊蛾，而那台高高架起的小黑白電視機，兀自在播報晚間新聞。可能有農人抬頭瞥了一眼，問到，「阿新聞是在播什麼？」村庄裡，聽得懂國語的年輕人便解釋到，「是行政院長蔣經國在講話啦！」

一九七二年

一九七二年教育部去函三家電視台，規定「方言」（指的只有閩南語），每天可以在電視上出現一小時（比之前都不能出現，寬容多了？），而且晚間六點半之後，只能在一台出現（因爲那時候比較多人看？）。至多一天只能有兩首台語歌，從電視的方盒子內唱出。

農人看不懂，也大多聽不懂的電視新聞，播報蔣經國於五月完成內閣改組（其中，本省籍人士佔三分之一），同時選任謝東閔擔任國民黨政府來台後，首位本省籍的省主席。

六月，制訂「中央民意代表增補選舉法」（開始逐步、逐步開放選舉），九月公布九項「加速農村建設重要措施」，蔣經國還發表了一番談話，他說：

最後，我要向全省農民說幾句話：你們在過去二十多年內，對國家經濟建設所做極大的貢獻，已受到全國同胞至高的尊敬。……現在，因爲國家工業化的結果，使農業遭遇了若干困難，雖然這也許是經濟發展過程中難免的現象，但政府必須負起責任來解決困難，來改善你們的工作和生活條件。

這番話，等於間接承認了一個事實，一個普遍的共識，那就是「國家」（島嶼）得以經濟發展，是因爲農民在過去二十多年來，做出了極大（不得不）的貢獻。

至於種田的「莊稼人」，是否有「受到全國同胞至高的尊敬」？您說呢？

但現在「農業遭遇了若干困難」（蔣經國語），怎麼辦？電視播報政府公布的解決之道，包括：

一、廢除肥料換穀。二、放寬農貸條件。三、改革農產運銷制度。四、加強農村公共投資。五、取消田賦附征教育費。六、加強推廣綜合技術栽培。七、倡設農業生產專業區。八、加強農試研究推廣工作。九、鼓勵農村地區設立工廠。

坐在長板凳上的農人，聽了聽，聽不太懂，丟掉煙頭，用拖鞋踩熄後，踱步回家去。明早，田地不管昨夜政府說了什麼，仍在那裡等著農人走進去。

而「入夜之後，遠方城市的萬千燈火／便一一亮起／亮起萬千媚惑的姿態／寥落著吾鄉的少年家／入夜之後，收音機的流行小調／便在店仔頭咿咿唔唔／溫暖吾鄉老人家的淚腺」（引自吳晟〈入夜之後〉），依稀仍有一兩支民間樂器的絃被拉動，像最後的餘音，穿越過村庄路。

慢慢的，農人才從日常生活中理解到，蔣經國實施的政策，是讓農人不必再運稻穀去農會「交換」化學肥料了。

一九七三年

一九七三年元月，農復會宣布廢除「肥料換穀」的專賣制度，農人得以用錢向農會或其他陸續開張的肥料店購買肥料。當然繼續向農會及農藥行買農藥。另外，農人也在繳稅時發現，此後田賦不用再加征什麼教育稅了。

最重要的是，省糧食局同時通過「糧食平準基金實施保證價格計畫收購稻穀辦法」，公定出蓬萊穀每公斤十一元五角，在來穀每公斤十元五角的保證價格，由農會定額收購。

經濟部國貿局也表示，要撥款一千萬元，輔導台灣農產品外銷。一千萬元耶！農民不清楚，那年國貿局的貿易代表團，同時在紐約與美國九家穀物供應商簽訂好協約，購買美國的穀物；買多少錢呢？八億美金。

花一千萬新台幣，促進台灣農產品外銷，同時花八億美金，買進美國的農產品。

「加速」農村建設中，當然還包括推動機械化。一路進展的機械化，從五〇年代《豐年》雜誌創刊號上廣告的脫穀機，到一九六一年第一所農業機械訓練中心成立，一九六九年經濟部核定通過，「協助農民購置耕耘機貸款辦法」等，延續以貸款補助的方式，鼓勵農民借貸買機械。

用機油取代部分的汗水，用輪胎取代牛蹄，用插秧機取代彎腰播田。插秧機使用的秧苗，和手插秧苗不同。過去農家自闢「秧床」培育的、耐過霜寒、物競天擇過的秧苗，改由秧苗場專門育種、工業化生產。

機械用的秧苗，一塊塊，平放到插秧機上，農人赤腳踩過泥地，推動插秧機前進；日後演變成坐在插秧機上，幾乎不用接觸到泥地。不過插秧機走過的、恰如變遷的路徑，其後，不管機械多大台，總得有人力，在機械漏插之處、以及插不到的田角，彎腰，靠手工補插秧苗。

越來越沒有農人的田地，越來越大台的機器。國民黨政府與廠商全面推動的機械化，由農會職員擔任最基層的推銷員，進入各村庄，譬如在打牛湳村裡：

> 展示一輛刈穀機，漂亮而新穎的，一次可刈六行稻，打牛湳的人很興味……問農會一輛多少錢。農會說：二十萬！打牛湳的人一聽都張大眼睛伸長舌頭……從座位上跌下來，一時之間沒有人說話！
>
> ——引自宋澤萊〈糶穀日記〉

一台二十萬上下的刈穀機，大多數農人都買不起，不過農會有在提供貸款申請（從中賺取利息），也有在「補助」——雖然定價多少，補助多少，都由賣方單方面決定——陸續便有人背起債務，投資，購買各款農耕機械，自用、同時受雇幫人務農；「代工」（尤其代耕、代割）的型態，更進一步取代農村的勞動力。

蔣經國的農業政策，還包括放寬農貸條件，放寬耕地租賃契約的規定，鼓勵農民買地或租地，擴大經營規模（最好像美國農場那樣），但試圖收編小農及負債農，「坐大」農企業的目標，日後看來，並沒有奏效。

分析起來主要是因爲，一來，種田收入實在很低，農家普遍沒有意願擴大。二來，若某戶農家有意願，想承租土地來企業化耕作，大抵也會遇到其他農家不肯租地（三七五減租條例造成地主對簽約、租地給他人有所疑慮）。再者，若有經濟能力得以購買農地，通常也會遇到彼時農家縱使揹著債務，也不肯賣掉一小塊「祖公仔屎」（一小塊祖先留下來的田地）。

好一塊美好的土地哪！

阿爸爲它付出龐大的代價，我們兄弟也是。土地是我們的，我們要開墾的，要愛護它，要照顧它，不要怕艱苦！

——引自洪醒夫〈吾土〉

一九七三年，在馬祖北竿服役，二十四歲的洪醒夫，以父親為主角原型，發表〈金樹坐在灶坑前〉，其後（一九七八年）在〈吾土〉這篇小說裡，寫到農家子弟因為父母生病了，需要施打嗎啡止痛，為籌措龐大的醫療（毒品）費用，而瞞著父母賣地的故事。

像是時代的隱喻，故事中，因為過勞生病的老農，要求兒子帶他去看久違的田地，「他說：『要死以前能再去看一次自己的田地，死也甘願！』」（引自〈吾土〉）但兒子終究把田地都偷偷賣光了，「吾土」成了「無土」。不小心得知賣地事實的老農，氣得大哭、還是大哭，放聲大哭，於是夜自殺死去。

土地可比生命。日後看來顯得「戲劇化」的情節，卻是發生在農村的眞實事件。非不得已，絕不肯賣地的農家。

在夏收之後，農人繳完田賦等稅糧，緊接著又要犁田、整田、放田水，播下二期稻作。頂著日頭播下的秧苗，熱天中成熟得比較快，約莫比一期稻作少二十天，就可以收成。

村庄內，入夜後坐在店仔頭、廟口、自家稻埕納涼的農人農婦，以及奔跑嬉鬧的小孩，在蟲聲唧唧、蛙鳴盛大的背景裡閒聊著，和村庄一起早早入睡。隔天，天未透亮，月娘還沒睡，雞已在啼叫，太陽從山巒後方暖身之際，村庄便醒了。

廟宇的晨鐘敲響，雀鳥例行性的聒噪。農人戴上斗笠，農婦再用花頭巾包覆住臉龐，拿起當日要用的農具，走路或騎鐵馬到田裡去。時間行進著，「芒種逢雷美亦然／端陽有雨是豐年／夏至風從西北起」，行進著「小暑之中逢酷熱／五穀田禾多不結／大暑若不逢災危／定是三冬多雨雲」（引自農民曆〈豐歉詩〉）。天天、天天、天天，尤其晨霧籠罩中，村庄彷彿遺世獨立，但政策在外頭做著決定。

八月，行政院會決議，「嗣後農用良田，不得自行轉作他用」，並規定「興辦工業人不得使用一至六等則農田設廠」。九月，「農業發展條例」立法通過，延續土地法（一九三〇年）立法時的精神，再次確立，農地農有（唯自耕農得以買賣農地）、農地農用（地目變更需經主管機關同意）的原則。

雖然，有辦法的人，其實「很容易就可以僞稱自耕農而購得農地」[15]，繼而變更爲工業用地、住宅用地、商業用地。

發展的趨勢，從村庄路輸出農家子弟，再從村庄路，出外打拼的兒女寄錢回村庄；從村庄路輸出農作物、雞鴨鵝豬、甚至魚塭裡的養殖魚類，再從村庄路輸入化學肥料、殺蟲劑除草劑等農藥；輸出勞動力、汗水等，輸入機械、代工零件及污染。

往返的路徑，暑意漸退，秋意起，立秋、處暑、白露，中秋月娘映照農家木格的窗櫺。

窗戶內，大灶上陸續擺起電鍋，電風扇在床頭嘎嘎旋轉。藤椅還在，長板凳還在，樹蔭下乘涼的人也還在。一條接一條，曾經牛車車輪輾過，現出溝痕的泥巴路、石子路，繼續鋪覆水泥柏油。而鋁鉛鈑加工的水杓、鉛桶等，不知不覺中——不知不覺中隨著台塑企業的發展——被塑膠製品給取代。「銑仔（生鐵）」做的大鼎、小鼎，若有破洞，已經沒有補鼎的人穿過村庄路叫喊，「補鼎續火喔」！

騎過的三輪車呼喚起，「壞銅壞鐵，要賣否？」可能有調皮的村庄小孩，偷拿家裡的鍋蓋去賣，換得零用錢，趕緊跑到柑仔店，打開冰箱，買一支化學香料加色素，通常是百吉牌的冰棒吸吮著。

等到傍晚，阿母走到灶前要煮飯，發現鍋蓋沒了，隨手拿掃帚就要打小孩，而小孩裝腔作勢的哭叫著，這家那戶的跑給阿母追。

這家那戶的村庄厝，正在陸續改建，敲掉土角厝、竹管厝，紅磚瓦厝新居落成。設有糞坑的廁所陸續改建，糞肥不再是農家的珍寶，越來越少農人，將糞坑裡的糞水舀入木桶內，用扁擔挑著，走路去田裡澆灌，馬路上也越來越少牛糞的印記。

日後，「多少年了」！也許會有人「仍記得／絲瓜架下的舊院落，火雞聲絡繹於途／母親傾身在抽水機前洗衣的背影，佝僂／沉默／那臭濁薰人的雞棚／挨擠在籬圍旁／混合著羽毛的雞糞層層黏附在／雞棚柵欄上；多少年了」（引自楊澤〈蔗田間的旅程〉）。

日後現代化的廁所，化糞池必須雇請水肥車清理，但清理出的糞水，大多偷運到某處，未經處理的傾倒。至於浴室，正在加裝熱水器，蔗稿、甘蔗葉、木材及稻草縈等燃料，正被瓦斯一步步給取代。夕陽靜謐下沉的村庄，綿延的斜屋頂，黃昏有炊煙冉冉升起，村庄路上可以聞見誰家好像有加菜，鍋鏟聲中傳出煎魚之味。

進入冬尾，農人長年浸泡泥水、厚厚的腳底板，在田水冷霜霜的季節，往往龜裂得嚴重，甚至滲出血來，但農人用針線把腳傷縫起，趿著拖鞋，如常走到店仔頭。夜色中，柑仔店內那台小黑白電視機，字正腔圓的又在播報每晚半小時的電視新聞。

「阿新聞是在講啥？」要是又有農民問，而聽得懂國語、負責翻譯的年輕人，去年也已經離鄉，也許有個蹲在地面打彈珠的小學生，揚起頭來，得意洋洋的對阿公說：「是行政院長蔣經國先生在講話啦！」（有一點台灣國語）

一九七三年年底，蔣經國宣布十大建設計畫，砸下兩千億（三八％是海外借款，六二％是人民的稅金），在全球石油危機的衝擊中，於海島內，擴大內需的建設重污染的鋼鐵、造船、石化工業，建設不到幾年就淤積廢棄、不能使用的台中港等。

兩千億的工程發包，帶動出什麼樣的、所有人都必須被迫納入其中的「發展」？

現代化的發展，如浪、如潮。蔣經國說，「如果這十大建設完成了，台灣就成了重化學工業國。」（台灣就成了重化學工業污染的國度？）工程預計五年內完成，之後蔣經國又推出十二大建設（一九七七年），投資約兩千五百億元，從山海屯，改變整座島嶼的面貌。

一九七四年

而時間，來到春節前後，水田如鏡。

水田如鏡，倒影田埂上的樹叢少了，電線桿增加了；倒影田頭田尾土地公廟少了，而鐵皮工廠，在「鼓勵農村地區設立工廠」的加速農村建設重要措施中，增加了。

水田如鏡，倒影雲朵霞彩，倒影月娘的光，波動老農的步伐一年比一年蹣跚，而年輕的臉孔一年比一年少見；時代的鏡面。

相連的土地、氣候、作物的根。風中傳來石油短缺的訊息，全球性的石油危機，造成產業連鎖性的恐慌，通貨膨脹、失業率上升，台灣加工出口數年來成長的經濟弧線，到此，也暫時劃下一個休止符。

但經濟危機中，在地糧食的重要性相對顯現。稻穀的市價，幾番上漲。村庄的店仔頭、廟埕、巷口、龍眼樹下、黃槿樹下，農人都聽到了「風聲」；聽說，糧商收購的價格會再漲。米價二十多年來，難得的波動。於是披晾在稻埕、空地、馬路上的稻穀，黃澄澄翻動出希望。

雀鳥——去去去！別來偷吃。雞仔——去去去，閃一邊去。雨呀，也請先別在簷間淅瀝瀝滴著，讓每一粒稻穀都在豔陽下曬到恰到好處，風鼓機鼓過後，順利的裝袋，繳完稅穀，運去糶。

農人如鵝，難得如鵝，引頸翹首，稻穀的市價從一百斤兩百二，攀升到四百五左右。一九七四年農會全面、沒有上限額度的保價收購稻穀（只此一年），不過村庄內不少農家的穿廊、粟仔間，都堆疊著粟包，不想拿去農會繳交，而是等待米價再漲、再漲一點，可以賣個好價錢，多少還清一些債務。

於是年底，行政院的家庭收支報告顯現，一九七三年農家平均每戶年收入五萬四千塊左右，經過第一波的石油危機，到一九七四年，年收入加快腳步提高到八萬二千九百八十元。

但石油危機引發的糧食危機，很快過去，沒有決策者從中真正體認到，在地糧食穩定供給的價值、以及農村存在的重要性。農家的農業所得與兼業所得的總和，仍然少於不種田的人家，且「沉重的農業租稅負擔一直持續到七〇年代中期。」⑯

然後立冬、小雪、大雪，冬至吃茼蒿鹹湯圓，村庄循著農曆及新曆並行的步調進入一九七五年。

一九七五年

一九七五年，報紙由兩張變成三張，村庄內那台小黑白電視機，四月播報新聞時，省略龐大的敬語、天崩地裂的形容詞，大意是，連續當五任總統，統治台灣二十幾年的蔣介石，因心臟病去世，成爲「先總統（要空一格以示尊敬的）蔣公」，由蔣介石的兒子蔣經國繼續掌權。

實際上早已接班的，也被稱爲蔣總統的蔣經國，延續一九七四年實施「區域計畫法」，限制農地任意變更的精神，一九七五年又通過「農業發展條例施行細則」，繼續朝擴大經營規模、機械化的方向前進；前進中，同時進行農村景物的「除舊布新」，譬如在打牛湳村：

> 在村子的尾端地方，十字路邊，有一家雜貨店，店前有幾棵高大盤錯的粿葉樹，這種樹在社區建設後便少在打牛湳存活了。村長早前規定，做了社區後就要來掃除髒亂，凡是舊時代的風物皆應革去。只見三兩下，村路上的木麻黃列，屋後鬼颼颼的刺竹叢全部砍去，種了椰子和楊柳……。
>
> ——引自宋澤萊〈糶穀日記〉

日後，若是你到印尼等地旅行，在路旁隨處可見的飲料攤位歇息，坐在樹下的長板凳上，叫一杯紅茶或咖啡，喝著的同時，可能會發現，樹梢掉下杯狀的粉黃花朵，是往昔台灣農村常見的黃槿。又稱粿葉樹的黃槿，像是往返現代化發展的軌道，在印尼鄉間的樹下，重現消失了的島嶼農村，那時候，「在這一帶曬穀的人都跑到樹腳來歇息，他們看著穀子，無事時或者就下著棋、或者躺睡著、或者抱著膝、或者雜談著，涼陰濕濡的風刮過樹頂，吧噠吧噠便落了許多杯狀粉黃的花。」（引自〈糶穀日記〉）

吧噠吧噠被觸動的記憶，吧噠吧噠，全球農村被瓦解的路徑。

經過七〇年代的「加強農村公共投資」（是的，九項加速農村建設重要措施之一），村庄內的黃槿被砍掉，刺竹叢被砍掉，護衛身影顯得有點孤單的木麻黃，也被砍掉，改種大王椰子、鐵樹、木棉以及所謂中國風的楊柳（日後會被新一波的綠化工程再砍掉）。

樹木不只是樹木，樹木被人類的文化意涵、經濟利益的取向，決定生死、種類及數量。

樹蔭下的板凳，也隨樹蔭逐年縮減，失去立足的空間。老農們看著板凳上消失的同伴身影，連同消失的農村文化，欷歔著，庄頭庄尾，誰誰誰又去了。喪禮是家族與村庄人相聚的日子。守靈其間，左鄰右舍會主動前來幫忙，如同生命中另一個重要的階段，結婚鬧熱時，厝邊隔壁會來分享喜悅、幫忙做粿、煮飯。

生死輪替，日夜輪轉，但離鄉的子弟越來越多人，婚嫁都在外地。倒是有「報導」的筆，走入農村裡，爲所有可能的閱讀人口、爲城市裡的中產階級、爲學校裡的好學生、爲愛好文藝的知識青年們導覽，看啊！今日農村，有電視了（一九七五年，據農業人口普查，農家電視的普及率爲六%），今日農村也有洗衣機了（普及率爲九%），還有電話（普及率爲四%），以及大同電冰箱（普及率爲四十%）等等。

「很多人都說時代要變了，農人要出頭了。他們也覺得農村就要改善了，所以安心的種植著。」（引自〈糶穀日記〉）甚至連部分農人都相信，農村眞的要發展了。但《模範農家》裡的報導，沒有提到那九四%沒有電視，九一%沒有洗衣機，九六%沒有電話的農家，也不曾提及，農家來自農業的收入，到一九七六年已降至總收入的三八．九四%（還會再降）。

種田根本難以爲生，報導裡沒有提到，少數農家能擁有電視、電冰箱、洗衣機、摩托車、衣櫥、縫衣機等，主要是依靠農人兼作泥水工、鐵工、成衣加工、食品加工、把住家當小型加工廠，外加子女寄錢回家等「非農業收入」，才得以購買。

報導裡沒有提到，種田的青年在村庄內娶不到老婆；沒有提到農人屢屢因爲噴農藥，中毒死亡；也沒有提到農人若想要轉業，抵押土地貸款來開工廠，常發生庄腳性格不適應商場的情況，往往一跳票，就被依違反票據法抓去關（日後沿著資本主義的演進，在島嶼欠債數百億的資本家，卻往往得以逍遙法外，在國外過著榮華富貴的「破產」（脫產）生活）。

時代啊！

不識字的老農坐在板凳上，皺起眉頭，看著「春天後母面，七月火燒埔」，而正巧夾在「後母」與「火燒埔」之間的五月，「連續落幾天的雨了，落在打牛湳柏油路邊的稻穀都長出嫩葉了，和不知名的草花顫動在斜斜的午后雨中。」

「忽然天邊一大片的烏雲逐一崩裂開，雨停了，一道亮白的光探出雲隙，雖然還見不到太陽，但打牛湳社區的新瓦牆卻綠紅鮮明起來。嘩的，全村的人都一致掀開了剛收割的穀堆，用著穀耙子，佝著虔敬的身子，把稻穀披晾開來了。」（引自〈糶穀日記〉）

總是收成的時候又來到。一台台電動鼓風機，扇葉旋動，一畚箕一畚箕將曬好的稻穀傾倒而下，清除不飽實的穀粒，然後運去農會繳交田賦等稅糧，同時因爲稻穀的市價又低落了，有些農人便決定去繳交「保價收購」。

保價收購的作業，由糧食局委託農會辦理，收購的額度爲每公頃九百七十公斤，約佔稻穀收成量的六分之一。但「官僚機構手續繁瑣，對稻穀質量和乾度百般挑剔，使農民厭煩。」[17]尤其農會職員常向農民索取過磅費，是屈服的繳錢過關？抑或不肯屈服的、寧願便宜些賣給糧商？

時代在歪扭、形塑、變遷農人的性格，透過保價收購，分歧出兩款應對的態度，有人氣憤的表示，「我以前也去繳過一次，才多收那麼一些錢，多勞累不要緊，繳不成又要賠上車錢，有時還得受那些檢驗的人閒氣，實在划不來，我早就看破了，寧願便宜此賣給糧商，省事多了。」

但也有人表示，「話不能這樣講，我們做田的收益，本來就夠少了，遇上收成不好，連本錢都收不回來，能有多一些的收入，總是加減好。」

不過，同爲農人，倒是都一致同意：「要繳一次穀，確實辛苦，你沒看拼裝車沿路擺一排長龍，有人遺失過穀包，所以大家都不敢走開，一直守著車子，像昨晚我們還在車邊過夜呢。」（引自吳晟〈繳穀〉）

至於學者，研究後則表示：「弄到最後，據說計畫使中間商收益比農民更多——中間商與農會相勾結，以較低市場價格購進的稻穀完成政府限額。」（引自陳玉璽《台灣的依附型發展》）

於是文學家的筆，和社會學者的研究，扣合上了。

一九七六年

進入一九七六年，吳晟的第一本詩集《吾鄉印象》出版，定價四十元。《夏潮》雜誌創刊，以左派的社會主義理想，批判、分析局勢，引介第三世界的現況，並主張文學的寫實主義。

村庄外，日後被拿出來和楊儒門事件相比較的「郵包事件」爆炸了，旅居美國的王幸男回台後，製造爆裂物郵寄給當時的省主席謝東閔，炸傷謝東閔的手，隔年被以「懲治叛亂條例」判處無期徒刑，但在村庄內，大多數農人都不知道。農人日出而做，日落而息，忙著收割。

一期稻作雇工收割後，曬穀、繳穀、糶穀，結算下來幾乎要虧本，而公教人員的薪水，調漲又調漲，水費、電費、油費等基本支出，調漲又調漲，公賣局的香煙，也從十塊錢漲到十五塊。一公斤的稻穀，已換不起一包長壽煙；二期稻作，還要播下嗎？

還要投資本錢到田裡嗎？還有哪些農家子弟願意留在農村出力、吃苦？哪些父母捨得孩子留在農村，看來沒有前途（而到市內工作又遠離家園）？哪些農家女孩，不想要趕快嫁離農村（而城鎮女孩，誰願意嫁入工作繁重卻不會賺錢的農家）？

風雨過後，酷熱的火燒天，太陽火辣辣的燎烤農人彎腰的背脊。放在田埂上的水壺，倒出來要解渴的水，卻燙著農人的舌。

龍眼樹開花了、芒果樹結果、荔枝紅豔豔……，都躲不開自由的市場，透過「販仔」——大盤、中盤、小盤——透過食品加工廠以及貿易商（透過「菜蟲」、「果蠅」等），向第一線的農民出價，並且嚴格要求農作物的「賣相」；長得不好看，還沒進入「市場」前，就會先被踢到角落暗處去。

以貌取「人」（包括水果）的商品化時代，正在強勢的入侵每一處退守的土地；村庄路緊追著現代化發展的脈動，苦苦追趕。

追趕著城市沿途狼吞虎嚥，吞入農人種植的稻穀、甘藷、原料甘蔗、花生、柑桔、大豆、茶葉、竹筍、以及日後幾乎不再種植的樹薯（依序是七〇年代島嶼農作物的前十大排名[18]），吐出消化不良的垃圾掩埋場；吞入農人的血汗，吐出比農人血汗貴許多的進口農藥、國產農藥、地下工廠沒牌的比較便宜也比較毒的農藥。

城市的行政中心兼商業中心，還接連向港口、機場、海岸線，輸入每顆定價八十元的進口蘋果，讓每簍重達四十公斤，叫價五十元的蕃茄賣不出去，而倒掉任其腐爛。

【員林訊】一大簍子蕃茄（重四十公斤），價值比不上一隻蘋果。

看這一盛滿簍子的蕃茄，叫價五十元，沒人問津，但箭頭所指的蘋果（日產進口）卻每只標價八十元，市面上供不應求。

這簍蕃茄賣主賴明傑小弟說：我並不覺得賣不出廉價的國產蕃茄而感懊惱，但卻爲大家爭購每只八十元的日產蘋果而感慨萬千！

《自立晚報》出現一小則新聞[19]，新聞照片中是一個穿制服的男孩，男孩身旁是一整大簍，滿滿重達四十公斤的蕃茄，五十元賣不出去，而竹簍的前方，記者刻意擺了一只蘋果，高貴的一粒八十元的進口蘋果。

水果不只是水果，水果被賦予強勢的文化意涵——至今（二〇〇七年），若你到醫院去探病，請問你會送蘋果禮盒，抑或一大簍蕃茄？你會送日本高知進口的溫室洋香瓜禮盒（一顆一千三百元），送加州紅櫻桃禮盒（一盒一千九百塊）？還是送本地產的柳丁十二斤一百塊，以示「誠意」？——同樣由大地母親孕育出的果實（難道蘋果眞的比蕃茄高級？），有錢人吃得起、買得起、愛買進口貨，而在地農民望著滿園豐收的果實，一季望過一季，聽見內心滴血的咚咚聲。

還是改種桶柑好了？聽說桶柑上一季價錢不錯，但新聞又將出現：

【花蓮訊】花蓮縣桶柑生產過剩，內外銷困難，批售價格每台斤僅一元五角，果農在成本不足的情況下，紛紛放棄採取、任其掉落腐爛，無不叫苦連天……花蓮所出產的桶柑外表不好看，能合於青果合作社外銷的不及一成，其他則只好以賤價批發給水果商人了。[20]

柑橘類也不行，難道要種六〇年代一度外銷日本的香蕉？農人雖然不一定明白，台灣香蕉外銷日本的市場，已經被菲律賓蕉及南美蕉給取代，但至少知道香蕉的價格，很低呀。或者，再種鳳梨嗎？但鳳梨罐頭的加工生產老早就衰退。所以呢？到底種什麼好？種什麼才不會賠錢？

還是種蔬菜好了？但「雲林縣口湖鄉一位農友配送蔬菜到果菜公司拍賣，結果領到的拍賣價款還不夠支付運金、市場使用費、竹籠、草繩加起來的支出。」㉑

「草屯鎮也有位農友，從梨山運出三千多斤甘藍菜到草屯市場拍賣，僅得到四百九十多元，一斤約一角五分七厘，普通看一場電影約需四百斤甘藍菜。生產這些甘藍菜的手續，必須先整圃、育苗、再定植、早晚澆水、定期施肥、經常除草、隨時隨地要噴藥防治病蟲害，收穫時還要整理、分級包裝、搬運到市場，樣樣工作都很勞累辛苦，還要負擔土地租稅、水租、工資、肥料、農藥、運金、市場使用費」等。

四百斤的甘藍菜，只夠看一場電影的票價。看彼時瓊瑤集團正在盛行的愛情片，看林青霞、林鳳嬌、秦漢、秦祥林，「二秦二林」在「三廳」（客廳、咖啡廳、餐廳）談情說愛，並且和整個電影工業一起賺錢（當然不是賺一斤甘藍菜一角五分七厘的那種錢）。

還要再種作嗎？稻穀每公斤換不到一包長壽煙，甘藍菜四百公斤只夠買一張電影票，蕃茄一簍四十公斤，五十元賣不出去……，這款賤價，甚至是年年的「常態」；到底該怎麼辦？

農人站在一小塊田地裡，像是站在天地間，天地無遮蔽，農人唯獨頭戴一頂破斗笠，聽著風、聽著雨、聽著擺放在田頭的收音機在賣藥兼講古，說那日本時代的廖添丁啊，劫富濟貧。

幹，再賭一把看看！看收成時開出來的市價如何？但自由多變的市場風向，比氣候還難預料，碰到農作物價格好的機率，簡直比簽六合彩中獎還要難。

幾年前……大家都沒頭沒腦的談洋菇底事，吃飯也談、睡覺也談、作夢也談，柳樹下、稻稈堆、豬舍裡、牛棚旁……可以說無時不談、無地不談，然後洋菇都變成了黃金，大家爭相種植，屋前屋後，日裡夜裡……無處不搭上洋菇寮。

……但談歸談，後來洋菇就沒人要了，至於為什麼沒人要，打牛湳沒有一個人知道它底眞正的原因。

——引自〈笙仔和貴仔的傳奇〉

或者，改簽（改種）蘆筍這支牌吧？日後（一九八三年），小說家林雙不在〈筍農林金樹〉（這個農人也叫金樹）裡描寫到，一度外銷市場很大的蘆筍罐頭，價格不知道為什麼的滑落，負責收購蘆筍的農會辦事人員又刁難挑剔，致使筍農林金樹大罵幹伊娘，而被商販「按倒在燠熱的大埕上拳打腳踢」。

林金樹在床上養了十七天傷……勉強能夠下床的第一天，正午時分，套了牛犁，頂著台灣島西部沿海的大太陽，把兩分地的墨綠蘆筍田一口氣犁平。至於要改種什麼，林金樹還沒去想。

——引自〈筍農林金樹〉

骰子在猜不透的碗蓋內繞著——沒有人出面說明，一九七九年歐洲共同市場決定，把台灣的洋菇和蘆筍配額，轉配給中華人民共和國；沒有農政單位（農復會、農林廳、糧食局、縣政府、縣農會、農業改良場、青果合作社等）統籌，就農業的現實處境，提出小小島嶼可行的改進之道——播種之前，農人只能聽到風中傳來「下好離手」的催促，快、快、快，這一季要播（簽）什麼？播種後，若是大豐收而賤價，農人常聽到輿論責怪農友「盲目增產」；若遇到風災水災大面積毀壞所有農作，而少數農作市價飆漲，農人往往站在田邊，眼淚往肚裡呑，不僅辛勞白費、收成一場糊塗、成本盡付流水，還要面對菜市場或菜車載來賣的蔬果市價，高到連農人自己都買不起。

到底該簽哪支牌（到底該將成本投注到哪種作物上）？抑或索性賣田賣地？透過關係將農地變更？違反區域計畫法，在農地上蓋工廠（違者被檢舉、被查獲，罰三千塊錢）？

當然也有農人固執的堅持，每一季都「押注」在水稻田上，彷彿守著最後的防線，「是豐收、是歉收／總要留下存糧活命」（引自吳晟〈歌曰：如是〉）。

總要有糧食才能活命吧？

糧食是生命；而生命不該任他人予取予求吧？

但風中有蕃茄腐爛，柑桔腐爛，洋菇腐爛，蘆筍腐爛，甘藍菜腐爛，稻浪搖頭苦笑，農藥瓶在所有田地溢出劇毒的、發展的氣味。坐在玻璃窗內的人，假裝沒有聞見、或不敢聞見，日後彷彿也眞的忘記，農村至今存在的臭酸味。

一九七七年

進入一九七七年，鄉土文學論戰正式浮上台面，空氣中摩擦已久的、激起辯論的火藥味。與國民黨政府關係良好的文壇作家，紛紛爲文，圍剿那些被關過（如楊逵、陳映眞）、以及很快就要被關的（如王拓、楊青矗等）作家，說他們主張「文學應該根植於現實生活……擁抱社會的痛苦和快樂」[22]的寫實主義路線，是「揭露社會內部矛盾」、「別有用心」等。詩人余光中更發表〈狼來了〉一文，輕描淡寫的指控，鄉土文學和「共匪」的工農兵文藝，「實似有些暗合之處」（余光中語）。

那是百餘位知識分子，仍被以「通匪」之類的罪名抓去關，而至少有十個政治犯被槍斃的七〇年代[23]。

村庄裡，坐在長板凳上的老農，不清楚遠方都城的「文化界」，正為了農人日日走過的「鄉土」而論戰。

老農煩惱著，「幾個月沒有下雨了，田裡的地下水泉已被抽乾，抽水機抽不出多少水好灌溉，地勢較高的農田已有龜裂的現象。」

「雨季早就到了，天卻不下雨。」農人碰面，盡是談論各自田裡乾旱的情形。「烏雲布了幾天，天氣照樣燠悶。雨來了！但是寒酸得很，流眼淚那樣灑了幾點雨絲而已……天空又晴朗了，風絲是燒的，雨的芳蹤被火辣辣的老太陽吞掉了；田裡的植物逐漸萎縮，有的葉子已在枯黃了。」[24]

美麗的寶島，台灣陸續創新紀錄的鬧著乾旱。

位於彰化縣福興鄉秀厝村，不是特例的、有位名叫金盆的農婦，因滯納農田水利會費，被法院派員來家中查封。夭壽呦，講台語的農婦，面對執法人員，叨叨抱怨起數年來水圳時常無水可灌溉，還要自費買抽水機，付電費抽水，才能播田，這樣竟然還要繳水租？沒水可用竟然還要繳水租？但執法人員逕自走向冰箱，封條就要往冰箱——冰箱是這戶農家媳婦帶來的嫁妝——貼上去。

農婦一時情急，拿掃帚將封條打落地，於是被彰化地方法院判決「以強暴之方法，妨害執行人員強制執行……姑念被告爲一鄉婦，知識不多，一時衝動，誤蹈法網，爰從輕科處有期徒刑七月」㉕。

七個月？

因遲繳水租，掃落冰箱上的封條，依法要被關七個月。法院的判決，讓更多農民含著委屈，只好繳了就算了，但氣憤和不滿如田地裡的種子，被壓抑著，暗暗罵道，「幹，那些只會坐在冷氣房辦公的人，哪知道種田人的艱苦……」

「若是講到水利會，天就黑半邊啦！」

「什麼水利會，我看是每天喝到醉茫茫的『酒』利會。」

「納那麼重的水租，也沒吃到半滴水，眞正是啞巴給蜜蜂叮到，有話沒處說，要死也沒三條命。」

沿著缺水或因設計不良，每遇大雨就要阻塞、淹水的灌溉渠道——水路好比田地的血管——一地一地，累積的怨氣。其中有農民，縱使被威嚇、縱使被勸誘、縱使在戒嚴體制中「狗吠火車」，也要爭一口氣。

譬如，在雲林縣虎尾鎭北勢里，一個名叫錦聲的「做失人」（農民自嘲，做田的成果白白流失，以台語稱自己爲「做失人」），從一九七一年起，即因拒繳水租，和水利會打著官司。直到（一九八七年）七十幾歲高齡，仍上書給蔣總統（蔣經國），請求撤銷農田水利會，或讓農民得以退出水利會，不要再當「會員」；農民連拒絕成爲水利會會員的權利都沒有。

「做失人」在陳情書中表示：

「一、根據民國六十二年三月，蔣院長在立法院報告施政說：『農民如果不要水利會，我馬上下令取消水利會；農民如仍要水利會，我也要切實整頓它』這段話，當時在《中央日報》、《聯合報》

曾刊載過。我們只要有實質的灌溉，不要水利會……。

二、報端刊載水利會費征收率接近百分之百，以此證明水利會得到農民的肯定。其實水利會費非法委由農友（小組長、班長）代收抽頭，因為彼此為了顧及情面，只有咬緊牙根，以『了錢消災』的理念「奉獻」，絕不是心甘情願繳納的。

三、將台灣三萬六千平方公里的排水費用交給貧困農民負擔，甚不公平。……」[26]

但陳情書得到的覆函是：「經查全省水利會對於征收會費均加強查緝，絕無代收抽頭情事」。

幹伊娘咧！

全台農人只能繼續繳水租，或繳不出水租，致使冰箱被查封，同時花自己的錢買抽水馬達，啪答啪答，幫浦必須往更深的地底鑿，才能觸到水源。曾經，竹竿往地上一插就會出水；曾經，腳踏土地可以感覺到地下水的脈動（像是澎湃的生命力）；曾經，口渴時挖個洞，乾淨的水就會湧出……，但地下水位正隨著地層下陷。

農人正隨著缺水灌溉而田頭、田尾的爭執，巡田水或鎮夜守在水圳旁。而水利工程，正透過水利會發包，水庫仍然在河的上游，繼續密布再密布的興建。

然後颱風——島嶼的老朋友——又來了！「統治千軍萬馬下鄉掃蕩，種田人眼巴巴看著它作賤農作物；甘蔗園整區整區倒下去，弄花的稻子被掃得花粉盡落。」[27]

緊接著豪雨直直落，彷彿要將務農的小村庄一個個淹沒。中央氣象局顯示，六月豪雨成災，台南一天之中降雨三百二十六公釐，創下七十年來最高紀錄（日後，暴雨會繼續破紀錄）。

坐在長板凳上的農人，有的已認命得罵不出聲，楞楞的望著一生中，從沒經驗過的大雨，想著老天爺的脾氣，是越來越暴躁了。

思想像嘴角吐出的煙霧融入雨中。

歷史之河從村庄，洶洶湧湧往城裡流，沿著經濟、文化、交通、醫療及各種資源傾斜的軸線，拉長「下港」（閩南語音）與台北，地域及族群認同的歧異。

從二林到台北
我們變成下港人
才兩百公里
他們把彼此的距離
拉得好長好長

以前在自己的家鄉
爸爸從不如此沉默
現在，從早到晚
他只陪著鍋鏟

爸爸，下港人沒有什麼不好
我是你的兒子
也是下港人
要是你想回去

我們就回去
回去家鄉
不要人家叫我們
下港人

——引自廖永來〈下港人〉

一九七七年二十二歲，隨父母從二林搬遷到台北的廖永來，發表〈下港人〉這首詩。但回得去嗎？

離農之路回得去嗎？

離農之路的途中，農人所受的屈辱與挫敗，回得去說聲對不起嗎？

沒有兌現的承諾就這樣忘了嗎？

時間行進著，年底，黨外候選人首次聚集在「黨外」的名稱下，參與地方公職人員選舉。譬如，林義雄在家鄉宜蘭競選省議員，六〇年代因主張台灣獨立而支持武裝革命被捕的蘇東啓，出獄後，幫妻子蘇洪月嬌競選（日後，蘇家的女兒蘇治芬，以「農業首都」的口號，當選爲雲林縣第一位女性縣長）……等。

各競選總部的看板，張貼手寫的大字報，支持者透過眼睛及口耳相傳，在媒體戒嚴，特務跟蹤盯梢的時代，不敢過於張揚卻頻頻交換政治訊息；像是在談論「江湖」。

江湖裡，有哪些草莽出身的俠客，放手一搏；有哪些當權的「名門正派」，實際上幹著偷雞摸狗的勾當：江湖中人，如數家珍的故事、情節、親身經歷與小道消息。

尤其「武林大會」（選舉）日期逼近，江湖每晚都有露天的政見發表會。沒有收音機轉播，沒有電視剪接畫面，台上的講者站在麥克風前，透過手勢、表情及語言，和台下的聽眾直接互動。

彼時脫黨（脫離國民黨）、以黨外身分競選桃園縣長的許信良，在參選名片上印著「農家子弟」，其競選團隊提出「肥料送到家」等主張，支持者也出現「農會支持歐憲瑜（國民黨候選人），農民支持許信良」等流傳話語。然後在投票當天，發生「中壢事件」。許信良的支持者蜂擁至中壢分局，抗議監票人員做票，抗議武林比武的擂台，裁判老是不公允。

一九七八年

緊接著來到一九七八年，空氣中迴盪著教育部通令各級學校及幼稚園教唱蔣介石的兒子、蔣緯國改編的歌曲〈梅花〉。「梅花滿天下」的歌詞籠罩中，島嶼水稻香蕉甘蔗花生蕃薯等作物，耕種面積又全面下降、再下降。

元月，撰寫《家變》等小說的台大教授王文興，在台北發表一場演說，談「鄉土文學的功與過」，他說：「說老實話，耕作稻米的農民，對於經濟的成長幫助不大……」

他疑惑，「農民收入偏低……稻米卻會增產。虧本的生意，怎麼會有人肯做，而且怎麼會越做越起勁？」因此他下結論，表示：「我覺得農村的老人，可能比都市的老人還要幸福一些……他們是靠種田賺零用錢……。」

王文興的演講，以及他所代表的、可能看過《模範農家》報導的、中產智識階層的觀念，當場引起一些聽眾的反駁與質問。錄音紀錄刊載在《夏潮》雜誌，更促使一些人挺身而出，為農民打抱不平，包括彼時以黨外身分當選彰化縣增額立委的黃順興。

黃順興舉官方的統計數字表示，以彰化縣為例，若只就務農而言，「每一農戶平均耕種面積為〇・七公頃……一年所得八千九百六十元，每一農業人口年平均農業所得為一千四百九十三元。」

意思是，種田的收入，並不是月入上萬的台北教授所說，「農民的月入只有一、兩千塊」，而是每個農民，平均「年」（是一整年）收入，才一、兩千塊；真正如教授文學家所提問與不解的：「虧本的生意，怎麼會有人肯做？」

黃順興回答：

> 一九七三年到一九七七年之間，我曾訪問過數以萬計的老農民，詢以既然種田明知是虧本的生意，何以還要流下血本去耕種？幾乎所有的回答是：「不然，你說該怎麼做，讓祖先辛苦留下來的美好良田，眼看它生草荒蕪嗎？」

一車車的稻穀，準備運往農會。（潘榮禮、蕭國和／提供）

——引自黃順興〈台灣農民在經濟發展中所扮演的角色〉

農人不願輕易擱下農具，除了導源於內心深處對土地種作的信靠、依賴、習慣，也因為農地若拋荒，被查到，還要被國民黨政府課以「荒地稅」；守法的農民沒有不種作的自由。而都市外圍的農地，仍在持續合法（及非法）的變更為建地、工業用地、商業用地等，變更後，地價翻漲數倍。農鄉健全發展所需要的人才智力，則更大量出外去了。

讀書的讀書去了，畢業後甚少回鄉定居；做工的做工去了，日久他鄉變故鄉；做生意的也做生意去了，會啦，日後生意失敗會想盡辦法回鄉賣地。至於那些具有反省能力的，在島嶼經濟踩著農漁村起飛、外交節節敗退、移民風潮盛行、家鄉破敗而鄉土文學及黨外運動激盪之際，也都到城裡編輯黨外雜誌，發行地下刊物去了。

七〇年代末，我進入大學
也許是必須注定的歷史命運吧
我好像接觸了馬庫色，也可能認識過
社會主義。那是十分茫然的年代
我和同學印地下刊物
發傳單。屢次被校方約談
我也放棄出國。一切告訴我們

沒有權力離開。難以理解的
多桑一直跟我有著激烈的爭執

——引自劉克襄〈革命青年〉

出生在台中縣烏日鄉，日後在《中國時報》擔任編輯的詩人劉克襄，二十六歲（一九八三年）在〈革命青年〉一詩中回憶到，他進入大學的七〇年代末，「大家租了一棟公寓／鎮日埋首書桌前／好像有一天／民主會從這裡浮現」（引自劉克襄〈結束〉）。

而空虛的農村裡，「農民莫不異口同聲大喊勞動力缺乏」[28]，大多數農人外出幹活，留下的勞動力以中年農婦爲主。一九七八年二十九歲，在台中縣神岡鄉社口國小任教，常往返二林與台中的洪醒夫，在這年，以〈吾土〉獲得第一屆中國時報文學獎的優等獎，同時以〈散戲〉獲得聯合報小說獎。而在彰化縣福興國中任教，二十七歲的宋澤萊，也從這一年開始發表《打牛湳村》系列小說。

寫實主義文學和社會緊密相連。自國民黨政府來台後，歷經反共文學、現代派文學，在文學的圖像中，隱匿了將近二十年的、台灣農村的面貌，到七〇年代終於隨著政治威權的碗蓋被掀動，而陸續衝撞著出現。

從詩句、從小說架構、從散文評論中，展開農家生活的描繪。農家出身的文學家，沒有辦法不看見，「農鄉如此美麗與窮敗」（宋澤萊語），如同沒有辦法把老父老母留在故里，而不回去與之同住或探望。

但七〇年代陸續在「文壇」現身的台灣農村，已呈現憂心忡忡的筆觸。仍佔島嶼總戶數約三成左右的農家，經過一連串政府宣稱要替農民「改善工作和生活條件」（蔣經國語）的措施後，農業所得持續惡化，持續離農，農業收入至一九七八年已降至農家總收入的二八．八一％（還會再降），且農家含子女外出賺錢回家的總收入，也只能勉強跟上非農戶的七成多而已。

離農的道路。「從打牛湳到崙仔頂的路途還算不短，現在都鋪了柏油，除了破洞外，大致還暢通無阻，路的兩旁都是稻田和漂滿浮萍的溝渠。」沿著歷史之河的溝渠，一九七八年，〈笙仔和貴仔的傳奇〉刊登在《夏潮》雜誌，宋澤萊寫到，「在打牛湳和十二聯莊的外邊，大約靠近農會的倉庫，有一個崙仔頂鄉城的瓜果市場。

這個瓜果市場可以代表一切福爾摩沙目前的農鄉市場。

它本來是農會的秤量場，鐵皮的頂架搭蓋得高高的，水泥地面總是留著一些洞和髒亂的雜草。……

——引自〈笙仔和貴仔的傳奇〉

小說家觀察到，來到市場的除了大多赤腳的農人，還有「農會派來的職員，伊們都拿著算盤，守在秤子旁，凡是想賣梨仔瓜的人都要經過他們的秤量……第二是商人——瓜果運銷商，伊們普通都持有城裡菜市場的市場證，伊們都穿花衣裳，戴著運動帽，穿著萬里鞋，口裡嚼著檳榔，大半都有一顆凸起的肚皮。」

商販「走過一載載等著讓他們叫價的梨仔瓜車時，爲了表明每一載都應該不值錢，所以都用鄙夷的眼光來看著，然後走著、走著，突然間停下來，偏著頭，把一口檳榔吐到地上，故意從口袋掏出一疊估價單和一支原子筆，然後問：『多少?』」

小說家說，「這些商人實在不宜稱爲『菜蟲』或『果蠅』，伊們更像一隻精巧的牛蜂，知道哪一隻牛的肉比較香、哪一處是多血質，還可以從這隻牛的眼睛瞧出他是笨牛、怒氣的牛或乖巧的牛……」（引自〈打牛湳村〉）。

第一線種作的農人，與運銷商之間的關係，恰如日後農人與黑道民代之間的關係，糾結著農人與農會的關係。每到春季，農人來到農鄉市場，集散「蔬菜、豆子、油菜、小白菜、青蔥、大蒜……全運到齊了。」然後炎熱的夏季，「這個市場又換了一張面孔，全是梨仔瓜的天下了。」

「大仔，」商販用這樣的稱呼來叫笙仔：「還是不整齊啦，有好的，有壞的。」

商販說著，不知道從哪裡翻出一個綠斑的梨仔瓜，在空中拼命迎弄著，彷彿一個偏激的老師因學生的一點過錯就要開除他。

——引自〈笙仔和貴仔的傳奇〉

一點點農作過程中，自然生態必然的「不整齊」現象，讓農人在商販面前低下頭來；而商販壟斷整個島嶼的農產運銷。農人看著自己親手種植的農作物，像是自己的小孩，被嫌棄不好看。

表皮不夠細緻光滑、色澤不夠鮮豔，甚至有蟲飢餓過的痕跡，於是一整簍四十公斤的蕃茄，「啊，五十塊啦！桶柑不夠『水』（漂亮），一斤一元五角要不要?要不要賣?梨仔瓜剛剛一斤兩塊五，農人猶豫著要不要賣，但現在商販的估價單只願意填上兩塊；「陽明山的菜頭一斤十塊錢，而田中果菜市場的老農夫賣出的菜頭一斤四毛錢……」[20]。

批發商（其中不乏是黑道）催促農人趕緊做決定，一副轉頭就要離去的模樣。農人低頭又看著自己種植的農作物，想起作物成長過程中的點點滴滴，那像拉拔小孩長大般付出的汗水、經驗、以及愛的意志，換得的回報，竟然只能是這樣；一季望過一季，老是這樣。

農人認命的點點頭，賣了！一斤四毛錢也全都賣了。

然後拖著疲憊的身軀，走回田地。

四顧茫茫的田地。

「沒有什麼遮蔽的田野上」（引自吳晟〈雷殛〉），唯農人「頂天而立地」，戴著一頂破斗笠。風來、豪雨來、閃電來，雷聲轟隆隆。寒露、霜降、立冬，又來到秋收後的田野，廟前搭起酬神、謝天地的野台，除了布袋戲班、歌仔戲班，還有新興的康樂隊來扭屁股。

入夜後，舞台互相「拼場」，熱歌熱舞的年輕女孩甚至跳起脫衣舞，「看得年輕觀眾口哨與喊叫之聲四起」（引自洪醒夫〈散戲〉）。霓虹燈閃，萬頭鑽動，歌仔戲班前只有觀眾的後腦杓。戲班主人眼看大局似已無可挽回，索性叫當家的旦角，也上台唱起流行歌曲（也許是從小走唱的江蕙，被唱片工業吸納後，唱紅的〈惜別的海岸〉，惜別昔日的環境及情感）。

> 台下馬上有許多人轉過身來，看見她穿一身戰袍，頭戴盔甲，站在戲台中央一動不動的唱，有些人便喊叫，吹口哨，甚至吆喝起來：
>
> 「搖下去！搖下去！搖呀！怎麼死死的不會動？」

她慌了，眞的不由自主的搖了起來。

——引自〈散戲〉

不由自主的，隨工商業的節拍，加速搖擺的農村，卻搖得如此彆扭與矛盾。時代的吆喝聲，吆喝出農人（連同村庄）自我貶抑的觀念與文化。「種田沒路用啦！」「艱苦擱歹賺！」長板凳上的老農，低語著幹伊娘咧，凝望著村庄路通往村庄的墓地（墓地尚未改建前，夏夜有鬼火飄呀飄的）。

一個接一個，一群接一群，「老農夫阿火死了／他走過日據、國民黨的時代／他死了／四個兒子，三個沒有回來……園圃有他親手栽種但賤價的菜／鎭上的雜貨舖有他賒欠的債／想當年，大的出外讀書／爲了幾分薄地／只有小的留下來／出去的，成功／留下的，失敗／是什麼原因？／還不是種田把他害。

種多了菜，土裡埋
種多了水果，要投海
一個老農夫死了，眞悲哀
到底這是什麼時代？

——引自廖永來〈農夫之死〉

到底這是什麼時代？留在村庄裡的，竟然被種田害。稻穀賤價，菜埋入土，盛產的水果要投海。「這樣辛酸，這樣苦慘的世界／卻都沒人理睬／只在報上說什麼／說什麼經濟成長像海浪一樣澎湃」（引自〈農夫之死〉）。

金錢向上攀升的弧線，死拖活拖，拖住搖搖欲墜的村庄。而賣肥料的肥料公司，賣農藥的農藥公司，賣機械的機械公司，經濟成長全都像海浪一樣澎湃。榨取而來的浪潮，澎湃底下，農人的血汗像從乾涸的池塘、從缺水的水路、從水田一直流出去，流成時代如浪，一波接一波；點點滴滴的辛酸。

走在平原田埂上，走在山坡地的果樹下，走在海風鹹鹹的吹拂中，被市場反覆挫敗的農人，回到大地母親的懷裡，猶豫著，是要繼續種植？抑或乾脆放棄？

「老人背微彎，慢慢走回家。屋後的樹上麻雀吱吱喳喳跳著叫。老人屋前宅後走了一圈，巡巡看看，空無一人，寂靜無聲，豬舍廢置，豬棚內堆了一些柴草，和無用的廢物。」

「老人進入廳堂，點香向佛位及祖先牌位敬拜，在香爐上插上香。」㉚

然後沒有什麼選擇餘地的，又走入田地，忙著拔草、鬆土、施肥，背起農藥桶，手持噴霧器，由一人或幾人協助拉線，於田地間揚起白霧濛濛的液態農藥。霧中，為了使農作物看起來又大又美，又沒有任何天然的瑕疵斑點，農人拼命前進，但有時候，風突然轉向，毒霧迎面噴向農人自己；有時候一不小心，背上的農藥桶沿著背脊流出腐蝕性的液體；或者，勞動過後，在埤圳溝渠清洗手腳時，水流動出讓沿途生物都難以生存的劇毒。

紀錄顯示，從島嶼開始推動「綠色革命」的耕作模式，台灣農人就陸續出現農藥中毒的事例。

當我發覺中毒後，一直想吐，卸下藥桶要趕回家已經走不動了。五臟六腑像江海那樣絞滾著要吐出來，勉強走幾步就蹲下吐幾口，走到半路再也支持不住，就倒了下去。

——引自楊青矗〈綠園的黃昏〉

農藥中毒，是農村共通的記憶。農人或是赤腳噴農藥而腳潰爛；或是毒素殘留在肝臟，造成肝病、肝癌、肝硬化及猛爆性肝炎的比例倍增；或是直接活生生趴入大地母親也跟著受傷的懷裡，為了迎合無情的市場，只好拼命。

拼命、拼命的生產。但外表美美的，像是農人矛盾的餵以毒品及營養劑長大的小孩，送入市場還是賤價得彷彿要人命。只好再度回到四顧茫茫的田地，「一冬望過一冬」，就像在每年春夏之交，農忙時期，常有農人因冒雨趕工，被雷擊中；若將閃電比擬為金光閃閃、無國界的自由貿易市場，那站在沒有什麼遮蔽、猶如缺乏任何農業保護措施的田野上，「頂天而立地」的農民，便是最容易被擊倒下去的一群。

如同綠色革命實施的重鎮之一，印度農人因種作成本高、所得低落，又趕不上強凌弱的自由貿易市場，錢滾錢、越滾越大、越滾越快的營利腳步，自殺率倍增；也如《速食共和國》一書中提到，美國小規模的畜牧業及農場（曾經的牛仔及農人們），自殺率是一般人的三倍多；更如日後現代化，而貧富差距急遽拉大的中國，不時出現，「中國自殺率佔全球兩成，每年二十二萬人尋死，窮苦農人居多」（二〇〇〇年）之類的新聞。

彼時的島嶼，到一九八〇年，據台北榮總的醫療報告顯示，農民自殺率位居台灣各階層的第二位。

「失去生活意志的農民」，日後（一九八七年），出身雲林縣崙背鄉水尾村的廖嘉展，也在文章中寫到，「根據彰化基督教醫院的統計，前年（一九八五年）藥物中毒的急診病人有三百七十九名，其中因農藥中毒的幾達三分之二（共二百三十七人）……絕大多數是蓄意服食而深度中毒的。去年因藥物中毒來彰化基督教醫院急診的人數上升到六百人，其中農藥中毒者佔二分之一強（三百一十八人）……這些厭世的農民的年齡大致在三十到五十五歲之間。」㉛

譬如，廖嘉展紀錄到，居住在彰化縣二林的廖陳阿枝老太太，老伴走後，小孩獨自到外庄闖天下，做汽車修護，但事業一直不順利，讓她很操煩，於是在某天中午，聽到兒子和兒媳又為錢爭執吵架後，乾脆喝「毒絲本」（除蟲劑）自殺。

而毒絲本、巴拉刈，「正是彰化、雲林兩縣農民最常用來自殺的農藥。」「只要喝入一口的劇毒（農藥），「一個小時內就開始感到噁心、嘔吐、腹瀉、腹痛，身體變得冰冷而潮濕，十二到二十四小時內病者更因肺水腫而發生呼吸困難，腎和肝細胞也同時受到嚴重損害，極為痛苦。」

被送醫急救後，龐大的醫療費用緊跟著來。躺在病床上的老婦，聽見護士對她說：「以後別再想不開了，好麼？」

「她又溫順的點了點頭，疲倦的闔上眼，淚水便悄悄滑落下來。」醒來後老婦握著兒子的手，平靜的哄慰他說：「阿雄，你放心，我不會再喝農藥啦！」並叮嚀兒子：「喝剩的那瓶毒絲本，有沒有收好？如果小孩拿去當汽水喝就不得了喔！不過也別丟掉，剩下的那些可以留著以後灑菜園。」

一個個喝農藥自殺的故事，背後無不牽涉到農業收入在工業化的同時更顯低落、農村勞動力外移、人口老化等問題。老農希望子女不要再種田了，但「顯然爲一種新的疏離感所苦惱，他們好像不僅被社會所遺棄，而且被他們自己的子女所遺棄。」[32]

加以傳統農村的人際關係、倫理規範、價值體系，也在式微、瓦解中，無法適應時代變化的農民，索性讓自己像被毒殺的田裡的小動物，不如死去。村庄裡，死亡比歡慶更貼近日常生活。而一小台黑白電視機，快要變成彩色，仍在柑仔店內高高的播報新聞，說國民黨政府又通過「加強農村建設貸款基金」、「提高農民所得加強農村建設專案」，並設置幾億幾億的「農業機械化基金」，務必促使農業全面機械化。

更大台的農耕機械，更令農人挫折沮喪（甚至自裁）的田地；七〇年代末已被稱爲「夕陽產業」的農業。

溪流、霜雪、雨露、溝圳、地下水，線索交織的歷史之河，從農村再流往台北，越流越急。南北高速公路通車了，李雙澤在淡江大學的西洋歌曲演唱會上，摔可口可樂瓶，胡德夫唱起故鄉〈美麗的稻穗〉，住在恆春、彈著月琴的陳達，像被重新「發現」（其實早在那裡），數度被邀請到台北演唱。

在民歌的盛會裡，還有一個「個子嬌小……有著無比的勇氣，也有極高的幽默感……歌聲是極迷人的」[33]女孩，名叫楊祖珺。

日後，是聲援楊儒門行動中最主力的楊祖珺，淡江大學英文系大三那年，開始在「艾迪亞」餐廳駐唱。畢業後，一九七八年二十四歲的楊祖珺，「撕掉了美國一所大學的入學許可」，也許因爲，「一切告訴我們／沒有權力離開」（引自劉克襄〈革命青年〉）。

年輕的楊祖珺不僅沒有離開，她邊唱歌邊投身社會運動，和蘇慶黎、李元貞等婦運人士，共同

楊祖珺專輯封面。她在唱〈誕生〉這首歌時，還不知道，那年真的有個小孩名叫楊儒門，誕生了！

推動「青草地慈善募款演唱會」，將募款所得捐給收容、教育雛妓的廣慈博愛院。而音波，在歷史之河裡交互激盪，還聽見宣傳車的擴音喇叭正在播放，鞭炮霹哩啪啦，鼓掌吆喝，又來到增額中央民意代表（國代、立委）選舉，戰鼓咚咚咚的敲響。

黨外人士整合起來，公布「台灣黨外人士共同政見」。在條列的「十二大政治建設」中，攸關農業的是，「廢止田賦，以保證價格無限制收購稻穀，實施農業保險」。

當時已然分歧出獨派、統派，社會主義（共產主義）、自由主義等不同光譜及意識傾向的「黨外」人士，集結在「反國民黨」的旗幟底。江湖的擂台，黨外候選人每次出場舞劍，氣氛都很熱烈，但一場大逮捕就要發生，風雨欲來前，氣壓低迷，空氣中飽和的水分子流動得特別劇烈。

十二月凌晨（美國的白天），美國總統卡特宣布，將於明年和中華人民共和國建交，和中華民國（台灣）斷交。消息一出，蔣經國立刻宣布暫時取消選舉，黨外人士也趕緊發表聲明，表示「唯有從速恢復選舉活動，才是『處變不驚，莊敬自強』最有力的表現。」（引自〈社會人士對延期選舉的聲明〉）

不過，國民黨政府顯然不予採從，焦慮的社會氣氛，像奔竄的河流來到歷史的分水嶺。

一九七九年

一九七九年年尾，以《美麗島》雜誌社成員爲主的黨外人士，因國民黨政府逮捕余登發父子，聚集高雄橋頭，拉布條，走出島嶼戒嚴中首次的示威遊行，然後在國際人權日當晚，再度舉火把遊行，結果被「武林盟主」統御的鎮暴警察，持警棍、電擊棒，並釋放催淚瓦斯驅趕，群眾在夜色中散逃而去。

隔日，警備總司令部發表嚴正聲明，表示「絕不寬貸」。資本家辜振甫、陳啓清、王又曾等（日後力霸集團總裁王又曾，涉嫌計畫性的掏空，債留台灣上百億，潛逃出境），也都捐款表態，譴責「暴徒」。再隔日，入夜後國民黨政府展開全島大逮捕，前後逮捕數百人（包括交保候傳者）；其中，施明德趁機脫逃了一陣子。

風聲鶴唳中，各報首先報導的，是「暴徒」如何可惡，竟然以石塊攻擊「打不還手、罵不還口」的鎮暴警察，版面並連續數天刊載，受傷員警坐在病床上，接受各界慰問的照片，包括影歌星林青霞等，前往親吻員警的臉頰。彼時的新聞局長、停播《雲州大儒俠》的宋楚瑜，代表官方發言。

報紙社論及專欄一致出現，「偏激分子顯露了猙獰面目」、「全民一致聲討假美麗之名幹醜惡勾當的暴徒」、「懲治叛亂必須除惡務盡」等文，讀者投書的內容不外乎，「呂秀蓮、陳菊參與暴動，女性引以爲奇恥大辱」、「剷除敗類維護大眾安全」的論調。

同時，小學生排隊「樂捐」，家庭主婦大唱愛國歌曲，「全國文藝界聲討暴亂分子大會」召開。

壞人？

暴力分子？偏激？恐怖？多麼熟悉又弔詭的詞彙，之前出現過，是的，日後也仍然被用來形容那些縱身躍入歷史之河或不小心掉入河裡,激起水花的人。

美麗島大審,以軍法起訴八個「漸次升高暴力」(如起訴書所言)的「叛亂分子」:黃信介、姚嘉文、張俊宏、林義雄、施明德、林弘宣、呂秀蓮、陳菊。同案另有三十三名被告(包括作家王拓及楊青矗),被依司法起訴,還有藏匿施明德案的被告十人。歷史之河流過,美麗島的辯護律師團,在辯護中表示:

審判官們!今天你們在法庭上審判八名被告,別忘了,全國同胞在外面審判你們。而明天,歷史會審判你我大家。

辯護律師團的成員,有陳水扁、謝長廷、蘇貞昌、張俊雄等十五人。雖然歷史之河甚少有機會,公平的審判任何人,讓他申訴、讓他平反、讓他喊冤或認罪,負起該負的刑責,得到該得的賠償與正義;沒有。歷史之河通常含泥帶沙的流過,淹沒途中漫長的冤屈、怨恨、惡行及日後被各自詮釋的事件……,管不了時代浪潮中,那麼多生命不甘願的死去,且就此沉寂,像被埋入不再翻動的河底。但歷史之河流過美麗島,圈選出幾個人名,甚爲難得的給予他們機會;給予當年的反對分子機會,試煉他們,有朝一日,換他們握有權力時,作爲如何?

是否還記得,要「爭取人權」?是否還記得,要爲弱勢者主持正義?是否還記得要「實施農業保險」?

抑或是,和當年譴責「暴徒」的資本家站在一方(和王又曾一同搭飛機出國外交)?

「而明天,歷史會審判你我大家。」餘音繚繞。

在七〇年代的最後一年，那年二十五歲的楊祖珺，於新格唱片出了第一張專輯，專輯裡，有一首她自己作詞作曲的歌曲，名叫「誕生」：

有一個小孩他今天誕生了
從今天起我們要關心他
從今天起我們要鍛鍊他
……
等到有一天這個小孩長大了
他能將眼淚化爲歡笑
他能將懦弱化爲堅強
他能將憎恨化爲愛心
有一個小孩他今天誕生了

——節錄自楊祖珺〈誕生〉

歌聲吟唱出希望，希望「在風雨中他並不懼怕／在陽光下他勇往直前／在挫折時他並不灰心／在快樂時他與人分享」。雖然，在〈誕生〉的歌聲中，楊祖珺還不知道，有一個小孩，確實在那時候誕生了！

誕生於一九七八年十二月二十四日，二林的鄉下。「等到有一天這個小孩長大了」，楊祖珺會在看守所裡，認識楊儒門。

而時代如浪，一波接一波。相連的土地、氣候、作物的根。

註

①胡慧玲〈四二六的啓示〉，二〇〇六年。

②「抗議、暴力與民主政治」座談會紀錄，刊載於《政治與社會哲學評論》第十二期，二〇〇五年三月。

③官方統計七〇年代初期製造業女工比重爲三三％，百分比歷年均有所上升。此外，黃富山引用別的資料表表明女工佔製造業勞動力四二．六％。

④曾心儀〈注意瓊瑤公害〉，收錄於《這樣的教授王文興》，潘榮禮、蕭國和編輯。一九七八年，敦理出版社。

⑤楊青矗〈自己的經理〉，收錄於《工廠女兒圈》，一九七八年，敦理出版社。

⑥楊青矗〈外鄉來的流浪女〉，收錄於《工廠女兒圈》。

⑦李雙澤文。

⑧初安民《往南方的路》，二〇〇一年，台南市立圖書館。

⑨吳晟〈歌曰：如是〉，《吾鄉印象》，一九七六年，楓城出版社。

⑩石田浩〈農業生產結構的變化與工業化〉，收錄於《台灣的工業化：國際加工基地的形成》。

⑪莊芳華〈採莿殼〉，刊載於《台灣日報》。

⑫二〇〇六年農漁業普查後，「初估情形看來，彰化縣可能保不住全國最大農業縣的名號了。」《自由時報》記者吳爲恭彰化報導，二〇〇六年四月二十五日。

⑬楊青矗〈綠園的黃昏〉，其中計算之幣值，以一九七一年為準。收錄於《在室女》，一九七八年，敦理出版社。
⑭陳玉璽《台灣的依附型發展》，一九九五年，人間出版社。
⑮黃樹仁《心牢——農地農用意識型態與台灣城鄉發展》，二〇〇二年，巨流圖書公司。
⑯同⑭。
⑰同⑯。
⑱吳田泉《台灣農業史》，一九九三年，自立晚報出版。
⑲《自立晚報》一九七八年二月十四日。
⑳《自立晚報》一九七八年三月十九日。
㉑潘榮禮〈請吃米飯的朋友，聽聽農民的心聲〉，收錄於《望天望地》，一九八〇年再版，發行人潘榮禮。
㉒王拓〈評王文興教授的『鄉土文學的功與過』〉，收錄於《這樣的教授王文興》。
㉓一九七〇年到一九七九年，據統計有一百二十八名政治犯涉案。林樹枝《出土政治冤案》。
㉔楊青矗〈綠園的黃昏〉。
㉕資料出自潘榮禮〈代農友擬答辯狀〉，民國六十七年易字第八八〇號，妨害公務一案。
㉖顏新珠〈一隻牛能剝幾層皮啊！——雲林農民抗繳水租的省思〉，收錄於《人間》雜誌，一九八七年八月一日。
㉗同㉔。
㉘語出黃大洲〈田園將蕪，胡不歸〉，載於《台灣時報》，一九七五年一月十七日。
㉙蕭國和〈評王文興的農業經濟觀〉，收錄於《這樣的教授王文興》。
㉚楊青矗〈出室〉，收錄於《在室女》。
㉛廖嘉展〈失去生活意志的農民——彰雲地區農民的高度自殺率和彰基「毒物防治中心」〉，收錄於《人間》雜誌，一九八

七年四月五日。

㉜ 同⑭。

㉝ 陶曉清〈赤子之心楊祖珺〉，一九七九年。

江湖在哪裡？

八〇年代

平原

楊儒門出生時，我差不多要上小學了！清晨起床，在泥土地面的灶腳吃稀飯配菜脯蛋、醬瓜之類，然後背起書包，春夏白衣藍裙，秋冬卡其上衣、藍長褲藍外套，戴上帽緣堅硬的黃色船形帽，從庄頭走路經「竹圍內」（聚落中間地帶），到一九六二年始成爲圳寮國民學校的村庄小學就讀。

圳寮國小面向村庄路，入口圓形花台栽植矮灌木叢類的花卉，兩側走道挺立木麻黃。大王椰子沿著紅磚瓦牆，像站衛兵。鐵製地球儀、單槓、鞦韆等架設在泥地上，可供嬉戲玩耍。榕樹的樹蔭篩漏下光影，晃蕩過那些，擱在泥地上，作爲椅子而塗上油漆的石頭。不符合比賽規格，一圈不到兩百公尺的草地操場。一小方水泥砌起的升旗台，旗桿直聳入天際，彷彿是那時候村庄最高的（黨國）所在，而升旗台前搭配數棵鐵樹。鳳凰木盛大的樹冠，襯托一列黑瓦斜屋頂的平房教室，各有一座班級小花圃。

教室後方緊鄰水稻田，稻田延伸至天際是「庄尾」的數十間紅磚矮房。坐在教室窗內，木頭窗櫺的玻璃窗，除了颱風下雨，其餘上課時間，皆開敞向藍天。而窗外的作物成長，收割又成長，我們班三十幾個同學，也一路同班到畢業，不過有兩三個同學，跟隨父母離鄉轉學，遷居到城市去。

日後（九〇年代中期），村庄小學夷平入口處的圓形花台，鋪設水泥成爲停車場。門口裝上嶄新的鐵門，操場是PU跑道。爭取來的建設款，雇請工人，丟掉地球儀，毀掉小花圃，砍掉鐵樹、榕樹、木麻黃、以及夏日盛放火紅的鳳凰木，改種九〇年代流行起的外來種小葉欖仁。

而整排黑瓦平房被夷平，矗立起兩層樓高，鋼筋水泥架構，粉紅磁磚牆面的現代化建築；教室倍增，但學生人數更少了，許多教室只好空著。

到二〇〇六年，圳寮國小的應屆畢業生只有十個，且其中數個來自單親、隔代教養或母親為外籍配偶的家庭。

但彼時孩童的我們，還沒辦法意識到，身邊正在發生的趨勢。清晨排隊走出教室，全校六班，將近兩百個師生站在操場上，面向小升旗台，立正——升旗唱國歌，然後稍息、聽訓；「愛國」必備的儀式，夏日偶而有一兩個同學不耐久曬，昏倒在操場。

隨著上課下課的鐘聲，班長喊起立、敬禮，全班同學說：「老師好」；班長喊起立、敬禮，全班同學說：「謝謝老師」。

音樂課，風琴伴奏，教唱中國民謠〈蘇武牧羊〉、〈紫竹調〉等）。勞作課做好風箏，直接從教室走入收割後的田地放風箏。社會課（五、六年級時改成「公民與道德」），在山東籍老師（隨國民黨政府來台的老兵）一聲令下，全班反覆唸誦起課文，一遍又一遍，直到下課。地理課，靠想像力「翻山越嶺」過秋海棠葉的「中華民國」（事實是中華人民共和國）地圖，背誦哪些「省份」盛產哪些物產、哪條鐵路通往哪裡等，日後才知曉根本不是那回事，也大抵忘光的「知識」。

中午，廚房的歐巴桑、歐吉桑推動餐車，餐車上放置一桶桶，裝滿飯菜的不鏽鋼桶，沿著走道，一班班送入營養午餐。教室內，發飯的桌椅排好，三個值日生負責舀菜、舀湯及盛飯（白飯），待全班坐定，老師說：「開動——」。印象中，我不曾記憶有哪個同學，如日後常見的，繳不出營養午餐的費用。

吃完午餐，全校的餐具收到廚房，中、高年級的學生必須輪流幫忙洗碗，至於沒輪到洗碗的，午休時間必須趴在課桌上閉眼休息，不睡的、偷講話的會被登記起來，罰交互蹲跳或打手心。

學校走廊張貼「請說國語」的告示牌，講母語要被罰錢（一句罰五塊）。我沒被罰過，甚至在全縣國語文演講比賽中得名，但印象深刻的記得，樂隊裡的鼓手男孩，吊兒郎當的對「模範生」的我說了句，「台灣人就是愛講台語」之類，彼時在尚未解嚴的校園內，聽來深具反叛意味的閩南語。

長大後我才知道，圳寮國小在我念小學之前，學生講台語，甚至會被老師用紅筆將嘴角整個圈起，「很難洗掉勒！」村庄人對我說起。而我日後也才讀到，一九七八年台灣首度公布十大槍擊要犯名單，名列其中，彰化縣鹿港鄉下長大的林來福，在被槍斃之前，回憶這一生，唯一對記者提到的故事，是國小講台語要被罰錢。一句罰一塊，孩童林來福被罰了七十多塊錢，還得仰賴種田的老爸低聲下氣去向人借錢，來替兒子繳交「罰金」給學校；只因頑劣的說母語，幹伊娘雞掰之類[1]。

村庄小學，不准說村庄人的話語；不教導村庄小孩，身邊正在發生的事情。

日後（二〇〇〇年後），我陸續出國旅行，前往印尼、柬埔寨等地鄉間，發現課本與現實生活的落差，在全球化的趨勢裡更形拉鋸。必須步行或划獨木舟去上學，家裡種稻或捕魚爲生的柬埔寨男孩、女孩，放學回家後，趴在高腳屋的木條地板上，透過一盞微弱的煤油燈，努力「學習」的竟然是，瑪麗和強森在討論，要買 March 或 Toyota 的汽車？

學習要去 Shopping Mall，還是連鎖大賣場？雖然眞正見過的只有泥地上的菜市場；學習全世界最大顆的鑽石，請問誰擁有？（誰管誰擁有。）學習認出美國富豪、兼做慈善事業的比爾蓋茲的照片，而家裡連水電都沒有……。我記得，村庄小孩大多不喜歡上課，我們不曾從學校黑板得知，家鄉溪州糖廠的歷史；不知道運載甘蔗的糖廠小火車，行經五分車軌道，通往二林；不知道二林在日本時代發生蔗農抗爭的「英雄事蹟」，講台上教導的「英雄」，是虛構的吳鳳、是看魚兒往上游的獨裁者蔣介石。

我記得同學們都想要趕快下課。下課後的村庄男孩，打陀螺、玩紙牌、彈彈珠、摔泥巴、偷拔芒果芭樂等；下課後的村庄女孩，跳繩子、跳格子，和男孩們一起在廟口玩捉迷藏及一二三木頭人。夏天來到，村庄男孩尤其愛釣青蛙，取細竹或樹枝，垂綁下白棉線──通常來自肥料袋的封口線──於線尾綑一隻或半截，從泥地內挖出的蚯蚓，然後提著網子走過田埂，輕晃手中的「釣竿」，使蚯蚓輕點田水，漾起一波波漣漪，召喚遠近的青蛙，來喔！來喔！

青蛙湯麵線的滋味，我的味蕾記得。味蕾還記得，村庄農人撿拾外來種的非洲大蝸牛，整布袋，用石頭將紡錘形的蝸殼敲碎，以細砂、稻草灰及明礬等多次洗滌，再把蝸牛肉和九層塔放入炒鍋內快炒；可供記憶反覆咀嚼的嚼勁。

童年雨後的稻埕，更常爬滿台灣原生種的蝸牛，殼寬約一公分、蝸殼呈螺旋狀的小蝸牛，在島嶼繁衍的時間，比人類的歷史還要悠久。小蝸牛伸縮著觸角，轉呀轉的，像天線在蒐集電波，嗅聞空氣中的溫度、濕度、氣味，探索哪裡有水源、哪裡有食物、哪裡有同伴或敵人；探索的速度，在人類眼底十分緩慢。

我記得，村庄小學的同學，有陣子流行帶蝸牛上學。讓小蝸牛沿木板課桌的凹槽（原設計用來放鉛筆），爬來爬去，爬不出孩童的掌心。或者，讓小蝸牛沿著直立起的筆桿繞圈，競賽著往上爬。於是我常蹲在雨後的稻埕，像「命運」伸出大手，從滿地蝸牛中挑選數隻，裝入鉛筆盒內，蓋起來。被抓起的小蝸牛，總是像被天外飛來的「意外」給驚嚇，縮回殼內，而我指尖殘留冰冰黏黏的記憶。

命運，被決定了。當時我們都還沒意識到，整個村庄、整個農鄉、縣境，甚至整座島嶼，也許在某些人俯瞰的眼底，而大多數人，其實就像滿地爬的蝸牛，在發展的大手底，東張西望的。

山腳

當我從水稻田邊的教室窗口，望向稻浪似「海」（雖然我直到小學畢業旅行才初次見過海），延伸向落雨前，近似在眼前的八卦山脈，彼時八卦山東麓，芬園鄉大埔村內，和我同學年的孩童林淑芬，也許正在富山國小的校園內，提畚箕，搬運泥沙石塊等；體育課的體育活動，就是協助校方闢建新操場。

她是富山國小第一屆學生。之前山腳的村庄沒有小學，山腳囝仔長到「九年國民義務教育」的入學年齡，必須搭公車、騎腳踏車、或由父母騎摩托車載著，前往街仔路的學校就讀。若是家貧，小孩就得自己要早起，走幾公里下山路，去學習蔣介石從小看魚兒往上游之類的課文。

富山國小，在孩童林淑芬剛就讀時，只有一層樓高的鋼筋水泥教室兩間，然後工程陸續發包，加蓋起三四年級的教室，到林淑芬畢業之際，數年來，施工中敲敲打打、工程車出入、塵土飛揚的校園，總算六個年級有六間教室。

村庄小學，林淑芬她們班約有三十幾個同學（和我們班一樣），有個同學輕微智障（和我們班一樣），有個同學，國中時因不明原因，喝農藥自殺死亡。大部分同學，國中畢業後就離開村庄（和我們班一樣），男生出外「賺吃」（討生活），女生大多早早像種子散落各地，懷孕生子。當然（和我們班一樣），有同學長大後做生意失敗，欠債「跑路」，有同學，因不同款的罪名被抓去關；據說，她們班還有個同學，成為大尾的流氓被槍殺。

山腳一同長大的小孩，林淑芬記得夏日音波嗡嗡迴盪的山林，她和日後生命路徑各異、但大抵受限於發展趨勢底的同伴們，仰起頭，一棵樹繞過一棵樹的搜尋，嘶鳴只一個夏季的「知了」、「知了」，然後用竹竿把蟬黏抓下來玩。有次有個小孩還提議，剝掉蟬隻的透明羽翼，或許可油炸來吃吃看，於是大夥便眞的到某人家中，手忙腳亂的炸蟬來吃。

林淑芬的味蕾記得，童年缺乏零食而嘗試的「野味」。一夥小孩也常趴在泥地上，循著土粒狀的大便線索，發現「肚猴」（閩南語音，亦即台灣大蟋蟀）的家，然後往泥洞內灌水，迫使「肚猴」從地底竄逃出地面。從山溝撈「蝌蚪」回家養，養大了才發現，啊，不是青蛙，是蟾蜍。更常一夥小孩結伴東闖西闖，總要「野」到夕陽已經從樹梢滑落，大人催促「死囝仔」回家的叫罵聲已此起彼落，才心不甘情不願的跟同伴說再見。

回到背倚著雜木林，面向一小方院埕的黑瓦矮厝，孩童林淑芬坐到大灶前的矮凳上，將劈砍過的薪材，一根一根疊放入灶內，再用乾草或廢紙張當火種，點燃後塞入，搧風，使熊熊的火燃燒。火光烘薰她孩童的臉，身爲大姊的她，必須擔負起農家燒熱水、煮飯的工作。好些年，因爲父親做生意失敗，孩童林淑芬放學後，還得穿著小學制服，去鞋子加工廠當童工，直到晚上約九點，才能回家燒熱水。

她記得，農鄉加工廠的氣味、聲響、擺設，記得「客廳即工廠」在她家，有陣子擺放數台代工生產「雨傘節」的機具。用手，將傘骨支架放入模具內，然後腳一踩，機械按壓而下，使傘骨傘柄接連成形，一放一踩、一放一踩，論件計酬中，若節奏拿捏得不夠準確，太過疲勞而打瞌睡，一晃神，手未及伸出，腳便踩下，那喀啷一聲，手指及手掌就被截斷了。日後，林淑芬考上大學，北上就讀，參與九〇年代的學運，因緣際會前往三重——這座大多是中南部移民者的勞動之城——助選。二十出頭歲的她，在傳統市場、在小吃攤、在商家店面、在客廳即工廠仍然留存的窄仄街巷內，握到不少選民的手；那些厚實長繭的手，往往斷了好幾截手指頭，對她傳遞出熱情與期許。

而林淑芬一握，往往握得更緊些。

她想起小時候家裡那台，也常截斷人手指的機器，想起村庄裡的左鄰右舍，勞動者共通的處境，想起家裡當時雖然代工生產雨傘，可是窮得連一支雨傘、一件雨衣都捨不得買，只有一塊比較便宜的「雨布」，可以在雨中仍要入山撿柴時披著。雨中，山腳的大灶仍要頑強的升起炊煙。雨中，好幾次颱風夜，林淑芬和四個弟妹，挨擠在眠床上，警覺的聆聽矮厝外的狂風暴雨，彷彿撼動整座山林，而閃電似乎要劈毀一切，閃過咯咯作響的窗櫺。雷聲轟隆隆，矮厝內已經停電，阿母卻仍在工廠趕工，獨留孩童林淑芬哆嗦著，安慰弟妹不要怕。

好不容易雨停，走出漏水待修、屋瓦被掀翻的矮厝，望著雨後的荔枝樹，若正值收成季節，豔紅的果實肯定被打落一地，一年的心血便這樣付諸流水；若荔枝樹洗過多次農藥（噴農藥時，孩童林淑芬必須幫忙拉繩子），對抗過病蟲害，挺立過風雨而來到豐收的結實纍纍，那「做山」人家的小孩，就要幫忙採摘、挑選、裝箱，批發給販仔或運到彰化市天橋下的路邊叫賣。

林淑芬清楚記得，彼時荔枝盛產時，批發給販仔的價格，有時候一斤不到幾塊錢，農家自己出運費，不算大人小孩的工資，到城裡直接叫賣，也時常七斤才一百塊。

直到二〇〇五年，林淑芬以立委身分，參與聲援楊儒門行動，她坐在立法院的公聽室內，娓娓說起，她家至今仍在芬園種荔枝，荔枝至今（經過二十幾年，物價全面上揚），價格往往還是七斤一百塊……。

而雨水，拜訪過八卦山腳的荔枝樹，沿著台地鳳梨的龐克頭，往海線來到沙質土壤的二林，金香葡萄蔓生的支架上，垂下青綠轉而黑紫的成串玉珠。

滴滴答答。

海口

楊儒門記得雨天，他「躺在搖椅上，自顧自的，一手零食、一手飲料，在穿廊底下，伸腳接著雨水打向屋瓦，再沿著前簷落下，左邊、右邊，左腳、右腳。」他悠閒自在的玩耍，還不知道同一個時間座標裡，隔著中央山脈，台大考古隊在台東都蘭發現，被築路工程挖出而殘留的卑南遺址；兩百多具石棺、以及楊儒門長大後甚感興趣的古玉。

「喜歡上古玉後，最想做的一件事，是『發掘中國固有文化，促進社會經濟繁榮』，俗稱『盜墓』。」

「呵，」日後他寫信開玩笑說到，「在開挖卑南遺址時，有很多人混水摸魚，A了不少東西，當時我年紀還太小（才四歲），不然也想去沾沾光。」

孩童楊儒門，據他自己說，「笨笨的腦袋瓜裡，裝著許多不切實際的想法。」他和弟弟楊東才互扔鐵製的餅乾盒，說是清朝盛傳的武器「血滴子」；他愛吸大拇指，他阿媽想了很多辦法，試圖改掉他的「惡習」，包括在長袖衣服的袖口，加縫手套之類，都無法阻止他把大拇指含入嘴內。他吸吮著大拇指，在港劇《楚留香》（一九八二年）開播後，腦中「一直在尋找，武俠片中，楚留香所說的江湖在哪？」

江湖？所以應該是一條河，有一座湖囉？孩童楊儒門心想，「奇怪了，每一個人都會說：『人在江湖，身不由己』，可是怎麼沒有說，江湖在哪？」

他坐在三林萬興街上那戶，門前有榕樹，加蓋閣樓的店面內，看著電視；據統計，彼時農家彩色電視的普及率，已從一九七五年的六%，迅速提升至一九八〇年的六十%[2]。

六十%裡的其中一台螢光幕前，孩童楊儒門思考著江湖……嗯，應該是楚留香出場時乘坐的那條船所航行過的那條河吧？但那條「河」到底在哪裡呢？他暗自下決心，有朝一日，「等我長大後，有機會一定要去瞧瞧江湖如何的寬闊，垂柳如何的富含詩意，俠客們如何的行俠仗義，奸人如何的諂媚卑鄙……。」

「江湖」裡，孩童楊儒門最佩服的人，就是「盲劍客」。能夠「聽音辨位，第六感般，直覺的預測到危險的靠近。」帥呀！他期待著，「要是我也能擁有如此高超的武功，不知是多麼的神氣。」

他一心想走出家門去闖蕩，「可能跟家裡做大家樂有關吧！叛逆。一個從小到大最想掙脫的束縛。」然後上小學了，前往住處對面，僅一條馬路之隔的萬興國小就讀。「作業不寫，常挨打。呵，就是不寫，奈我何。」楊儒門日後輕描淡寫的回憶道。

至於母親阿雪印象中的「文仔」（楊儒門小名），不常吵鬧，甚至沉默固執。阿雪舉例，由於住處離萬興國小很近，楊儒門的哥哥會抄近路去上學，可是孩童楊儒門卻堅持，學校規定的路線怎麼走就怎麼走。

「伊頭腦卡四方，眞實在啦！」阿雪說起小時候的楊儒門，每次發脾氣，都是因爲肚子餓。下午放學後，若是阿母仍忙著做生意，還沒準備飯菜，孩童楊儒門會氣得把飯碗一丟，索性仰躺到地上耍賴，「眞正是哭『餓』啦！」阿雪笑著說。

而「能吃就是福」，日後楊儒門從看守所內寫信給我時，老提到這一句。糧食就是生命，二○○四年國際稻米年的主題。

事情從來不是無緣無故；記憶從一小角落，牽涉到全球強凌弱的現代化發展。

山、海、屯

出生地同樣被劃歸爲彰化縣的我、楊儒門、林淑芬，在各自的村庄內成長，而數千個村庄，在農鄉內，數百個農鄉，又接連成孤懸於海的島嶼。全球化浪潮中的島嶼。當孩童的我，坐在圳寮國小的教室窗邊，望著稻浪延伸向山腳，風吹動，青綠漸次轉爲金黃的時間湧動；山腳下的林淑芬，從富山國小走出校門，穿過荔枝樹林，坐到院埕大灶前燒熱水、煮飯，然後炊煙裊裊，像訊號升起；孩童楊儒門在甘蔗園、葡萄園、木麻黃樹下，迎著海口入冬後颯颯的九降風，尋找江湖在哪裡。

江湖啊！水的流域。

山澗野溪、河海交會、平原溝圳；事件發生（噴湧）前，已從時間的伏流，必然或湊巧的匯聚。

山、海、屯，島嶼所有縣境（除了內陸的南投縣），基本的地貌。平原作物以水稻田爲主，灌溉水路形成農業生產的命脈，由於土壤相對肥沃，農家收入普遍比山線、海線來得多；稻作文化孕育出的平原性格，通常比較保守穩定。海口的土壤則相對貧瘠，鹽分高、海風又吹得狂，求生不易，更塑造出海口人拼搏、堅毅的特質。至於做山的農家，沿著山稜線的坡地、台地，以果樹、茶園、旱田爲主（九〇年代由檳榔取代爲大宗），山裡人的性格，依傍著山的高度，世代養成。

日後，在平原長大，寫作的我，和在海口長大，被稱爲白米炸彈客的楊儒門，以及在山腳長大，從事政治的林淑芬，會在不同的時間點相遇。相連的土地、氣候、作物的根。

灰姑娘與頭家

但在那之前，孩童的我們，摸索在各自的村庄裡，東張西望的成長。各自（共同）走過，記憶裡，時間點不曾明晰的年代，一九八〇年，逃亡中的施明德元月被捕，二月二十八日（美麗島事件第一次庭訊），日後我們才知道，那年台灣的民主運動又挨了數刀，林義雄的母親、以及彼時和我們同樣是小孩子的林義雄的雙胞胎女兒，被謀殺身亡（兇手至今仍潛逃於歷史的法外），而「春雨像飛針刺痛了／土地的背脊／善良的靈魂猶依依／不忍登上從空而降的天梯／她們一再徘徊／她們躲進雨中的一棵尤加利／大樹堅強的挺直腰桿／不忍讓她們看見／那彎下身來抱面痛哭的自己」（引自許悔之〈不忍——詩致林義雄〉）。

不忍而至淚流鼻酸的悲情暗中發酵著，四月，全球最大的蔣介石銅像，座落在剛落成的中正紀念堂裡。全島中小學、公家機關、圖書館、公園……，到處都是「偉人」蔣介石的銅像。新竹科學園區揭幕，酸雨也首度證實降臨島嶼。多年來流傳於台中、彰化一帶的「怪病」，終於被發現，是因爲米糠油中含多氯聯苯所致。

「什麼是多氯聯苯？／卑微的鄉親／以前從來不知／它悄悄的隱藏於食油中／隱藏於受害者的體內／在他們的臉上長出瘡疔」（引自廖永來〈多氯聯苯〉）。據官方統計，中毒人數達兩千多人，沒被統計到的，還有家裡使用廉價米糠油的小說家洪醒夫（洪醒夫於一九八二年三十三歲時車禍去世）；有錢人家通常不會食用米糠油。

疾病、災難、甚至意外都有階級性。

五月梅雨、本該是梅雨季節，全島降雨量卻比往年少一半以上——破了台灣八十幾年來的氣象紀錄（日後會繼續破紀錄）——致使嘉南平原二期稻作，據估計，約六萬餘公頃水田無水可耕。農人咒罵著，望天望地，翻開農民曆，〈豐歉詩〉寫到：「端陽有雨是豐年」，可以預計的，缺水的這年不可能是豐年。行政院會開會後決定，今年免徵二期田賦及荒地稅、免徵水租，並延徵工程受益費至明年；算是政府的「德政」？

雖然水利工程是否能夠讓農民「受益」？歷史會回答，會證明，不過彼時所有農人還是必須繳納「受益費」。

政府收取包括受益費在內的人民的稅金，尤其在傳出缺水警訊時，更有「理由」加快水利工程發包的腳步。一九八〇年省政府編列五十七億元，在苗栗興建鯉魚潭水庫。翡翠水庫也正在台北趕工中。水利局更表示，將籌款（借貸）數百億元，在水系密布、降雨量集中的島嶼，砍伐水源頭的樹林，鋪設縱橫交錯的引水隧道，圍堵起一座接一座，遍布全島山巔的水泥大壩。預計工程完工後，整體蓄水量將提高一．五倍（是嗎？歷史同樣會證明，會回答）。

而八〇年代規劃的水庫藍圖，也為日後水庫淤積、優氧化、造成生態破壞等問題，以及反美濃水庫、反湖山水庫等社會運動，埋下十幾二十年的伏筆。

江湖啊！水的流域。

乾旱剛過，七月好不容易颱風帶來雨水，滋潤全島苦苦等候的田地，但南部沿海（佳冬、林邊、枋寮等，日後更多村落）海水倒灌。九月一場大雨，一整晚的雨，造成基隆山坡地上興建的房子，倒塌四十幾間，死掉十個人，據報災情為三十幾年來所僅見，但房地產作為賺錢的龍頭產業，顧不得水土保持，繼續趕在人口成長的速度之前，擴大需索砂石的，蓋起樓房一棟棟、一排排。山上的「山胞」（日後稱為原住民），也「順河而下／到城鎮謀生和遊蕩／學習文明的壞習慣」（引自王浩威

〈魯凱好茶村遷村記事〉〉；去到最遠的海洋跑船，下到最深的地底當礦工，或者成爲鷹架工人，蓋起別人住的樓房。

一地接一地（農地、林地、山坡地、濱海的沙質土壤地），「這寧靜的鄉間」，原本「連星星都可以觸摸得到／不久從城裡傳來／地目被變更的消息

這土地立即要剷平
這村庄馬上要解體
鄰居業已全部遷移
他們找到一塊新生的土地
做工幹活，學做生意
像蒼蠅到處麕集

——節錄自廖永來〈這村庄剩下的住屋〉

「這村庄剩下的住屋」，人口繼續外移，伴隨著股市起跳，地價（尤其城鎮周邊的重劃區）上漲，汽機車在城市化的過程中，迅速突破四百、五百、六百萬大關……國民所得也繼續（分配不均的）往上攀升，農人延續之前兼業或轉業，把省吃儉用儲蓄或借貸來的錢，轉作經濟作物，開闢魚塭，從事養殖業，或投資做小生意，把客廳當工廠，抑或蓋起鐵皮的違章工廠。大多是以夫妻倆爲核心（頭家），透過親戚朋友、左鄰右舍的人際關係，動員來三五個員工，就成一家工廠；沒有任何公安、環

保、衛生設施的違章工廠，就在農地上、在道路兩側及住宅區內挨擠著林立。

「『彈性』、『速度』、『靈活』已是台灣產業聚落的代名詞，每天十二小時的緊急調度、奔走、聯繫與胃潰瘍」[3]是廠房兼住家、黑手兼頭家的小企業主，最典型的生活方式。賺錢、賺錢、賺錢，然後錙銖必較的存錢（一九八一年台灣儲蓄率爲世界第一），像是位於葉脈的末梢、或是人體的指尖，成千上萬家散落於各鄉各鎮的違章工廠，機動應變，以全世界超高工時的勤奮，接受訂單，隨時出貨。

出貨給合法的大廠，甚至是外國廠商。隱藏性的外包網絡，「有助於降低大廠的生產成本，減少因勞動法令雇用工人的成本……以及分散大廠的市場風險，讓小廠來分擔市場景氣波動的衝擊」[4]；日後，大廠陸續出走，在東南亞及中國找到更便宜的勞動力及土地，不過彼時八〇年代初，Made in Taiwan 仍是全球物件主要的供應地。

不管是「落在一個／羅馬尼亞人的皮鞋上／羅馬尼亞人的鬍鬚似雪」（引自夏宇〈乘噴射機離去〉），或是「一枚砲彈／砲彈在黎巴嫩落下／激烈的改革者溫馴的／回家吃晚飯」時所撐起的雨傘，抑或旋轉的電扇，冬夜裡的熱水瓶，衣櫥裡的樟腦丸，陽光下的網球拍，騎過各大洲的腳踏車，或者「遊行的行列走過／七隻鼓鎚興奮激昂的／斷裂」。

詩人夏宇在詩句中寫到，「何人縫製的鼓」？也許不知道，全世界每九雙鞋，就有一雙來自海島農鄉（而鞋子工廠裡不只一個林淑芬在當童工）；全世界的雨傘，每四十支就有一支焊接縫合自三合院的稻埕（而焊接的機器碾斷一雙雙沒有勞工保險的黑手）；全世界的電扇、熱水瓶、樟腦丸、網球拍、織襪、成衣、腳踏車……甚至掛名美國好萊塢出品的迪士尼卡通（米老鼠、唐老鴨、白雪公主與七個小矮人……），統統都沒有名分的，生產、污染自太平洋上一小塊，因板塊運動而隆起的島嶼

（名叫台灣）。

因此，「何人縫製的鼓」？是的，八〇年代初，台灣二十一項全球出產量最多的產業，也包括縫紉機（全世界每兩台就有一台Made in Taiwan）。又是何人付出什麼代價，拼命的生產？

全球行進的生產線，「依據童話，」夏宇在一九八一年〈南瓜載我來的〉一詩中寫到，「你應該／愛上我的鞋，終於找到我」。王子應該，尋著鞋的線索，找到加工廠裡美麗的、被遺失的、勞動階級的灰姑娘，但事實是，「他看起來非常不耐煩」，而且有點疲倦，像聽命於誰一般——國王嗎？抑或金錢的慾望——催促著，快啦快啦！

快啦快啦！王子只在乎出貨的速度（東京紐約倫敦德意志，抑或哪個城市的櫥窗正在等候呢），顧不了大廠、以及大廠後門一開，櫛比鱗次的協力廠、以及協力廠後方密布的違章工廠，是如何透過看不見的外包網絡，規避勞動法令與環保責任的竄行。

王子只在乎賺錢的速度，沒有餘力理會合法的大廠日日夜夜，經年累月大量排放廢水、污水、毒水，進入灰姑娘生長的村庄。村庄裡，灰姑娘的老爸或親戚，也許也借錢或存錢，開了一間塑膠、電鍍或廢五金加工廠，就在一小塊祖先留下來，原本也種田的農地上，跟著排放一小管廢水污水毒水，進入灌排不分的溝渠，流向隔壁的水稻田及芭樂園。

江湖啊！水的流域。

廣告與示範村

一九八一年，李登輝當上台灣省主席，我和林淑芬國小三、四年級，楊儒門四歲，留美學人陳文成回國，被警總約談後陳屍台大校園。國民黨政府的口號定調爲「三民主義統一中國」，又和美國簽訂穀物貿易協定，承諾五年內（五年後會繼續續約），購買讓島嶼雜糧農作及稻米市場萎縮的大宗穀物；有多大宗？五十億美金那麼大宗。

「心事若沒講出來／有誰人會知／有時眞想要說出／滿腹的悲哀」，而轟隆隆的工廠內、田埂上，卡車貨車發財仔，抑或清晨駛過村庄的菜車，傳出當時大多數人都不知道是蔡振南作詞作曲，沈文程掩飾原住民身分演唱的台語歌〈心事誰人知〉。

歌聲穿透著、爭鬥著，歌聲牽涉到唱片工業（陸續由黑道介入掌控），牽涉到強勢文化與弱勢文化的交媾、壓迫與反抗。一九八二年，台灣第一間連鎖書店金石堂在台北開幕。首宗銀行搶案發生。省農林廳推出一系列水果廣告，首開政府爲政策宣傳的先例（日後，政府像公司，花人民納稅錢作的廣告可頻繁呢）；楊桃是「楊麗花的秘密」、鳳梨是「鳳飛飛的心裡」、BANANA（香蕉）是「包娜娜的誘惑」，藉由影歌星來推銷水果，主標是「現在吃正是時候」。

但爲什麼政府要鼓吹人民，現在吃本土產的水果正是時候？因爲本土水果賤價、滯銷（還記得，每台斤一元五角也賣不出去的花蓮桶柑嗎？記得員林蕃茄一簍四十公斤賣五十元沒人要，一顆八十元的進口蘋果卻賣得嚇嚇叫？抑或香蕉堆積如山，任其腐爛；BANANA的誘惑啊，而乏人收購的芒果直接推入河中放水流……）；那爲什麼、爲什麼在地水果像是墜入輪迴般，一下子這種賤價又換那款滯銷？除了不可抗拒的老天爺的因素，分析起來主要是因爲，島嶼一直缺乏長遠的生產規劃及合理的產銷制度，又開拓不了外銷市場，更持續進口外國水果來取代本土水果。不過廣告只負責促銷，至於造成滯銷的原因，根本不管。

日後（二〇〇六年），廣告的樣式更多了，一出現、又出現香蕉滯銷（產地價格跌到每公斤二至五塊），不再透過影歌星串場，改由官員集體在鏡頭前吃香蕉，行政院長表示：「愛台灣，吃香蕉……台灣的香蕉眞的非常好吃，而且便宜」，電視新聞也跟著播報，某飯店趁機推出的香蕉大餐（現在吃正是時候啊）；但全島到底多少香蕉園？種多少香蕉恰足以供應島內的消費市場？農會、青果合作社、農產運銷的管道如何才能防止商販居中操縱、剝削？又有多少香蕉可透過哪些管道——那些管道的檢驗標準爲何——外銷出去？諸如此類的資料調查，彙整統合，制度改善，經過二十餘年仍然付之闕如，更遑論從中協調、規劃出小小島嶼（不過三萬六千平方公里啊），在地農作得以各得其所生長的分布圖。

「任由農民盲目發展，以致時常發生產銷不均衡的現象」⑤，然後再花錢做廣告，爲滯銷農產品促銷的政府，於一九八二年（開始做廣告的那一年），同時由行政院核定出「第二階段農地改革方案」。

主要內容爲：一、核撥十七億，相對於其他借貸管道，屬低利（年息四．五％）的購地貸款到農會，鼓勵農民買地，擴大耕地面積。二、推行共同、委託或合作經營，以擴大農場規模。三、加速辦理農地重劃，將零碎的農地整併後再重新分配。四、加強推行機械化等。延續在山高水急，山脈地形幾乎佔全島三分之二，以小農耕作爲主的島嶼，推行美國大農場的機耕模式（雖然這一套，在七〇年代就已經證實行不通）。

倡導工業化農業者只強調其優點，面對其缺點可能產生的不良後果卻全然不提……三十年來人口驚人膨脹，對土地開發、土地利用極爲殷切。因此，凡山坡、坵領地、河川的海埔地，無不次第開發，變成梯田、魚塭、鹽田等，造成嚴重之表土流失現象，不但降低了土地的生產能力，也加重平原地區的水、旱災……。

——引自黃順興的質詢稿

日後（一九八五年）赴中國考察，繼而定居北京，一九九二年因反對三峽興建大壩而辭去中共人大常委職務的黃順興，彼時以彰化縣增額立委的身分，針對第二階段農地改革方案，提出質詢。他指出「美國式農業機耕方法」，「爲生產食物所耗費的石油能源換算熱量，已遠超過其所得生產的食物熱量；反觀不依賴石油能源從事農耕的一個農人所耗的熱量與所生產的食物熱量比爲一比十；難道這個事實還不足以驚醒這個勞力過剩的台灣決策當局重新檢討美國模式的農業發展路線嗎？」

確實不能。

小小島嶼裡，人口迅速增長（據統計一九八一年每位婦人平均生二·四五個小孩，每七十五秒就誕生一個嬰兒）、人際網絡緊密的互動裡，和黃順興曾是朋友的李登輝，聽不進黃順興的質詢，也不敢或不懂得檢討，蔣經國確立出來的，擴大農場經營規模的政策主軸，「十年來提出的方案很多，但各方案在實質內容上其實大致未變……，也就是明顯的方案數目上的膨脹，以及實質內容上的無力」[6]；不願正視或故意忽略，爲擴大耕地面積，利於機械耕作而採行的農地重劃，不只常遇到小農反對，只憑水利單位紙上作業便施工，也在不同農地產生不同程度的問題（譬如重劃過後水路不通等），更別說將土地簽約交與他人共同經營或委託經營的模式，普遍不爲小農所接受。

種種，由上而下的政策，與實際面的落差，不曾從農經博士李登輝的口中或筆下——歷史將留下證據的——提出一言一句的檢討。他聽話的（乖乖聽從蔣經國指示的）、在台灣省主席的位置上，在既定的政策架構裡，擘畫屬於他的施政藍圖。

藍圖中，一村庄一村庄，現代化的「示範村」，「配合台灣省政府李主席提倡開創農村新面貌之措施而擬定……」（如〈辦理現代化農村發展計畫實施成果報告〉所言）。

示範村計畫（正式名稱為「現代化農村發展改善農村環境」計畫），延續自七〇年代末施行的「綜合發展示範村」（不斷變換著名稱），核撥經費，下達各鄉鎮市設置的「現代化農村發展工作推行小組」；工作小組的成員，由農會總幹事召集，主要來自鄉鎮公所（譬如建設課長）、衛生所、國民黨的地方黨部（民眾服務分社）、救國團、婦女會、水利會等，然後再拓展至村里級的「吾愛吾村」運動推行小組（成員不乏農會「農事小組」的班長、小組長等）。

開枝散葉的權力網絡，主要進行的工作，分成兩大類：一是人的「輔導」，譬如鼓吹農村青年加入四健會組織。由農復會從美國引進的四健會，會歌中唱到「四健會青年，前進，前進，增產報國，擔負起復興農村的大任，建設起富強康樂的中華」，雖然事實往往是，農村青年人口大量外移，留鄉的青年也大多已從事非農業生產，致使「每次辦講習會，村里均派出一群中小學生來參加應景」[7]。又譬如開辦家政班，發放獎學金，提報某農家子弟保送高農就讀，給予某農家青年創業補助，由衛生所人員入村推廣家庭計畫（兩個小孩恰恰好），以及舉辦「月行一善」等活動。

二是環境的「改善」，包括以低利鼓勵農民貸款，擴建或新建住宅，闢建農村小型公園，架設路燈，安裝投幣式的公共電話，修建社區活動中心，噴上心理建設標語等（一律為「三民主義統一中國」，不過我們村庄有農民，戲謔的在自家附近噴上「三民主義統一世界」啦！）

彰化縣溪州鄉圳寮村，在全島村庄「現代化」的進程中，曾經是七十一年度（一九八二年）獲補助的示範村之一。

小型工程款從省政府下到鄉鎮，再到村庄，「不知道是誰的主意，在道路兩旁挖起柏油密植榕樹，經隔數月，有關人員又覺得不妥……因而又一棵一棵挖起來」，改爲在排水不良、臭味不時溢出、村民曾聯名反映，但未獲理睬與改善的臭水溝上，「每隔丈餘橫跨一塊厚水泥板，每塊水泥板上各放置一個巨型花盆，每個花盆裡各種一株觀賞類植物。」在吳晟《店仔頭》（一九八五年出版）一書中紀錄到，圳寮村如同其他成爲示範村的村庄，於「綠化環境，美化村里」的過程中，「沿路砌上數尺高的水泥圍牆，並在圍牆上方刷上青白紅三色油漆，每色約五寸寬」；青天白日滿地紅的示範村。

然後上級長官（穿西裝或青年裝）蒞臨來考察、評選，在農會、公所、衛生所等人的作陪下，「指指點點行經村中大路……」

這裡，不錯不錯，那裡呢，有待改善，評分的官員左看右看，地方上的頭人則亦步亦趨，緊隨著發放補助款的官員的眼神。

水窪要塡起來，臭水溝要抹上水泥，路旁和庭院的雜草，得一根根拔掉，連房屋附近的鳳梨、香蕉也都殘忍的被砍掉。官方命令，竹林和果樹雜亂的細枝要全部修剪掉，包括超過屋頂高度的部分。豬圈和牛棚也得按照指示，重新蓋好。……每個房間都裝了窗子，再安上豪華的鐵柵欄……

——節錄自楊逵〈模範村〉⑧

「這次」（絕對不是島嶼現代化過程中的第一次），「本村被褒獎爲『模範村』：：」，曾因參與台灣農民組合運動多次被關的楊逵，一九七三年在〈模範村〉這篇小說中寫到，日本政府的警察局長大人，在報紙上，「對這個模範村的飛躍發展」，大大讚賞。雖然模範村裡，「東倒西歪的房屋實在太多，沒有辦法扶正」，雖然模範村裡壓迫的事件頻頻。一個樣板的村庄，從日本時代的模範村，到國民黨政府的模範農家、示範村、富麗農村等，延續到民進黨執政，農委會仍在舉辦票選十大「經典農村」的活動（二〇〇六年）。

選出全台「最美」的十大村庄，號召遊客去參觀、去消費，哪怕那些村庄的「景點」（照片）之外，農地被盜挖、垃圾被傾倒、水源被污染，農業所得低到難以餬口，而繳不起營養午餐費的孩童，又失去村庄小學可以就近就讀。

圳寮村曾是八〇年代的示範村，九〇年代「精神標語」改為「我愛彰化，不說髒話」。（攝影／ arkun）

（來吧！來「經典農村」裡少數幾家庭園咖啡、休閒農場、歐式豪宅的民宿消費。）

鏡頭淘汰掉破房子、臭水溝以及那條「而今不但農藥氾濫，河面更常漂浮著形形色色塑膠袋、塑膠瓶、農藥瓶、家畜屍體等等，上游的工廠又常排放廢水，以致河水污濁不堪」的水圳，當然也不可能照到因工廠倒閉，回到家鄉索性不再出外工作，一酗酒便發酒瘋的農村青年，更閃避掉客廳即工廠擺放的機械，鎮日嘎嘎嘎嘎，伴隨著收音機的台語歌與廣告詞，以及按件計酬的機台邊一大群小孩時而哭鬧時而歡叫的聲浪一波接一波……沒有，這些統統都不在「示範村」裡存在。

示範村圍起青天白日滿地紅的牆面，噴上「三民主義統一中國」，講台語、罵髒話的農人，也在四健會、家政班、以及農會辦理的低利貸款中被「統一」輔導著。

是要「偎」過去，抑或被摒除在外？是要彎腰，快步去接住好處，抑或咒罵著拒絕、放棄？人生歧路，性格取向。

一些不滿貸款過程中，受到農會職員像施捨似的那樣神氣，而索性放棄申請的農民，幹譙道：「眞正是騙肖耶！給一些好處，就如此刁難，等於在侮辱我們……」，但更多農人耐著性子走進去。

而以各款名目，核撥到農會的款項，到底哪些「農民」容易申請得到？是腳底板結了一層又一層厚繭、天濛濛亮就走入田裡、不善交際與應變的大多數農民會員，抑或農家出身、不過大多已離農從商、和農會總幹事關係密切的非農民會員？

裁量權，握在農會總幹事手頭。

農會總幹事依農會法規定，係由會員（每戶農家一名會員）選出代表，再由代表選出理監事，然後九名理事開會決議，遴選某人當總幹事；不過事實的運作往往是，誰想當農會總幹事，就得先安排部署自己的人馬，從代表到理事（包括理事長），競奪「票源」——只要確認五名理事（再加一名候補理事）是「自己人」，就可以安心等著被「遴聘」。

坐上總幹事的寶座後，不止管理全鄉（鎮）的農作收購、運銷、加工、倉儲等，推廣（販賣）各式農業資財，更身兼地方「頭人」的身分，更重要的是，經手農會信用部的存放款業務，像拿到一支金庫的鑰匙。

〈你好，許總幹事〉，一九八一年廖永來在詩中寫到，許總幹事，就像大多數鄉鎮農會的總幹事，「有了樓房，有了轎車／以及兩個標緻的妻妾……知道／如何走法律的漏洞／如何逢迎和敷衍」，雖然也是農家出身，「他們知道你，許有財／火炭師的長孫」，但『鄉親啊——』你再笑三次／有了這三次，鄉親們／只好改口說：『許總幹事』。

變遷的鄉親們的性格，火炭師那一代老農的生活方式、言語、記憶、以及做人的道理，陸續被淘汰而去。

適者生存，得到好處。如同出身台中潭子的小說家呂赫若，在一九四二年發表的〈風水〉一文中寫到的兩款類型，「雖然同是兄弟……周長乾老人不拘小節，爲人很好……弟弟周長坤就不同，始終很謹慎的跨入社會，到處鑽營有沒有什麼好事」（節錄自林志潔譯本），於是分家後的弟弟越來越有錢，甚至聽信地理師所言，爲使本身更富貴而欲提早開挖母親的墳。

開挖當天，一籌莫展、「不忍目睹的老人（周長乾）……一直瞪著前方」，他想起「留有八字鬚、辮髮的祖先」，怨嘆兄弟爲了眼前的私利慾望，竟然什麼都敢犧牲，不禁「又被催出新的淚水，步履沉重的讓孫子們牽著下山」。

而小說家筆下不同性格（命運）的兄弟倆的孫子，歷經五〇年代、六〇年代、七〇年代，也都來到老人家的年紀。他們之中，有些人年少就離開村庄，去都市發展，留下來種田的，眼看許總幹事之類的「農家子弟」，「微脹的肚皮／越升越高」。

眼看「樓房、工廠逐一矗立／骯髒的小孩長大後不回來」（引自劉克襄〈只有風〉）；眼看大半輩子堅守的農地，子女不斷吵著要變賣，轉投資，而稻穀的價格，不僅遠落後於物價的飛漲，稻作更已陸續感染到「不稔症」——空有外殼，長不出實米——像是時代的隱喩。

只注重表面的時代，連政府都開始打廣告的時代。台灣省主席李登輝，除了透過省農林廳推出水果廣告，並在示範村的運作中，促銷他「八萬農業大軍」的政策，「計畫培養八萬戶的核心農家，將其子弟送往農業專科學校，學習最新的農業科技，擘畫台灣未來農業藍圖……」（如李登輝日後在《台灣的主張》一書中所言）。

從全台八十幾萬農戶中，「遴選」出八萬戶左右，名爲「核心農家」。李登輝在一九八三年十二月二十一日赴台大演講時說道，「當核心農家遴選完畢，我們跟著要將其分類，再作個別訓練，以增加其信心。對此問題，我個人擔任兩年的台灣省主席，別的不敢說，至少台灣農民已經知道『李登輝會幫助農民』……」

李登輝會幫助農民？李登輝總是這麼說。

雖然「李的『八萬農業大軍』並沒有眞正成軍，而且台灣仍舊以每年一到兩萬戶的速率流失掉我們的農業人口」，日後（二〇〇二年）小說家張大春在〈傷農〉一文中分析到，「但是，在一個廣大專業人口的社群之中打造一種新階級的操作卻不容忽視——現存農漁會牽絲攀藤的利益結構，本來就是農業人口中一個人爲的階級」。

「打造一種新階級的操作」，其實就是樁腳化。

李登輝經由「台灣省八萬農業建設大軍輔導貸款要點」（一九八四年十月頒行），再一次透過農會系統（同時也是買票系統），從各村各庄的農民中「遴選」出「大軍」；而誰將成為大軍，如同哪個村庄將成為示範村？誰家的子弟將被保送就讀農業專科學校？哪些人貸款借錢比較容易？哪些人在工程發包中獲得層層下放的利益？又有多少農婦會在家政班的活動中分到獎品？一些些微不足道的好處，便足以收買人心。

八萬農業大軍，日後分析起來，也許在一九八四年被蔣經國挑選為副總統人選的、「你等會兒」的李登輝的構思裡，早就有意識或潛意識的，於全島農村暗藏八萬支樁腳的布局。

轉作與麥當勞

一九八三年十二月，行政院以「生產過剩」為由，通過經建會所提「稻米生產及稻田轉作六年計畫」，預計六年內達到全島十四萬七千多公頃水稻田轉作的目標，同時表示，自明年起，凡計畫面積以外生產的稻米，農會一律不收購，也不再提高保價收購的價格。

政策從上游決定了，像是水泥堤壩在水源頭興建。

不要再種稻了！政府鼓勵農民轉作玉米、高粱、水果、花卉、園藝、養殖漁業，甚至只要按期繳納田賦與水租，農地荒著也無所謂，只要不要再種稻了。轉作的政策從中央、縣市政府、鄉鎮公所、各級農會，一路公文（命令），下達到彼時約一百三十萬小農身上。

但，為什麼要轉作？

大多數農民其實搞不清楚，為什麼政府幾年前還表示，正在研究稻作一年三期的可能性（增產、增產、增產，台灣水稻田單位面積產量曾是世界第一），為什麼直到一九八〇年前，還三令五申規定農地不可以休耕，否則就要徵收荒地稅，一九八二年才剛推出第二階段農地改革方案及低利購地貸款，鼓勵農民擴大面積種植（也沒說不要種稻啊），一九八三年更宣傳八萬農業大軍的計畫，要農民積極、奮發、向前衝啊！但馬上又下令轉作，說是稻米「生產過剩」……。

「伊娘咧轉作！」反彈的聲浪尤其出現在被稱爲「米倉」的地區，「叫我們轉作什麼呢？改種其他作物就沒有問題嗎？……什麼生產過剩，美國的蘋果、大豆、玉米等農產品，更是過量，他們的政府爲什麼不叫他們轉作？」（引自吳晟〈轉作〉）當然也有稻農表示，不管政策如何變，不是我們這些赤腳的庄腳人所能理解、所能過問，不如別問爲什麼，哪裡有錢賺就往哪裡去，什麼看起來會賣就改種什麼。

山海屯的水稻田，在政策頒布之前已陸續轉作「換金作物」（如研究者曾健民所指稱），政策頒布之後，更加速稻作文化的瓦解，朝商品經濟的領域闖蕩。島嶼過往「唯米是糧」，「是豐收、是歉收／總要留下存糧活命」的觀念，正在一塊地一塊地的改變。

市場汰換著作物的種類與樣貌。譬如在屏東縣林邊、佳冬沿海地層下陷，海水倒灌的鹹埔地，農人在勞動過程中，毫無前例可循的，摸索出創新的栽培技術，改良蓮霧品種，使其成爲「黑珍珠」，於一九八一年芒果盛產，倒入曾文溪中放水流後，屏東平原隨處可見，曾經的水稻田、芒果園、以及香蕉園等，都改種蓮霧。蓮霧樹從一九八〇年，全島種作面積約兩千八百公頃，一躍到隔年約六千三百公頃，繼而在轉作政策後，更成爲屏東主要的經濟作物。

譬如，在南投縣的中寮鄉（日後馮小非及在地青年廖學堂等人在此從事有機種作），繼山蕉外銷日本沒落後，農人紛紛種回水稻田，又轉作龍眼、竹筍、柑橘類的果樹，據馮小非表示，彼時政府有發放「轉作手冊」，教稻農如何種植柳丁樹，明列一到十二月都要噴灑農藥。再譬如，彰化縣的永靖、田尾、田中等地，花卉苗圃整園、整園的架起竹支架，牽起電線懸掛徹夜閃爍的小燈泡，城裡人入鄉偶見，不乏讚嘆田野中的燈海浪漫，卻不知徹夜的燈泡，是要讓植物分不清日與夜，加快生長期的生長；很累的。又譬如淺根、好種、但不利水土保持的檳榔，在政府宣導大家不要嚼檳榔的廣告中，滿山遍野的、蓬勃冒起，取代曾經的梯田風光。

而我生長的村庄，也在這一波轉作的趨勢中，陸續可見架起石柱或竹筒的荖花園，取代濁水溪畔的水稻田。荖花仔是夾在檳榔中間一起咬嚼的「作料」，隨著檳榔產業——從農家、盤商到通路商——消費人口眾多（尤以工人階級嚼得多），起初荖花仔批發價格「每斤常保持在五、六百元之間，甚至曾高到近千元」，於是村裡開風氣之先，最早將這種新興作物引進種植的農人，很快名列鄉里「新發財仔」之流。

「『新發財仔』是一種逐漸在鄉間流行的小型貨車，在三、二年短時間內致富起家的人，吾鄉並不似一般知識界那樣不懷好意，以暴發戶相對待，而是以不含褒貶的新發財仔稱之。」

「向來……絕大多數鄉親，都是憑靠經年累月，無暝無日的辛勞工作，儉腸耐肚刻苦過日，點點滴滴的積存，才得以緩慢改善一些些生活情況，從未見過或聽過依靠田地的農業所得而成為新發財仔……」（引自吳晟〈敢的拿去吃〉）

「新發財仔」靠檳榔（粒粒是「綠金」），靠蓮霧（「黑珍珠」打響品牌），靠著種植荖花賺錢。

「只要一分地荖花仔的三、二年收入，幾乎比整世人種一、二甲地的稻子獲益還要多。」農人既喟嘆又不無期待。確實八〇年代初，我們村庄有幾個農民，因改種「厚工」、成本高、又耗費人力的荖花仔賺到錢，人生中大概只那麼一次，感受到金錢脫離土地飛的感覺。

追求利潤的源源不絕的動力。

轉作轉作，加以政府又鼓勵（命令）轉作。

又譬如，在楊儒門的家鄉二林，從水稻田間雜著種植一度大量外銷，又不准外銷的蘆筍洋菇；一度走紅又走下坡的軟枝楊桃；「菜土菜金」（意指價格極不穩定）的荷蘭豆、韭菜，以及多年生的柳丁樹等；釀酒用的金香葡萄，也在農民不斷創新的栽培技術中，大大提高了甜度，從搭棚架、綁芽、疏芽、剪枝（「剃光頭」是二林葡萄農特有的技術之一），圍起黑色的擋風布，塗抹藥劑、施肥、噴灑農藥多次，到採收，一畝接一畝的葡萄園，增加著種作面積。尤其在一九七九年公賣局透過農會，和農民簽訂爲期十年的收購契約後，因爲有價格保障，單種釀酒葡萄的農人更多了，透天樓仔厝也陸續從葡萄園旁冒出（一九八二年二林還舉辦葡萄仙子的選拔活動呢）。

轉作轉作，農人的心態轉變爲只要能夠賺錢，在農地上從事什麼經濟行爲皆可，而水稻田數十年來平坦波動的價格，在市地重劃、高樓興起的對照下，更顯低矮，幾乎伏貼至地。

「帝城春欲暮」，西元八世紀的唐朝詩人白居易，在〈買花〉一詩中描述到，暮春時節的京城，人車（指的是馬車）鼎沸，有一位老農入城，偶然來到賣花的所在。他看到牡丹花「灼灼百朵紅」，這花可是「上張幄幕庇／旁織笆籬護」。大概如同，棚架下包覆紙袋的葡萄、覆網的蔬菜、澆灌牛奶的蓮霧、花苞旁撐著小雨傘的高接梨、以及溫室裡備受呵護的蘭花等栽培狀況。

老農探了探牡丹花的售價——伊娘咧！這麼好價——「一叢深色花／十戶中人賦」（一叢豔麗的花，差不多等於十戶中等人家的稅糧）；「民以食爲天」的糧食這麼賤價，裝飾用，擺在大戶人家廳堂，祝賀滿朝文武百官後宮嬪妃的大小慶典，或日後觀光飯店必備的鮮花，卻交易得熱絡。

探知價差的老農回鄉，面對水稻田，想必更加鬱卒。若有可能，他也想轉作吧？而時代來到八〇年代的台灣島嶼，轉作之路上的小農很快會發現，自由的貿易市場，原來恰如白居易在〈買花〉一詩中早提醒，「貴賤無常價」啊！

譬如引進我們村庄種植的荖花，沒幾年價格下滑（俗稱「敗市」），荖花園也像趕流行般得病（俗稱「敗叢」），致使村庄先種的那幾個，因投資荖花賺錢而改建屋舍的農人，又轉回種稻（像是退回最熟悉的角落），而跟著轉作，還沒賺到錢，不過已投資下去的農人，只好認賠。又譬如中寮鄉的柳丁園，像其他山坡地上被餵以化肥、農藥催生的果樹，陸續因土壤流失、地力耗盡，普遍得到黃龍病，只好將多年生的果樹全砍了，轉作曾經轉作過的香蕉，但香蕉的市場也沒三日好光景，又轉作回柑橘類的果樹……諸如此類。

而一度被稱爲「黃金作物」的金香葡萄，果農透過農會和公賣局打交道，契作及契作外的面積逐年增加，有的「果農」（身兼中盤商及民代身分，也被稱爲「葡萄蟲」），自非契作果園收購葡萄，再以契作價格賣給公賣局，享有優先繳果權。同時民意代表施壓於公賣局，迫使公賣局除增加契作面積，契作外列管、甚至未列管的葡萄，也需要收購（三者收購量有所不同）。繼而在一九八六年政府決定開放洋酒（包括葡萄酒）進口後，引發葡萄農的抗爭。

「民國七十六年以後，葡萄農抗爭事件幾乎年年發生……一到採收期，斗苑路運載葡萄的卡車一輛接一輛，車陣綿延不絕；南投酒廠無法在短時間內收購，致繳果期延長，果農擔心繳果時間太長，會造成葡萄果熟或掉落，因而先行採收，再放入冷藏庫冷凍。」[9]彰化版的新聞也常看到諸如：「金香葡萄急採收，冷藏庫爆滿」、「大雨傷葡萄，果農心酸酸」等標題。

到一九九五年，酒廠突然停止收購，更引發民代（身兼中盤商），帶領「千餘果農圍堵省府，爆發衝突」（《中國時報》標題）。然後葡萄園陸續、陸續被砍伐，曾經的「黃金」作物，不到十餘年又變成「黃昏產業」。而整體農家（包括少數「新發財仔」），含兼業的收入（譬如邊種作邊做工、邊製鞋邊造傘，邊接家庭代工，同時仰賴子女出外賺錢回家），平均，每年每戶所得從一九八三年的二十四萬八千（約佔非農戶的七成五），到一九九〇年的三十八萬八千（只達非農戶的六成六）。

農業所得在轉作之路中，則從一九八三年，一整戶農家一整年種田收入約六萬塊，到一九九〇年的七、八萬（意思是，農家夫妻倆種田一個月，收入約六千塊）。

可以說，農業收入並沒有因轉作政策而有什麼「長進」，倒是水稻田的面積，如期、簡直比預期中「成效」好太多的，從一九七六年全島約七十八萬公頃，到一九八六年降至五十三萬公頃，再到一九九〇年約四十五萬公頃；完全比國民黨政府設定的、預計達到全島十四萬公頃水田消失的目標，消失得更多更快。

至於其他作物，譬如花生的種作面積從七〇、八〇年代維持在六萬公頃左右，到一九九〇年剩三萬公頃；蕃薯從一九八六年的兩萬公頃，到一九九〇年已在十大作物的排行榜外；大豆則因爲美國黃豆的進口，幾乎已不再種植；曾經（七〇年代）名列島嶼前十大作物的香茅、樹薯，也迅速不見（日後我到印尼鄉間，才首度吃到島嶼也曾用來食用的樹薯葉）。而檳榔在短短幾年間，攀升至一九九〇年全島種植約六萬公頃（名列第五大作物）。

但到底、到底爲什麼，政府當初要鼓勵（命令）稻田轉作？

回到民國七十三年（一九八四年），「稻米生產及稻田轉作六年計畫」實施的頭一年，我和林淑芬國小六年級，楊儒門差不多要念小學了。

我翻開封底印有「先總統（空一格）蔣公遺訓：做個活活潑潑的好學生；做個堂堂正正的中國人」的日記練習簿（老師規定每天要寫五行），一頁頁笨拙的字跡寫到：「明天有人家新居落成，今晚歌唱個不停。」

「下午同學到我家，說她媽媽離家出走，不要她們了。她媽媽已經出去十六天，都沒消息。」（日後我才知道，小學同學的媽媽是因爲倒會，不得不跑路。）

「從昨天晚上，大雨就淅哩嘩啦下個不停，到今天還是一樣。不過現在下雨過後，蝸牛、蚯蚓比一、二年前還少了。」

「今天老師公布一件消息，是要讓我們寫作文。縣政府推行米食運動，要大家吃米，作文題目都是有關於米。『碌』取（錄字寫錯了）三名還有佳作。」（於民國七十三年，四月二十三日，學期第九週，星期一，天氣晴）

要大家多吃米？爲什麼要大家多吃米？小學六年級的我疑惑著，在日記簿的格子中寫下：「回家後，我實在想不出有什麼理由叫人多吃米，可能是米外ㄒㄧㄠ不出去。」（日後翻日記才發現，鄉下小孩的「國文」程度眞的有點遜；我還是全班第一名呢，米外ㄒㄧㄠ不出去，連「銷」字都不會寫。）

但小孩缺乏資訊，也尚未建立知識體系的直覺，有時候像小蝸牛探索到露珠，日後歷史回頭才赫然發現，原來一滴露珠可能早就說出了氣候。

米外ㄒㄧㄠ不出去。長大後我透過閱讀，摸索到七〇年代初，台灣實施稻米保價收購後，米糧生產穩定，公糧庫日漸增加，外銷量也增加，影響到美國米的利益，於是美國官員（背後是金援官員的企業團體），多次要求台灣當局，減少稻米的外銷量。

討價還價、協商的過程中，國民黨政府眼看台灣米就要被限制外銷（眼看再也推託不了美國政府的要求），只好預先在島嶼鋪設好退路，以「生產過剩」爲由，要求農民轉作，同時擬定「餘糧撥作飼料處理要點」——所謂的「餘糧」就是原先賣得出去，如今賣不出去的米糧——把糙米約三十萬公噸，預先充作飼料，然後（準備妥當？），行政院副院長到美國去，和美國官員達成協議，簽下「中美食米協定」。

一紙當權者與更大的當權者之間的合約，生效於島嶼所有農民（及農家小孩）的身上，依規定，台灣米外銷的數量，必須再減、再減，縮減至五年外銷總數不得超過一三七．五萬公噸（五年後則再續約），且不准再賣到美國去，只能賣給國民平均所得在兩萬多塊（七百九十五美元）以下的國家。

「自由」的貿易啊！

自由的、不准台灣米（連同米食文化）外銷出去，自由的、強迫台灣購買美國的雜糧穀物水果（日後包括購買美國米）；自由的、政府代表所有人民同意了！

同意讓台灣米外銷不出去，同意讓台灣米內銷的市場被攻佔，然後大買賣、大交易確定了（政策從上游決定了），再叫小學生寫寫作文，說是要鼓勵大家多吃米。

米食運動？日後（二〇〇六年），民進黨政府轄下的農糧署，繼續編列預算，輔導農會辦理「深度米食推廣計畫」之類的活動。讓小學生下田收割，體會務農的辛苦，然後照張相，刊在報紙上。

據報載，小學生在收割活動之後，都更能「體會農民種稻的辛勞，肯定『米飯比漢堡更好吃』」（如報紙所載）。而我回頭看見國小六年級，我那一代的同學們，低頭在教室裡寫作文（寫著「我國以農立國」之類），大多還不知道，麥當勞就在那年，沿著中美食米協定及穀物貿易協定鋪設的道路，窗明几淨，看似光鮮亮麗的進駐台北城；和稻田轉作計畫，同步推廣中。

跑路的代誌

金錢流動的速度，隨著交通網路，或說交通網路隨著金錢的速度，越跑越快、越跑越快的超車中，肇事逃逸（欠債跑路）的事，也從城鎮跑進村庄內。

「以前哪裡聽過這樣的事？」農人在廟口、在店仔頭驚訝的聽見，村裡誰誰誰，被街路上平時看起來很氣派的生意人給倒了，不禁感慨到，以前（才沒多久以前啊），借錢縱使沒有借據，「再怎麼苦，吃蕃薯簽配菜脯，也要拼來還，眞沒辦法，甚至賣田賣厝，一仙五厘也不虧欠人」，哪知道「這種倒人的歹風氣，竟然也侵入到我們鄉下……」（引自吳晟〈不見笑時代〉）。

不只倒個人的債，也倒群體的「會仔」。

粟仔會（穀會），是農村長期以來資金融通的方式。早期以稻穀爲會款，之後陸續折換爲現金，折換的標準，在一九七三年政府實施保價收購，公定稻穀價格之前，係以鄉里間普遍認爲公道的某間碾米行的米價爲準。招會的過程，譬如庄頭的阿儉嫂，爲了兒子要娶媳婦，想先整修房子，但手頭的錢不夠，又沒有土地向農會抵押借貸，便請託她認識的左鄰右舍、親戚朋友來入會。

若每季一千斤的穀會，有三十個會腳參加，那麼阿儉嫂就能在第一會，先拿到三萬斤的稻穀錢，再按季（一千斤一千斤的）償還會款，給得標的會腳……，以此類推，由於會頭不需要支付利息，也不需要保人或抵押品，便能依靠人際網絡的撐持，預先借得資金應急，通常每季固定的開標日，要辦桌，作爲酬謝之意，並挨家挨戶通知會腳們，記得稻子收成，要來「吃會仔」喔（小時候我跟過大人去吃會仔，氣氛熱鬧像在辦喜宴）！

緩急相濟，有無相通。

金錢的互助網絡，在傳統以稻作爲母體的農業社會裡，曾經依附人與人之間的信任感而存在。日後（二〇〇六年）我回到村庄，驚喜的聽見兩個小孩（是一對兄弟，名叫謝奇利與謝亨挺）對我說：「咱鄉下本來就是這樣，你摘伊的匏仔，伊摘你的菜瓜。你若沒錢，人借你，你若有錢，要借人，本來就是大家互相鬥相工。」

但時代顯然沒有照小孩希望的方向發展。八〇年代初，隨著農業社會的式微、瓦解，穩定的人際關係也受到衝擊，村裡誰誰誰因爲做生意失敗（像是超車出車禍），或是受到連累（像是連環車的追撞），跑路的代誌，再也不是「以前哪裡聽過」的事，被逼債而索性自殺者，也陸續出現。老一輩的庄腳人，不願冒險，省吃儉用存錢，若逼不得已向人借錢，總掛記著「一分五厘也不願虧欠人」的原則，更像是越來越落伍的牛車，來到競速的高速公路時代。

越跑越快，時代好像越跑越快，村庄農人們仰起頭來，開講著、議論著，譬如到城裡見過世面的春厚叔說，「其實這還不算啥。」啥米？「辛辛苦苦賺的艱苦錢、流汗錢，乎人倒去還不算啥？」「是啊！」識字的春厚叔抽了一口煙，繼續說道：「報紙不是常常刊登，一些有辦法的人，向銀行一借就是幾億幾千萬，而且不必還也沒什麼事……」（引自〈不見笑時代〉）

不只人與人之間倒會、倒債，一九八一年據監察院調查報告顯示，全台銀行呆帳金額達一百七十億。

「億」來「億」去（同閩南語音「溢來溢去」），金錢正在脫離看得見、摸得著的實體，進入全球化的金融體系；貨幣不再只是銅板、金條或台語歌〈男性的復仇〉中那代表有錢人的一皮箱的紙鈔，而是股票市場上波動的數字，跳動的電子光點。田地也不再只是良田、瘦田，適宜或不適宜耕種的田產，而是有沒有可能變更、炒作的地皮。

「號子」（證券交易行）裡，投資者盯著那稍縱即逝，可能讓他們在幾秒鐘內賺進數倍金錢的機會。一塊變十塊，十塊的小戶，寄望變成一百塊，一百塊變一千塊，變成一萬塊，一萬塊一跳就是十萬塊，變成一百萬也不過彈指之間。但西瓜、蕃茄一生中只結一次果，香蕉從種下去到採收約要一年，稻穀再怎麼施肥，必得成長百餘天才能結穗，再怎麼殺蟲、驅趕麻雀，扣掉工錢成本等，一分地約得千元之收入。

眞實勞作三、四個月，得千元之報償。

買空賣空的一秒鐘，可能瞬間致富或破產潛逃。

兩相對照之下，利之所趨，金錢正在流向那比種植或製造任何東西都有利可圖的投資（或說投機）市場，一點一滴，全台大多數人（包括收入普遍較低的農人），將錢存入銀行、信合社、農會信用部，大多還不清楚，金融機構正在轉手，將更多「錢」以看不見的方式，出借給大戶而不用還的，進入市場流通、炒作。

金融犯罪正在「自由化」，稽查、控管的法令卻遠遠落後。一九八五年，台北十信弊案「爆發」（雖然早在一九七四年，金融檢查單位就已發現，十信有不良逾放款的現象），震驚投資人，而不了了之。

金錢流動的網路，繼續，「輕而易舉的從小農戶或小製造商手中溜走，流入投機性投資公司、財經服務機構以及巨富手中」（引自David Boyle《金錢的運作》[10]）；但人們正趕著上路。

槍響與流行歌

股市起跳的路上，犯罪率跟著起跳，而槍聲響起；「我在螢光幕上看見你／……／看見戴手銬的你／……／完全陌生的你／給我的感覺卻那麼熟悉

因爲你是我的海口兄弟
你黝黑的臉龐寫滿家鄉的貧瘠
……
日子過不下去了
忍痛告別你的魚網和牛犁
……
工廠鷹架街頭坑底
你的熱汗追逐著微薄的台幣
沒有背景沒有學歷
你靠的只有一身粗蠻的力氣
……
可是城市處處燈紅酒綠
可是城市那麼多人花天酒地

——節錄自林雙不〈海口兄弟〉

一九八四年三十四歲，出生雲林東勢厝的林雙不，發表〈海口兄弟〉這首詩，訴說農鄉從五〇、六〇年代，被「以農養工」的政策刻意壓低著米價，並課以重稅，催逼出離農的人口，到七〇年代一連串失效的擴大農場規模的農業改革，加以不斷進口美國雜糧穀物水果……，農業所得一路墊底中，農家少年（尤其成長在風頭水尾，自然條件原本就比較貧瘠的海口少年）一出生，就得承受農村的歷史，如同「命運」，是時代加諸給個人的大環境。

種田的老爸，通常沒有什麼資源——頂多一小塊，受限於法令而無法分割的土地——可以給小孩，做田人日復一日、年復一年，天還沒亮就下田勞動，傍晚拖著疲累的身軀回家，也通常沒有什麼人脈，可以為小孩安排做工以外的頭路。

階級晉升的管道，大多只能仰賴考試。過關斬將的聯考（尤以畢業後就有穩定收入的師範學校，最受青睞），以及公務人員特考（一考上就是鐵飯碗），也有不少成績沒那麼好的，去考警察學校。據日後估計，全台超過七十％的男警女警來自彰化、雲林、嘉義、屏東等農業縣境，而「這些地區同樣是黑道的發源地」[11]。

告別漁網和牛犁，告別沒辦法過活的田地，沒有背景、沒有學歷、又耐不住做工必須付出大量的汗水和勞力，同時眼看投機者正在當道，這「城市處處燈紅酒綠」，索性「就賭一次吧／賭一次生與死的最後運氣」（引自〈海口兄弟〉），鋌而走險；越貧窮的村庄，生養出越多的黑道。

山線、海線的黑道大哥，正在金錢的路上拼搏廝殺，看是被淘汰或變成大尾的「縱貫線」，而每個大哥身邊，明的暗的總要養一堆小弟（細漢仔），為其效勞，甚至賣命。

「我的兄弟細漢仔十八歲的那年／帶著滿腔的熱血和阿媽的祝福來到台北／住在城市邊緣靠近發臭的新店溪／他的第一份工作開著烏黑的 Jaguar ／上面坐著有錢的大爺／大爺開了酒店，當選了立法

委員／每天吃吃喝喝的好不風光

世界每天都在改變，有些人不懂發言

你肯定聽過這樣的故事……

——節錄自陳昇一九八九年〈細漢仔〉

這樣的故事，訴說陳昇和他的兄弟「細漢仔」結伴，如同一批又一批離鄉的少年，從彰化縣溪州鄉提起簡單的行李，到台北找機會。陳昇進入娛樂圈奮鬥，細漢仔則一步一步成爲「兇狠的那個馬路小英雄／噴子握在手上忘了自己的存在」，雖然「想起老家心裡有時會難過……」，但「眞理靠在強者那方」，而「稻子一斤賣不了多少錢」。

終於有一天，細漢仔不是特例的、「爲他的老闆爭奪地盤出了人命」；也終於有一天，機率不高的，改唱情歌的陳昇紅了，成爲歌星。

歌聲中，不再有農鄉，而槍響，方興未艾。

《人間》與河流

「這條河」，像所有流經工業化進程的河流一樣，「一條狹窄、污濁、臭氣沖天的河，數不盡的殘敗雜物與垃圾就在濁流中打轉……泥沼中不斷湧起瘴氣氣泡，散發的惡臭，即使身在高出河面四、五十公尺的橋上也難以忍受……。」這是一八四五年，德國社會學家恩格斯在〈英國工人階級的狀況〉一文中所描述到，流經曼徹斯特城的河流樣貌。但若是將恩格斯所說，「橋的上端是製革廠、骨粉肥料廠與煤氣廠……」，換上不同名稱的工廠，那麼這條河，從十九世紀的歐洲污濁、臭氣沖天過亞洲美洲、垃圾飄過美國，繼續流往全球還沒被污染到的農鄉。

「發展」的途中，相似的形容詞，當然也適用於七〇年代之後，太平洋上一塊名叫台灣的島嶼。

據水污染防治所一九八一年抽樣調查顯示，台灣三十五條主要河川中，有十三條已受嚴重污染，隔三年再調查，三十六條主次要河川中，受污染的範圍迅速增加到二十八條。江湖啊！水的流域，而水灌溉著農田。環保的呼聲，不曾停過卻也好似不曾奏效的，於一九八〇年透過彰化縣增額立委黃順興的質詢稿說道：「台灣總共四十萬公頃稻田，其中五萬餘公頃已受嚴重污染而造成莊稼不同程度的減產」⑫，但顯然「控制污染的社會機構的發展比經濟發展慢得多，因此，生態繼續遭受破壞，受害事件層出不窮……當局還在採用美國正力求棄置不用的過時模式」。

層出不窮的，一地一地、一村庄一村庄、一河域一河域的污染，從淡水河、新店溪，循著〈一條河流的生命史〉，在一九八五年由作家陳映真擔任召集人出刊的《人間》雜誌裡，攝影記者阮義忠溯流而上，寫到，「請您和我一道進入基隆河……對於一個像我這樣總是企圖在任何事情中尋找光亮的人，這該是一次最無奈、最沮喪的經驗了。因爲我從來就沒有遇到過像這種不忍卒睹、卻又無法逃避的畫面……」

「誰能想像啊，這一條黑得像墨汁，散發著惡臭的基隆河，原來是台灣北部蛤蜊的主要生產地。」基隆河沿岸市鎮裡的其中一條巷弄內，日後楊儒門住在那裡。「而基隆河，就像一條長著疥癬的毒蛇，蜿蜒的纏繞在鋼筋水泥築成的都市叢林裡。」再往南，〈還我一瓢清淨水〉中，《人間》雜誌的記者林美挪與攝影蔡明德，乘坐「車子緩緩駛進現場，躡手躡腳的，深怕驚擾了剛入睡的水源里居民」。位於新竹市的水源里，是頭前溪南岸的米倉，「從日本時代開始，新竹市吃的米、蔬菜，都是從水源里這兒送去的。」七十六歲的老農蘇火旺對記者說道，水源里家鄉曾經水質清澈，但李長榮化工廠「合法」聳立後，空氣中不時瀰漫著使人一把眼淚、一把鼻涕的魚腥惡臭，地下水也有重重的化學味，工廠出貨、進料的大卡車，轟隆隆的穿梭往返，晾在屋外的衣服，收下來比洗之前還髒，而雨水和工廠煙塵形成酸雨，侵蝕屋頂，連農民赤腳走入田裡，膝蓋以下的皮膚都開始潰爛……。

不堪忍受的農民，屢屢向工廠提出抗議，未獲理睬，告到衛生局（當時還沒有環保局這個單位），檢驗結果總是「合於標準」，直到一九八三年「另一個農夫，鋤地時挖斷一條水管，發現那條水管從李長榮出來，穿過他的田地，直接進入頭前溪。這下子終於抓到李長榮違法的證據了」⑬。資本額上億的李長榮化工廠，廠長被起訴，檢察官諭令以兩萬元交保候傳

阿公阿媽帶孫子，從一九八六年起，在李長榮化工廠前，圍廠一年多。（攝影／蔡明德）

——多麼輕微的警戒，卻是台灣史上防治污染的首例——但工廠雖然被開罰單，被限期改善，仍然照樣生產賺錢，致使水源里居民決定自力救濟。

「那眞是悲壯的一段日子！居民叫來混凝土車，在工廠大門前築一道矮牆……矮牆後搭起棚子，在棚子下埋鍋造飯，居民輪班在棚子下看守，白天是村子裡的老阿嬷，他們在棚子下帶孫子、作手工、聊天。晚上輪到村子裡的年輕人，夜裡就睡在棚子下，這樣的抗爭形式維持了四百五十天，不論晴雨、過年、颱風……要維持這樣的堅持是非常不容易的，政府單位會來強力關切、工廠會到法院控告，主張工廠的自由、權利，會動用關係來分化居民，會用金錢來賄賂居民。」據日後參與其中的鍾淑姬回憶道，「我還記得那些淳樸的阿公、阿嬷被告進法院，嚇得觳觫顫抖，連法官問什麼也聽不懂的慘狀。」爲了空氣、水與田地，水源里居民圍廠一年多，被打、被告、被恐嚇，不拿一毛錢的賠償金，終於迫使李長榮化工廠停工搬遷，但頭前溪流域不止一間污染水源的化工廠。

水的流域，〈水不能喝，雞不下蛋，豬養不大〉，《人間》雜誌的記者潘庭松又帶讀者進入台中縣大里鄉的新仁村，「隨著空氣中急遽加濃起來的惡臭，黃先生看到路上的行人摀著鼻跑回家裡去，街上的店鋪也趕緊陸續提早關門打烊了。他嘆了一口氣，知道附近的三晃農藥工廠又在排放有毒的廢氣，趕緊拉下店門躲到屋裡去。」

三晃農藥工廠不是特例的，據載一九八二年四月將容器廢棄在大里溪邊引火燃燒，六月「該廠突然發生劇烈爆炸，白色濃煙沖天騰起，如原子彈爆炸時產生的蕈狀雲」，八月「外洩大量鹽酸氣體，造成附近農作物枯萎」，一九八三年五月又爆炸，「造成華安社區一帶二百五十四名居民集體中毒、嘔吐」，一九八四年十二月，「健行國小舉行升旗典禮時，師生集體受到農藥廠排放惡氣體的傷害……」。但從一九七二年三晃農藥工廠設廠，到《人間》雜誌記者前往採訪的一九八六年，十幾年來，當地居民陳情不下百次，「這一切循合法途徑向上反映的努力，都毫無結果。」於是居民不得不走出家門，「有幾位是俗稱『十九甲』的仁化村中的老人。他們一邊走，一邊痛苦的指抹著淚水，摀著鼻和嘴逆風走去」，逐漸聚攏在三晃農藥廠的門口叫嚷著：「喂，叫你們負責人出來……」

「『這沒良心的，也不出面解決問題，幹你娘的……』一個瘦小的老人首先撿起路上的小石子丟向三晃，一邊喊著。來自立仁村的婦女也跟著哭喪的說：『可憐可憐我們那些嬰仔、孫子喔！』仁化村的謝秋東說：『不說別的，光我那八分地，誰也不敢赤足走到田裡去啊！』」「『就算把井挖到六十公尺深，我們家的井水聞起來還是跟農藥一樣臭。』住在三晃附近的李添慶接著說：『仁化村的李鏘元家中的水井掘到一百尺深，聞起來也是像農藥一樣！』」一次又一次的抗爭活動，彼時在台中坪林國小任教的廖永來也在其中，因參與反三晃農藥工廠的示威遊行，被縣府記大過兩次。直到一九八六年，三晃農藥工廠才被迫停業搬遷，但大里溪邊不止一間生產劇毒的農藥廠。

一九八六年，彰化海線鹿港成長著一個叛逆少年，名叫陳文彬。高中生陳文彬在年輕老師盧思岳帶領下，參與家鄉反杜邦化學公司設廠的社會運動——台灣難得成功擋掉跨國公司進駐的社運；雖然，杜邦化學公司還是在其他鄉鎮設廠了，且大賣農藥至今，廣發《杜邦農訊》等刊物，宣傳殺蟲殺卵效果百分百的「萬靈」農藥。不過自承生命因那次社運而轉向的陳文彬、盧思岳，日後也都在聲援楊儒門的連署名單中。

江湖啊！彼時杜邦化學公司原本要進駐的彰濱工業區，政府於七〇年代末舉債四十億，將大肚溪口以南，佔地四千多公頃的海岸地，開發成重化工業集中的廠區，然後在一九八四年，負債二十億，承認計畫失敗；「我經過邊陲的大肚溪口／時而屬於海時而屬於陸地的海岸／原先適合鳥，現在適合人群／將來什麼也不能棲息……」

「假如我向南行／水田地帶棲息著一萬隻田鷸／翅膀沾滿著油污／假如往北走／平常的黃槿已消失／稀疏的木麻黃只剩枯枝的影子」。出身台中烏日的詩人劉克襄，一九八四年發表〈大肚溪口〉這首詩。

幾年後（一九八九年），「當彰濱工業區開發計畫淒然幻滅的陰影尚未從我們的記憶中全然褪去，這個一度噩夢中的主角卻已在報端出現它復活的跡象：『彰濱將成科技重鎮』；『彰濱可望成爲第二科學園區』⑭等字眼，直到日後（二〇〇六年），都還是政府（不管國民黨或民進黨）繼續提出的，「美好預言」。

而彼時在《人間》雜誌任職的鍾喬，走入彰濱附近的村落，紀錄到「番仔溝和楊厝溝……是大肚溪的兩條支流，在崙尾村附近的海域淌流入海。沿著這兩道溪流的堤岸一路朝海邊走去，岸邊一路都堆積著發臭的垃圾和雞鴨的屍首。海灘上，還抹著一層厚厚的墨綠色的油漬。崙尾村的討海人，一談起這兩條河流由清澈見底轉變爲污臭熏人的歷史，露出滿臉的悻然」。

「『過去啊，我們下海收蚵。男人趕著牛車，婦人就肩挑竹簍，在濕滑的淺灘上，吃重的滑著腳步，一路涉水回家。走到番仔溝口時，累了就伏下身子喝溪水。現在呢？那溪流烏黑得像臭水溝，看都怕，還能喝嗎？』劉阿同八十歲的老母親，蹲在家簷底下，一邊剝著蚵殼，一邊感慨的說著。」但彰濱海岸不是島嶼唯一受污染的海岸。

在〈綠牡蠣的惡夢海岸——台灣養殖業破產倒數讀秒的緊急報導〉中，一九八六年幫《人間》雜誌撰稿的王家祥寫到，「每年三、四月或八、九月氣候轉換期間，苗栗以南直到屏東東港爲止的淺海養殖區，以及雲林、嘉義、台南……等沿海鹹水魚塭區所養殖的魚貝生物，都因河川上游工廠的廢水污染，而大量暴斃。」

「雲林口湖一帶三百多公頃的草蝦苗和文蛤，一夜之間死亡殆盡；台南七股地區養殖的文蛤悉數開口翻白、肉身腐爛；高雄茄萣沿海的牡蠣變綠暴斃……現年五十四歲的吳江龍，十三年來攜家帶眷從東石、東港到七股，沿著西南到西海岸，不斷的遷徙。每找到一處乾淨的海岸，吳江龍就把家安下來搞養殖，但總是不久，污染的河川和海域逼著他又棄家遷移，另覓新地。他說：『講到水質，全省的河川現在都黑漆漆了！』」

啊！數不盡的污染。再往南，據說曾經有魚、曾經有螃蟹、曾經七〇年代初還勉強可以游泳的二仁溪，「我們在當地居民的帶領下，乘著一條二十五匹馬力的竹筏，從灣裡的南萣橋下，沿著二仁溪往上划行。明明是一個冬日午後，從台南市區出發時，一路上都是清朗的藍天。然而從南萣橋起，整條二仁溪所見，竟是一幅令人不敢相信的悲傷與醜惡的景象。」

令《人間》雜誌的記者沈文英與攝影賴春標，簡直「不敢相信」眼前所見的，「河畔，人民私自燃燒廢電纜電線的猩紅火焰，像地獄的火舌，熊熊燃燒著……龐大而濃密，充滿了異味的煙雲，就在我們頭上翻滾。好幾次，我們都不得不在竹筏上俯身、摀著鼻子，快速衝過低低的壓在水面上的惡臭的煙幕。」

〈啊！當一條河流死去……〉，記者紀錄到二仁溪沿岸製革、染整、食品、電鍍、廢五金、酸洗、鋁土、冥紙、養豬場等排放的濃濃的污水，飽含戴奧辛（一九八二年首度在台南灣裡被發現），「汩汩的注入黑黝黝的二仁溪中」。沿岸居民癌症死亡率倍增，母親生下一個又一個無腦的畸形兒（據一九八二年到一九八四年的追蹤調查，灣裡地區先天性畸形兒的發生比率約二％，也就是說，每一百個小孩便有兩個是畸胎），然而爲了賺錢——錢呀錢呀錢呀——人們不惜犧牲空氣、水、土壤、自己、以及下一代的健康。

一地一地、一村庄一村庄、一河域一河域，不斷進駐農鄉的還有煉油廠、核能發電廠、火力發電廠、一輕（一九六八年）、二輕（一九七五年）、三輕（一九七八年）、四輕（一九八四年），在〈後勁地區反五輕行動現場報導〉中，《人間》雜誌的記者陳啓斌及攝影鍾俊陞，走入高雄後勁，曾經蔬果米糧的盛產地，如今每當「南風吹起，整個村落便鎮日瀰漫在混雜著硫化氫與硫酸的惡臭中。尤其在深夜，除了惡臭加劇外，廢氣燃燒塔所發出的隆隆巨響，也常將居民自睡夢中驚醒」。引後勁溪水澆菜苗，更是「包管在一夜間全部枯死。人的雙腳要是浸在抽上來的地下水裡久一點，還會長瘡呢！」更誇張的是，天空降下油雨，黑漬斑斑的「雨水」落向水稻田、落向菜園果樹、落向魚池蝦池，也落向街道及田間來不及閃避的人們的頭頂。

而地下水，點火會燃，在屋內抽煙，竟然會爆炸，居民罹癌患病的比例，也不斷上升。記者親身看見，「煉油廠的廢水排放管，肆無忌憚的將油亮的廢水排進這條身負灌溉一千六百公頃農田大任的後勁溪！」

江湖啊！水的流域，而水灌溉著農田。

「發展」循著同一套模式，如出身宜蘭、曾任《人間》雜誌編輯顧問、善於說故事的小說家黃春明，於一九八七年發表的〈放生〉一文中所寫，「那開始讓村人看來象徵著他們步入現代化的煙囪，夜以繼日的噴出濃濃黑煙，覆披五六公里方圓。幾年以後，農民才發現農作的嫩芽和幼苗的枯萎，和煙塵有絕對的關係。同時發現身邊的溪流，和飲用的井水都有一股難聞的怪味。村裡的年輕人沒幾個到工廠上班不打緊，污染的問題時間一拖，問題越來越嚴重。過去不曾有過的，說不上病名的皮膚病在村子蔓延，有幾個壯年不該死的時候死了。」

一間間工廠（從合法的大廠到星羅棋布的違章工廠），在政府強力護航下進入村庄，人口外流的村庄裡，老人家們「過去，再怎麼窮困的日子……都盡了養育子女，安養高堂的責任。哪知道輪到他們登上高堂的地位時，子女還有孫子都不在身旁。醒著的時候，不是看電視，就是到廟裡閒聊」（引自黃春明《放生》自序）。

「問他們現在做什麼事？他們會無奈的笑著說：『呷飽閒閒，來廟裡講古下棋，等死。』」老人家調侃自己，而小說家黃春明，透過一對愛鬥嘴的庄腳老夫婦，訴說工廠進駐農鄉之初，農人從原先歡欣鼓舞，以為要發展了，到發現問題，前往抗議，但失敗了，最後由著工廠在生活中存在（有能力的就搬遷離開），只能拯救一隻在田裡中毒的「田車仔」（黃鷺），寄情於小鳥再次展翅……。

啊！數不盡的污染。數不盡的心愛的村庄，土地正在一塊一塊被弄髒，不得不承受四面八方而來的排水管，隱匿或光明正大的排放，黑濁的黃褐的深紅的、七彩斑爛的、漂浮著金屬薄膜與油污的、不停冒出白色泡沫及死屍的、夾帶垃圾廢棄物而散發惡臭的毒水，傾洩入島嶼密布的水系，流經埤圳溝渠，滲透入地下水層，再沿著井水，沿著抽水馬達啪答啪答，沿著幫浦打入地底數丈深（必須比以前更深才抽得到水），沿著自來水管（據統計，一九八一年全島自來水普及率約七十％）送入每戶人家的水龍頭，同時沿著灌排不分的水路（時而缺水的），進入農作物的根莖裡。

農作物在生長，長出糧食，吃入人類的體內。沒有意外的，此後一例多過一例的，一九七九年桃園縣觀音鄉大潭村首度傳出怪病。事發後，《人間》雜誌的記者官鴻志及傅君，進入海口的村庄調查訪問，發現「有不少人家，忍受不住怪病的威脅，已經棄屋遷走了。有些人戶，拋下翻造尚未竣工的屋舍，惶惶搬走」，而留下來、還沒搬、或沒有能力搬遷的村民，爭相對記者說起「那年，大潭村裡先先後後死了十八人。突來的怪病，令村民們忐忑不安，驚慌的流言滿村子飛傳，『那時候，牛喝了溝水，怎麼就拉肚子。水溝中草魚、泥鰍、蚯蚓不見了，連耐命的福壽螺也死光了』、『還有那些喝了溝水暴死的土狗』……」。

大潭村的村民，大多是一九五九年政府決定興建石門水庫時，被迫從阿姆坪遷到此地的泰雅族山胞及閩客家農民，他們回憶道，拓墾初期，苦啊，「有一種地上植物，根莖特別深，必須跪在地上慢慢挖掘，又把人螫得滿手是血。」等到鋤盡海邊的荊棘，改良土質，終於可以播種時，海風又把秧苗吹得滿地滾，「每天下田，就把它抓回來，挖一個坑，再播種回去。」但爲什麼、爲什麼辛辛苦苦闢出來的家園，竟會被俗稱「痛痛病」（患者連說話、打噴嚏都像針刺一樣痛）的怪病襲擊？

村民們「火急的向桃園縣政府陳情，請衛生檢驗局到村裡化驗井水……至此眞相終於大白，造成無名災變的禍因，來自村子口，位於茄冬溪上游的『高銀化工廠』」，經年累月、日積月累的從一九七四年起，足足讓村民們喝了六個年頭的毒水，土地也在被毒化的過程中，長出鎘米。

驗出井水有毒的水污染防治所，函請桃園縣政府對高銀化工廠開罰，罰多少呢？「五千元並裁定

台灣首度被發現，長出鎘米而廢村的所在，大潭村鳥瞰。（攝影／蔡明德）

停工之處分」。不久後，高銀化工廠以設妥「廢水處理措施」——一條改直通海邊的排水管——爲由，繼續營運、繼續生產、繼續賺錢，而被高銀化污染的農地，被勒令停耕。

停耕了，農民要靠什麼過活？有毒的水，還能再喝嗎？政府單位推拖拉的公文往返中，村民寄發無數的陳情書，也多次參加協調會，才於一九八四年（被迫休耕後的第四年），獲得高銀化工廠賠償每公頃農地，每季一萬八千元。然後一九八七年，桃園縣蘆竹地區的中福村，又被驗出鎘米（潛伏的、沒被驗出的毒米早已銷入市場），政府再度勒令農民停耕，也再度讓污染源繼續存在，甚至往往查不出「污染源」的所在。

一九八八年，《人間》雜誌記者李翠瑩來到彰化市周邊，緊鄰各式違章工廠的田地，因爲這裡，「約四、五公頃的農田秧苗被電鍍廢水毒死」了。

「事實上，這也不是第一次了，只是這次反應特別劇烈，連續插秧兩次都枯死。」里長對記者描述到，他看見整片田都是紅的，立刻向市政府反映，但市府會同水利局勘查過後，就沒了下文。田裡的老農也對記者坦承，「實在講，我自己也是歹心，也是羞恥啦，種田一世人，現此時，自己種的米自己不敢吃（仍然賣出去了），心也沒得安……」而造成污染的，農地上群聚的小型加工廠——大企業延伸的最末端、最下游的生產線——進入八〇年代末也陸續抱怨起，小工廠越來越不好做了。倒是一九六四年進駐彰化，將整片水稻田換成工廠廠房，數十年來「合法」排放毒水臭氣的台化公司（老闆王永慶），仍然屹立不搖的擴張著版圖。

循著同一套大欺小、小再欺負更弱小的模式，每爆發農地中毒事件，政府便叫被污染者（如同被打的人）退讓，而讓污染者（如同打人的）繼續坐大。到二〇〇六年，「鎘米田全染紅」之類的標題，更爲頻繁的見報。譬如彰化市周邊，被迫廢耕的田地，從八〇年代末《人間》記者採訪時的兩、三公頃，到二〇〇六年已擴增爲一百八十三公頃，且改由政府（而非工廠）拿全民的稅金，發放補助款給農民。環保署並花費一億七千多萬元，進行土壤整治，但整治過後，才栽種下第一批的稻子，馬上又長出鎘米，只好再度銷毀，再度廢耕。

報紙的地方版寫到，「農民怨，只盼政府趕快發放積欠的補助款」，也提及「環保署官員坦承，污染源若不除，花再多錢（整治）也沒用」。[15]同時縣長走入被污染的田地內，抱起稻梗，接受記者照相，強調「鎘米絕對未流出，民眾不用恐慌」（是嗎？）……。

相連的土地、氣候、作物的根。

照世四方的大自然觀音
祂也有無奈的時候
祂嘆息
那無垣修課禮拜的道場
那嫩綠到金黃的一路風景
哎
逐漸不在

——引自黃春明〈深沉的嘆息——致楊儒門〉

日後（二〇〇六年），黃春明寫了一首詩給楊儒門，嘆到那「幾千年來的農業社會，廣大的人民，從農業生產的環境，累積了多少工作和生活經驗，提升了多少的生產知識和技術，更可貴的結晶了多麼豐富的智慧，這些智慧不只是指導農業的生產而已，也指導我們做爲一個人，如何與天地相處，如何對待人事與物」，但爲何台灣在短短數十年的經濟「發展」中，好似「把農業看成綑綁進步的繭，恨不得更早一點就把農業拋掉？」（引自黃春明〈寂寞的豐收〉）。

爲何任由污染，毀壞作物的根；任由「照世四方的大自然觀音」，哎，一路嘆息至今……。

時代沿途掃蕩著

時代沿途掃蕩著，是誰被誰掃蕩掉？是哪種觀念、語言、腔調、哪種特質連同記憶，被另一種給征服？我們身在其中，像小蝸牛在山海屯的村庄，不清楚「時代」正在發生什麼？只是有時候，我記得尤其是夏日午後，剛吃過午飯，農人大多在睡午覺，整個村庄也像在休息中，而蟬鳴此起彼落的拉長尾音，我獨自坐在巷口的龍眼樹下。龍眼樹細碎的黃花，隨風掉落。孩童的我，呆望著眼前一小條彎繞而過的村庄路，柏油路面熱燙得好似泛起水光，卻讓我莫名其妙的感覺到蕭索與眷戀，似乎有什麼──到底是什麼？──正從我身旁（四面八方）靜悄悄的、大規模的逝去……。

日後，我回頭，像在尋找一路失落的，記起我們各自（共同）走過，村庄內陸續有人家，夷掉平房矮厝三合院，蓋起水泥樓仔厝，新居落成時，辦桌請人客，有康樂隊來鬥熱鬧。但我的阿媽初始禁止我們家小孩，到隔壁頂樓玩，深怕那現代化的高度，太過危險。我們也各自（共同）目送，送葬的隊伍從眼前經過，我記起沿路人家要點亮客廳的燈，目送者最好口含一片樹葉，大多是雀榕圓厚的小葉片。一個世代的老農正在陸續離去，誰家子孫流行起搞大場面，請來孝女白琴站到電子琴花車上，喇叭音量開到極致的假哭、哀嚎。

繁榮啊！我的小學作文簿裡寫到，「社會能夠安寧，商業一定繁榮，我們越繁榮，共匪就越擔心。」（老師評語：「文章佳」）

但什麼是「匪諜」？什麼是「漢奸」？什麼是「敵人」或「人民」？什麼又是「繁榮」？身在作文課幾乎全島統一的形容詞之外，我們各自（共同）走過，是啦！都說台灣錢淹腳目，台灣人一年可以吃掉一條高速公路的「繁榮期」，尤其一年一度的廟會，村庄家家戶戶都在辦桌，邀請親戚朋友來吃拜拜。夜晚十點過後的廟口，歌舞團女郎會在燈光閃爍的舞台上跳起脫衣舞，我記得她們掀動身上披覆的、亮緞軟滑的紅布，扭著，露出白皙的身體，以及一現，馬上又蓋住的私處。

台下的人潮萬頭鑽動，走來走去，買東西，吃東西，玩遊戲。烤玉米、打香腸、燒酒螺、醃漬芭樂、射飛鏢、彈珠檯、撈金魚……等等，各式各樣的流動攤販，跟隨著「戲路」（哪裡做戲，就往哪裡去擺攤），生意絡繹不絕；那算是「繁榮」吧？

或者在政府全面查禁聲中，下到村庄廟口、柑仔店擺放的電動玩具，開始很多小孩在玩，算是繁榮？抑或越來越多人離農，算是繁榮？

「安居樂業的繁榮」裡，我們不清楚，和農作攸關的轉作政策，不了解住家外面的圍牆，為何漆起青天白日滿地紅，也不知道山海屯的村庄，於一九八二年創下單位面積農藥噴灑量最高的世界紀錄（每公頃農地，平均每年用掉三・一公斤的農藥）。世界第一、第一毒的農地中，我們成長著，日後林淑芬才想起，當時孩童的她，像大多數農家小孩一樣，根本不知道危險，也沒有口罩可戴的，幫忙阿爸「牽繩仔」，仰起頭來，替一棵又一棵的荔枝樹洗農藥。

而楊儒門長大後「有一種水果絕對不吃，榴槤，因為味道和達馬松農藥一樣」。至於我，記得有次家裡誤食了剛噴農藥的蔬菜，緊張的坐車到雲林莿桐就醫；是間沒有掛牌的私人診所，聽說專治農藥中毒。日後我才讀到，農人喝農藥自殺的比例，而想起那間滿是病患及家屬的診所。

時代沿途，掃蕩掉克勤克儉、會拉弦仔、會編掃帚、會講古、一身農作技術而被認爲「失敗」的農人，掃掉三合院，掃掉大灶及灶腳的文化，掃掉煮吃的習慣及道地的菜色……，繁榮啊，繁榮正在掃蕩著。

國小五年級的我，將卡帶放入收音機內，對照歌詞，聽羅大佑唱起，「聽說他們挖走了家鄉的紅磚／砌上了水泥牆／家鄉的人們都得到他們想要的／卻又失去他們擁有的……」（引自〈鹿港小鎮〉）。林淑芬在鞋子工廠裡，不知道整個地球，每九個人穿的鞋子中，就有一雙來自農鄉（主要是彰化）製造。孩童楊儒門在〈楚留香〉的歌聲中，思索著，咦，江湖在哪裡？

江湖在哪裡？

圳寮村一年一度的廟會。

湖海洗我胸襟
河山飄我影蹤
……
未記風波中英雄勇
就讓浮名輕抛劍外
千山我獨行，不必相送

——引自《楚留香》主題曲

歌聲中，我們各自（共同）走過一九八三年，黨外中央後援會推出共同參選人，其中二十八歲的楊祖珺，也「在政見會上，抗議的歌聲，大聲大聲地唱出來……」⑯。日後（二〇〇四年），楊祖珺在楊儒門二林老家的三合院院埕，抱著吉他，再次唱起彼時讓聽眾「紅著眼眶、流淚……手持一朵玫瑰不願散去」的改編歌曲〈心肝兒〉。

「我心肝兒／著趕緊返來／思思念念爲你在祈禱／這疼痛你敢知」；同一首抗議歌曲，曾經獻唱給被關的美麗島受刑人，二十幾年後，當美麗島受刑人及其辯護律師群大多已掌權之際，換成唱給鐵窗內的楊儒門聽。往返的歌聲，日後我們也才聽到，「爲什麼這麼多的人／離開碧綠的田園／走在最高的鷹架／爲什麼這麼多的人／湧進昏暗的礦坑／呼吸著汗水和污氣……」；是胡德夫，伴隨著淚水與轟然巨響的歌聲，從一九八四年傳來。

那年，我和林淑芬國小畢業，楊儒門準備就讀萬興國小了，還吸吮著大拇指呢，而時代，年年傷亡的，進入礦坑入口處仍張貼著「增產報國」、「效忠總統」等標語的地底隧道。終於——歷史不會忘記前來索討更大的代價——在土城（日後楊儒門被關的所在），爆發海山煤礦的災變，死了七十四位礦工（讓七十四個家庭頓失依靠），然後災難立刻又來，缺乏安全措施，大地母親不堪承受挖掘的身軀內，隔一個月又爆發瑞芳煤礦災變，從地底隧道拖出一百零三位礦工血肉模糊的身軀（又一百零三個家庭陷入長久的陰霾），這樣的故事，竟還沒有完結，同年十二月底，海山煤礦再次爆炸，炸掉了九十二個礦工……。

時代掃蕩掉曾經種作打獵，唱起傳統歌謠如山如海，卻被迫進入暗黑地底討生活的山胞們，掃蕩掉山上的部落、部落的田園，只為了繁榮啊！「急速的繁榮啊／所有的傳播工具／都這麼自信的誇耀、興奮的頌揚／然而，繁榮就是一切嗎／繁榮的背後，隱藏著多大的災害／不必探究嗎」（引自吳晟〈制止他們〉）。

不必探究時代前進中，傷痛也被一路拖行嗎？繁榮啊，到底是用什麼代價換來的？

所有在這土地上的人們有義務聽
我們來自地底的控訴：
……
就說近年吧
他們來到我們的土地
剝奪我們祖先賜給我們的名字

……
丟給我們三民主義
卻使我們成了牛馬
賜給我們道德與倫理
卻姦淫我們的少女
……
孩子們
這是我們最後的時間
要用來確定
他們的專橫霸道
用來肯定
自己的存在

——節錄自莫那能〈來自地底的控訴〉

日後，替人按摩爲生，拄拐杖前往台北地方法院聲援楊儒門的排灣族盲詩人莫那能，在黑暗中摸索著，用點字稿寫下〈來自地底的控訴〉。來自地底的控訴血淚斑斑，那些血、那些淚，流入地下水、泉水、溪水、溝圳埤渠、海洋中，又蒸發進雲層，落成雨，落成霜雪，以及垂掛在稻浪葉梢的露珠，閃閃發光。

閃閃發光中的露珠，凝結又滑落，我們各自（共同）走過一九八五年，勞基法施行，《人間》雜誌創刊（直到一九八九年停刊），國民黨政府又代表島嶼所有人民，代表風、代表雨、代表土地作物（沒有徵詢過誰同意的），同意對美方降低煙酒等一百九十二項進口商品的關稅（致使二林葡萄農起來抗議）。而農民健康保險開始試辦（試辦一年後又試辦一年，再試辦一年後，表示要再試辦兩年，直到被迫正式開辦）。國民生產毛額、外匯存底、股市交易量持續攀升，殺人搶劫、勒索販毒、放高利貸、經營地下錢莊、開賭場、詐欺、惡性倒閉、買賣雛妓、盜挖砂石等犯罪率，也隨著槍響持續攀升。而農作物持續減產，眾歌星在羅大佑邀集下，齊唱起〈明天會更好〉，被國民黨拿來作爲競選歌曲。

明天，會更好？

酸雨繼續下（錢繼續賺），農藥繼續噴（錢繼續賺），乾旱與水災輪替著（而錢繼續分配不均的大賺）。雨後稻埕，消失著蝸牛與蚯蚓，地底消失著蟋蟀，田溝消失著青蛙，天空消失著蜻蜓、蝴蝶、鳥類，夜晚消失著螢火蟲……全球物種以每天超過一百種的速度在滅絕，包括各式各樣，土生土長的台灣原生種。

明天會更好？時代沿途掃蕩著，孩童的我們淋著酸雨，呼吸農藥噴灑量世界第一的空氣，吃進有毒的食物，不知道發展的「怪手」（挖土機）與抽砂船，已盜採到濁水溪流域。

河床上密布的坑洞，形成漩渦，螺旋狀（如蝸殼般）的漩渦，漩呀漩的，沿河吞沒那些，只不過想像他們阿公或阿爸小時候那樣，夏日相約到河裡玩水的鄉下小孩；被吞沒的，包括我的童年玩伴，有幾個男生沒有機會長大，就像蝸牛被「命運」的大手抓住，然後丟掉。

大地是有錢人家的肚腸
他們在放學回家的路上

日後我常常想起，一九八六年詩人劉克襄在〈野草茫茫的家鄉〉中寫到的詩句。劉克襄的家鄉，大肚溪流域，也是黑道盜採盜挖砂石的領域。但彼時身在其中的我們，還沒有摸清「大地」——這「有錢人家的肚腸」——曲曲折折、彎繞又打結的地形。上學放學，我的腳踏車沿著平原水圳，往返溪陽國中與住家三合院之間。林淑芬的腳踏車咻的，騎下山到芬園國中就讀，又奮力踩踏起上坡的路段；一趟約半小時的路程。楊儒門呢？走出萬興國小的校門口，牽著他的小鐵馬，迎著海風，要到哪裡去？

我們——江湖中人死去、誕生——共同走過一個新的政黨，民主進步黨在戒嚴體制下不合法的成立，然後蔣經國宣布解嚴，高壓統治正往歷史的後方遁去，社會集體高唱起〈愛拼才會贏〉（陳百潭作詞作曲，演唱者是一九七七年在秀場糾眾殺人，被關七年出獄後的葉啓田）——「三分天注定，七分靠打拼，愛拼才會贏」——拼落去！拼落去！憨憨種田根本賺不夠吃。

農鄉裡，簽賭大家樂的風潮更「瘋」了，尤其中低階層的各行各業，「透早起床來逼籤詩，中午是電子計算機，半埔包壇來問童乩，半暝夢呀夢牌支」（引自蔡振南作詞作曲的〈什麼樂〉），一二三四五六七……，每禮拜兩次，下注的資金正在讓組頭體系迅速致富，中小企業積累的金錢，也正在流向大戶手中，而過往積累的矛盾、社會問題，在解嚴後爭相爆出。

湧向台北街頭的抗議聲浪，一波接一波，譬如「返鄉省親運動」主張解除黑名單，讓兩岸被迫分離四十幾年的親人，可以探親，讓海外的台灣人可以回鄉；婦女及人權團體發起「彩虹專案」，到華西街抗議人口販子，買賣原住民雛妓；反核運動惦記起「故鄉海邊／儲存核爆的巨球代替燈塔／……／荒廢的瓊麻山／像被曬焦的父親的肩膀／支撐著輸電線／延伸到島嶼其他地方」（引自李敏勇〈故鄉〉）；新成立的民進黨，策動國會全面改選的遊行，而美麗島受刑人，陸續出獄……。

聽說你出獄
窗外仍然有風有雨
苦悶的心情未曾稍加或稍減
許多人都預言這個轉變時期的種種
但我不曾激動
我只體會到懦弱的人底淚水
流得特別久
特別苦

——引自初安民〈聽說你出獄〉

日後（二〇〇六年），出生韓國，年少來台後，走過台灣大部分小鄉小鎮的初安民，以《印刻文學生活誌》總編輯的身分，前往台北看守所探視楊儒門，表示願意為他出書。他和楊儒門在看守所裡聊到WTO部長級會議在香港召開時，韓國農民在街頭的表現、以及政經局勢等。作為出版者的初安民，出版左右統獨作家的作品；做為詩人的初安民，在詩句中「靜靜記取／彷若考驗記憶力／一一烙印在年代與年代／人與人間／回顧無岸／前瞻無涯……風雨盡落雙肩」（引自初安民〈風雨書〉）。

風雨盡落雙肩的江湖裡，有人出獄，有人入獄，有人正要拔劍，有人已經退隱。武林盟主的寶座，蔣經國去世後，由李登輝坐上去。詩人見證著，「想告訴你／這個世界變得比以前更多更複雜了」（引自〈聽說你出獄〉）！但孩童楊儒門一心一意，只想去實現「一個心中盤算許久的計畫」……。

五二〇農民事件

他牽出他的小鐵馬，「經過萬興溪上的萬興橋後，橫過馬路，左轉往舊趙甲的小路。」江湖啊！沿著「一條寬約四米左右的小河」，歷史在前行。「河堤的兩岸，蔓草叢生，水泥的石頭護岸，經過歲月的摧殘，河水的侵蝕，顯得破落不堪，大半都坍陷到河裡去了。」

孩童楊儒門站在河堤上，面向農村已被宣判來到「黃昏」，一輪「紅澄澄的落日，掛在天空與地面的交界處，顯得又大又圓又有一股說不出的靜謐」。

他神色堅定，不知道都城台北正走過各式各樣的示威遊行，也不知道他出生那年，全線通車的南北高速公路上，「野雞車」（尚未合法化的民營客運）正日夜往返。往返的野雞車，車窗內有幾個常客的身影。彼時到美國念書多年，剛回到台灣的蔡建仁，投身農民運動，到各地開會、討論。彼時十八歲的鍾秀梅，因為喜歡閱讀舊俄時期描寫革命的小說，且深受影響與感動，索性休學，走出輔大校園，走入社會的脈動。

江湖中的「馬車」（從日本時代社運分子搭乘的火車，換成野雞車），載著江湖中人，行走江湖。新竹請找黃邦政，苗栗請找陳中和，台中請找胡壽鐘，南投請找林長富，彰化請找游國相，雲林請找林國華，嘉義請找陳錦松，高雄請找盧俊木，屏東請找李登陸，台東請找詹朝立（筆名詹澈），「敬請各地農友……以電話或本人親自前往……向各地領隊報名參加。」然後一九八八年初春三月，農民權益促進會發出第一份傳單，寫到，「憤怒吧！全台灣的農民！爲著土地爲後代，咱著勇敢站出來」：

> 親愛的農友：
>
> 四十年來的台灣農業史，正是一部廣大農民在政治上被壓迫、經濟上被剝削、意識上被迷亂的歷史。
>
> 從福佬庄頭到客家村落，從台灣頭到台灣尾，從山頂到海邊，我們，台灣的農民，共同體驗了一次又一次的打擊。先是在「農業扶植工業」政策中，純農勞動所得在糧價普遍被壓低的情況下，再也無法維持農家的生存，於是乎，我們的子女遠離祖先遺留下來世代賴以維生的土地，一群群的流入都市或工廠充當勞工；我們每一次的耕耘，每一次的收成，所得到的卻是一次比一次嚴重的虧空，我們的生活，也越來越不像人。直到今天，當政府高唱的「工業回饋農業」口號還絲毫未見落實之時，美國，這個帝國主義的侵略者，爲了她自己國內農產品的出路，想要藉由「中美貿易談判」來壓迫我國，甚至想要在十年內迫使政府完全撤銷對國內農產品的保護措施！一旦我國政府在這個談判中低頭、讓步，那麼，今年，便將成爲台灣農村和台灣農業走向全面毀滅、全面破敗的一年了！
>
> ——引自〈台灣農民三一六行動宣言〉

由蔡建仁、黃志翔、陳秀賢等人執筆的「英雄帖」（傳單），廣邀各地農友向「驛站」的領隊報名，勇敢走出村庄、走出農鄉，走到權力的核心，武林盟主辦公的所在地，表達農村長久壓抑的幹譙與不滿。於是傳單被抱上野雞車，野雞車行駛過高速公路，社運人士、農民代表、黨外雜誌的編輯寫手等，在各交流道的停靠站，打開車門。「風吹過頭髮般的枝葉，發出颼颼聲，替此行增添了不少肅殺的氣息。」孩童楊儒門的小鐵馬，沿著河堤路面，騎過「整排由木麻黃所構成的防風林，一棵棵巍峨挺立，傲視著歲月與風雨。」

據日後參與聲援楊儒門行動的鍾秀梅與蔡建仁共同回憶到，那時候往往半夜坐上野雞車，清晨醒來，會一時忘記要在哪裡下車。全台奔波串聯，決定了三一六農民遊行，北上示威抗議。河堤上，孩童楊儒門觀察地形，丈量距離，黃昏的落日拉長他國小四年級的身影。他跨坐上小鐵馬，「深深吸了一口氣，告訴自己，『沒問題的。』」他準備試驗自己的能耐，放手一搏，實踐「盲劍客」的夢想，「聽音辨位，第六感般，直覺的預測到危險的靠近。」而在都城台北，五千多個來自全台各地的農民及聲援團體，集合在建國南路及信義路口的高架橋下，出發了。

抗議的布條、標語及人偶道具，遊行過美國在台協會、國貿局及國民黨中央黨部等，綠色小組、第三映象工作室等社運人士也肩扛攝影機，尾隨著紀錄。然後遊行結束，剛代理總統的農經博士李登輝，沒有就農業困境提出任何的解決方案，僅以違反集會遊行法將總指揮林豐喜（日後當選民進黨立委）及苗栗縣領隊陳文輝（日後經營華陶窯，種植台灣原生種樹木），移送法辦。於是以農權會爲主的農運人士，決定四月二十六日再度北上；這一次，「鐵牛仔」要直接開到台北街頭，開到總統府前。

江湖中的傳單再次散發，內容寫到：「據統計，民國七十五年台灣農戶人口計四百二十九萬人，約佔全台灣總人口數二三％，即每五個人當中至少有一個是來自農家的人……」然而，在中央總預算的社會安全項目中，「國軍退休，撫卹及保險」佔四七．九三％，「農民保險試辦及虧損補助」，佔多少比例呢？答案只有〇．七一％。

佔島嶼總人口數二三％的農家，社會福利預算，不到中央總預算的一％。而農業所得，已降至農家總收入的二三．二三％（還會再降）。

土地，親愛的土地
如果您是農民的母親
請告訴我們
如何？
我們才能與您相依爲命？
才不必去外地打工？

請告訴我們
是誰？
把我們弄成這款地步？
土地，請站起來告訴我們
只有我們農民落魄到這款地步嗎？

還是全世界的農民都這樣？
土地，請站起來和樓房比比高低
請站起來說話呀

——引自詹澈〈土地，請站起來說話〉

出生彰化縣溪州鄉、童年時因八七水災舉家遷往台東的詹澈，八〇年代寫下這首〈土地，請站起來說話〉。同時，〈台灣農民四二六行動宣言〉中吶喊到，「老農不死，也絕不凋零！」而孩童楊儒門的小鐵馬，面向夕陽，騎動了起來，他「放開緊握生命方向的雙手，挺直腰桿，張開雙手迎著風，雙腿猛力踩著踏板」。小鐵馬加速了！插著農權會旗幟的鐵牛仔、耕耘機、拼裝車等也加足馬力，直奔總統府前圍起的滾地蛇籠。農耕機的引擎，衝向武林盟主（總統李登輝）家門前的封鎖線，農民貸款買的鐵牛仔與公權力的鐵絲網纏絆在一起，對峙衝突直到入夜後才散去。孩童楊儒門在河堤上，「閉上雙眼，用心去感受周遭的事物。風在耳畔不斷呼喊……」他的小鐵馬越騎越快，他以為自己或許眞的可以達到「盲劍客」的境界，「在一片黑暗中，用果敢、行動與不屈不撓的精神，抵禦著雙眼的缺陷，不向人生低頭。」而歷史之河，帶點灰沉的暗青色濁水，在圳溝裡流動。

四月過後，五月立夏，小滿戴斗笠，雲林農權會決定在李登輝就職日（五月二十日），再次北上街頭表達七大訴求：一、提前全面辦理農保。二、免除肥料加值稅。三、有計畫收購稻穀。四、廢除農會總幹事遴選制。五、改善水利會。六、農地自由使用。七、成立農業部。至於孩童楊儒門，「緊閉的雙眼透著一股黑暗的白光，指引著行進的方向。」小鐵馬在河堤上「盡情的奔馳，斑鳩咕、咕的嗚叫」。宣傳車的麥克風則在台北街頭大聲喊話，戴斗笠的農民隊伍來到立法院前，炙熱的氣溫，烘烤人聲鼎沸的街頭，親像意欲沸騰的河流，而鎮暴警察穿著厚重的制服，盾牌如河堤堆疊。人潮遇上圍堵，推擠、流竄，叫罵聲連同隨手撿起的空罐與石頭，如憤怒的雨滴打向鎮暴警察，公權力的水柱也立即強力回噴。

孩童楊儒門緊閉雙眼騎動的小鐵馬，仍在歷史的河堤上奔馳，他「右手重重拉了一個弓，大『喝』一聲。」

霹靂小組衝出來抓人了！警方用盾牌、棍棒，水柱強制驅散，毆打群眾，群眾也撿磚塊、石頭回擊，但雙方——全套武裝的國家體制與憤怒的人民——「實力」懸殊，一波波的衝突、交涉過後，總指揮林國華父女及副總指揮蕭裕珍等人被抓入囚車，載離街頭，而風挾帶著訊息混亂著，持續到入夜，「隨即而來的是一股不好的預感閃過腦海，ㄟ，應該『有事』要發生了吧！」楊儒門心底想著，不過「靈魂大聲吶喊，『怕什麼，我呸！』」

就在此時，河堤上的小鐵馬顛簸了一下。台北市警察局長下令「殺——」（之後他解釋他說的是：「上——」），鎮暴警察的腳如鐵蹄進攻，踩過第一線靜坐的學生們，展開大規模的逮捕。如浪的風中，孩童楊儒門感覺到「有種撞牆的阻力橫在路中，整個人騰空飛了起來！」

「莫非，是我好奇的精神、我的付諸行動，感動了天，讓我『飄』了起來？」莫非，眞的練成了「盲劍客」的功夫？

「隨即帕的一聲，整個人重重摔進右手邊的河裡，頭下腳上的斜插入水，濺起大片水花。」

歷史之河濺起一大片水花，水花中有血腥之味。

一九八八年，五二〇農民事件，警方在血流幾乎成河的街頭，共逮捕了一百二十多名抗議的群眾。隔日，法院以違反集會遊行法等罪名，起訴林國華等九十二個人。主流媒體在事發後，一面倒的指稱農民是「暴民」（不再淳樸、可愛、逆來順受了？），台北多位活躍至今的女作家（譬如八〇年代為國民黨作文宣的張曉風等），一致為文譴責農民，甚至懷疑農民團體預謀暴力，在菜籃底暗藏石頭，從雲林二崙運到台北準備攻擊員警，致使中研院學者許木柱、黃美英等人，組成教授團，調查過後發表《五二〇事件調查報告書》，駁斥預藏石頭之說，根本是不實的指控。清華大學人社院的教授們也發起〈我們對五二〇事件的呼籲〉，促使三百多位教授，當時罕見的連署支持社會運動。

日後（二〇〇五年），「學界聲援楊儒門聯盟」串聯百餘位教授的連署，訴求「正視台灣社會在轉型過程中，已被邊緣化的團體或族群之人權」、「搶救台灣農業，正視 WTO 隱含不公平的條件」，同時認為「楊儒門所用的爆裂物不是炸彈。他的抗議手法固然具有戲劇性與專業性，也或有可議之處，但基本上仍是公民表達公共議題的行為，屬於政治自由容許的範圍」。曾參與五二〇事件調查報告的清華大學歷史系教授傅大為、參與過五二〇農運連署的中文系教授楊儒賓等，也在名為「從五二〇農運到白米客——看台灣農村經濟、土地和人文」的座談會中，再次發聲，聲援被主流媒體稱為「暴力分子」、「偏激」、甚至「恐怖分子」的楊儒門。

歷史之河不斷流過。但農運染血的水花濺起後，從民進黨中央黨部製作的聲援傳單中，可以發現歷史之河分歧的水閘門；像是開端，也隱含結束。流過五二〇，不再抗議「美國農產品大肆傾銷、農業政策搖擺不定、中間剝削嚴重、農村人口外流、產銷失調、農民收入不敷成本、農會功能癱瘓……等等」（如〈四二六農民宣言〉中所提），轉而將矛頭全部簡化指向，「揪出『五二〇』的元兇——大陸人統治集團」。

農民的困境，變成「台灣人」的困境，而農業的結構性問題，導向、歸罪於統治權「全都掌握在少數大陸人手中，台灣人佔人口百分之八十五，卻佔統治階層不到百分之十」（如民進黨的傳單所言）；彷彿台灣人出頭天的日子來臨，身爲台灣人一分子的農民也會出頭。

> 這樣的政治反對運動選擇了一條輕便的、訴諸身分認同、歷史記憶、與情感神經的路徑，有其特定成就，也必然有其特定代價。

日後（二〇〇三年），《台灣社會研究季刊》在〈邁向公共化、超克後威權〉一文中如此分析到。日後，歷史也將證明，「台灣人」掌權後，當時所提的農業問題，都繼續存在，甚至更加嚴重，而台灣農民運動在五二〇之後，反而沉寂了，取而代之的是村庄農人（普遍是兼業農），在每次選舉中，爲政黨輪替的目標費心奔走，被政治議題（如國會全面改選、總統民選等），牽動追求民主化的素樸意念，反而沒有注意到，歷史之河流過島嶼追求政治民主化的過程中，同時流過汞鎘等重金屬污染農田逾十萬公頃（一九八八年的紀錄）；流過農地平均每年以五千多公頃的速度在縮減中；流過行政院主計處（一九八九年）指出，台灣貧富差距持續擴大，貧窮的農家孕育角頭兄弟（一九八九年蔡振南作詞作曲，蔡秋鳳演唱的〈金包銀〉，以特有的鼻音，哼唱著「別人的性命是框金又包銀／阮的性命不值錢／別人若開嘴是金言玉語／阮若是多講話馬上就出代誌」；據說，彰化縣線西鄉下出生長大的十大槍擊要犯之一、「黑牛」黃鴻寓逃亡時最喜歡聽的就是這首歌），而爆發十信金融弊案、不正常金錢來往的蔡家，蔡萬霖成爲全球首富排行榜中的第六名。

歷史之河流過一九八九年，我和林淑芬已就讀彰化女中，我在唱片行裡買到黑名單工作室的《抓狂歌》專輯，興奮不已，到學校後，趕緊分享給林淑芬和另一個同學楊迺芳聽；流過五二〇之後，農保終於正式實施，農民健康保險條例終於通過；流經參與農權總會運作的鄭南榕，因在雜誌上刊登〈台灣共和國憲法草案〉，被以「涉嫌叛亂」起訴，繼而行使抵抗權，爭取言論自由，自焚死亡。我從報紙上讀到，媒體指稱鄭南榕其實有精神方面的疾病，才會如此「偏激」，氣憤得流下眼淚；歷史之河不斷流過，那些縱身躍入或不小心掉入河裡而濺起水花的人。漣漪再漣漪，鄭南榕出殯那天，送葬的遊行隊伍走到總統府前，長期參與民主運動的義工詹益樺，竟也當眾引火自焚，張開手臂，撲倒在蛇籠鐵絲網上。八〇年代的最後一年，日後，參與聲援楊儒門行動，提議學生們演出《楊儒門歷史報告劇》的世新社發所所長黃德北，彼時以《自立晚報》記者的身分，前往中國大陸訪問，因與六四民運人士王丹等人會面，被中共逮捕，押解出境。至於就讀萬興國小的楊儒門，連同他的小鐵馬，連同他成為盲劍客的夢想，在歷史的河堤上彷彿飛起，又掉落，濺起一大片水花。

他「嗆到，猛然跳了起來，咳咳呸呸呸，雙手抹了抹臉，張開眼，環顧四周。」

「ㄟ，我還在萬興，還在要去舊趙甲的路上，沒有墜入時空隧道、穿越歷史、回到群雄爭起的年代……。」

「呵，『憨人』！」楊儒門自嘲的笑了笑。

「帶著一身的泥濘，滿布細細血痕挫傷的手腳，撞到石頭腫起一大包的頭」，在天色將暗之際，爬上河堤，然後「推著前輪變形的腳踏車，一拐一拐踏著疼痛的步伐，向家裡的方向走回去」。

踩過農民運動的傳單，揚起預言般的警句，寫到：「即使農民真正犧牲了，台灣人民也切不可忘記：在帝國主義的擴張邏輯下，這只是台灣全面殖民化的第一步。」[17] 一步一步，日後識與不識的人們，以及人們一出生就延續爭鬥的歷史，在這艘或可比擬為楚留香出場時乘坐的、約三萬六千平方公里、山海屯構成的島狀船隻裡，將航向全球化的浪潮，波濤洶湧中，相連的土地、氣候、作物的根。

註

①參閱林玉体〈「本國語言」的過去與現在〉，二〇〇二年十月二十九日。
②石田浩〈農業生產結構的變化與工業化〉，收錄於《台灣的工業化：國際加工基地的形成》。
③黃亦筠〈用生命力，打造台灣第一〉，收錄於《天下》雜誌，二〇〇六年六月八日。
④《高雄縣總體部門發展計畫》，高雄縣政府出版。
⑤吳晟〈敢的拿去吃〉，收錄於《店仔頭》。一九八五年，洪範出版。
⑥《彰化縣綜合發展計畫》，一九九三年，彰化縣政府出版。
⑦同上。
⑧葉笛、清水賢一郎根據蕭荻譯文校譯版本。
⑨張素玢〈農林漁牧〉，收錄於《二林鎮志》，二〇〇〇年，彰化縣二林鎮公所印行。
⑩David Boyle《金錢的運作》，李陽譯，二〇〇四年十二月，三聯書店有限公司。
⑪陳國霖《黑金》，二〇〇四年，商周出版。
⑫彰化縣立委黃順興質詢內容，出自陳玉璽《台灣的依附型發展》。一九九五年，人間出版社
⑬鍾淑姬，收錄於《文化研究月報——三角公園》，二〇〇二年六月十五日。
⑭王麗美〈坑陷的噩夢六十億資金——彰濱工業區開發失敗史〉，收錄於《人間》雜誌，一九八九年四月一日。
⑮林幸妃〈灌排不分離　整治錢白花〉，《中國時報》，二〇〇六年七月四日。
⑯文喜〈綠黨，黨外黨，玫瑰黨——楊祖珺選戰是黨外運動多樣化的先聲〉。
⑰三一六傳單〈憤怒吧！全台灣的農民〉。

春雨落在休耕的城外

休耕，是在替工業奪水。

——引自徐蘭香①

整個九〇年代，我很少時間待在農鄉，像大多數入城求學、謀職的農家子弟一樣，家鄉被擱在心底，既不遠，也不常回去；既熟悉，又已然隔閡著陌生。而且，一擱可能就是永遠？

移動

一九九〇年三月，春雨落下，山海屯的村庄，從夜與黎明的交接處甦醒，我也張開眼，刷牙洗臉，換穿制服，往書包內塞入課本週記、以及準備帶到學校與同學分享討論的「課外書」，上學囉。沿著莿仔埤圳旁的水圳路，到溪州街上等車。

等車的所在，像是約定俗成，沒有公車站牌。我和同鄉的高中職學生們，眺望著，曾經，尚未民營化的台汽客運，會從路的那頭到來，然後約一個小時後，抵達彰化市區的女子中學。曾經全台只此一條，升學的管道，是農家寄望子女階級晉升的主要出路，考試、考試、考試，只要教科書背得好，其他什麼都可以不管，什麼都可以不懂。

我背書包衝入，有教官看守的校門口，八點一過，就算遲到。我常遲到，常和同樣遲到的林淑芬，在午休時間被罰勞動服務。革命情誼，或許從共同違規開始？縱使逾越的只是校規。上課下課，三五個高中女生組了個讀書會，分享一些課本裡不肯教的事，並且策動全班同學，拒塡老師在課堂上發放的，入黨（中國國民黨）申請書，而被教官特別「關注」。

日後，台灣的教育體制，隨著威權時代走向民主政體，也從單一的聯考制度中鬆綁，朝向多元入學方案，不過就像民主化伴隨著金權化，教育開放的同時，也被企業化、商品化了！村庄小學沿著農家收入普遍比較低、資源比較少、文化強淩弱、貧富差距拉大的背景中，到九〇年代末，屢屢因爲學生人數太少，教育資源不夠，遭到廢校、裁併的命運。我八〇年代末就讀的農鄉中學，升學競爭力也越來越弱。

但彼時高中生的我，擔心的不是這個，氣憤的方向也還在摸索。坐在教室窗內，國文課，沒有讀過什麼賴和、呂赫若；歷史課，課本裡沒有二二八、沒有白色恐怖、沒有二林蔗農事件；地理課，不知道彰化縣有哪些鄉鎮？鄉鎮裡有哪些村庄？村庄裡的田地上，成長了哪些作物？作物在驚蟄春分，春雨落下時，款擺出哪些各異其趣的生長特色？

春雨落下時，我低頭，在教室內默背三民主義的考題，偶一抬頭，憂慮起遠方都城，「中正廟」裡靜坐的學生淋了雨，會不會受寒？會不會熱情消退？

三月野百合學運，台北城內近四十年不用改選的老國代（被稱爲「萬年國代」），正上演一齣，最後一搏的戲碼，遲不肯退休，除月薪十萬——差不多是彼時農家一人一整年的收入②——更追加出席費至二十二萬。「同胞們，我們怎能再容忍七百個皇帝的壓榨！」的布條於是拉開，數千名學生與群眾相聚在歷史的廣場上抗議，爲期六天，然後解散。我眺望著城，政府在那裡，反對分子也在那裡的城內，李登輝靠著六百四十一張國代選票，當選了中華民國第八屆總統。

然後五月，李登輝提名國防部長郝柏村擔任行政院長——日後李登輝在紀錄片中回頭解釋，說那是他「一貫」對抗外省勢力的謀略與手段[3]——跨校際學運組織「全學聯」，以及民進黨、社運界、文化界人士都當眞的形成反對的聲浪；反軍人干政。我繼續眺望著城，直到七月盛夏，鳳凰花開，終於來到三、兩天定前途的大學聯考。

放榜後，我和林淑芬從農鄉坐車北上，背景音樂響起林強的〈向前走〉，家在台中的林強，頂著妹妹頭造型唱到：

火車漸漸在起行，再會我的故鄉和親戚……

南「下」北「上」，日常生活的用語，透露出地域的階級屬性；鄉是「下」，是比城低一等、矮一截的所在。

阮要來去台北打拼，聽人講啥物好康的攏在那……

十八歲的我們沒有想過，此去，可能就此依賴住台北城，整個世代被都會化的過程。

OH 再會吧（林強抬手）

OH 啥物攏不驚（林強甩頭）

OHOHOH 向前走……（林強至今定居在台北城）

奔馳的省道、縣道、鄉道、隧道、產業道路、村庄路，我一九九〇年入城，在台北火車站裡慌忙的找不到火車，才發現鐵路已在城裡地下化，而地面冒出更多高架橋、聯外道路、快速道路（一九九二年行政院通過興建十二條東西向快速道路），至於空中的航線，解嚴後才開放沒幾年，島嶼的座標尚未從島嶼中人的腦海裡浮現，連台灣，都還在被「發現」中（一九九一年《天下》雜誌舉辦「發現台灣」攝影展），說自己是「台灣人」，仍是種對當權充滿挑釁意味的言詞。

BBcall、手機、咖啡、電腦、信用卡、連同星座話題等，都還沒進入日常生活（那時候認識的男孩子也不知道是什麼「座」的），報紙還沒區分出所謂的地方版，各款地下的音波、訊息、Call in像在空中打游擊，而三台一律採取統治階層的角度，午晚各半小時播報新聞，直到一九九〇年才取消電視台不得播出過量「方言」（閩南語）——更遑論客語、原住民語——的限制。

在城之外的農鄉、縣境，甚少被黨國的媒體、台北觀點提及，若偶一現身（登上「全國版」），也大多不是什麼好事。倒是某些農家，會在邊吃飯邊收看的電視新聞中瞥見，咦，那不是誰家或自家出外念大學的小孩，怎麼在街頭衝突的幾秒鐘畫面裡，被稱爲「暴民」？或者，耶，那不是誰家或自家當警察的小孩，怎麼在台北街頭全副武裝拿著盾牌？

然後當晚或隔天，位於大學校園附近合租的公寓內，學運分子們通常就會接到來自老家、農鄉的殷殷告誡，務農的父母在電話那頭再三叨念：「唔通和人去參政治，知否？」

是在那樣的時代氛圍裡，我和林淑芬，青春入城。生活作息很快不再依循農村的節奏，夜晚活動到很晚，隔天往往中午才起床，睜大眼，走入學運社團的視野裡，摸索出生命中的許多首度。

首度上街頭示威遊行，首度見識到搖滾樂的現場演出，首度深夜到MTV看片（一九九二年立法院通過著作權法修正案，我們愛去的那家MTV被迫休業），首度認識「馬克斯」、「異化」、「女性主義」、「同性戀」等，不止新的字眼，更是新的社會觀與生活方式——「啊！一旦與愛及自由結為朋友／氣候就變得冷熱異常／道路就變得漫長崎嶇」（引自羅葉〈自由之愛〉）——首度參與跨校際的開會、討論、鬥爭、協商，「多少年來／每個地方都有結社的故事／……／這種事最常在年輕時發生／不管達成理想或者失敗／總會為了細瑣的事起爭執」（引自劉克襄〈結社的故事〉），但「曾經，我們什麼都不怕／愛情刻在椅背／隨意變換著座位」（引自吳音寧〈缺席的同學會〉）。

當然也首度，而後養成慣性的，到某幾家特定的店面或路邊攤喝酒聊天，遇見來去的朋友，拍照的、畫畫的、當記者的、教書的、唱歌的、搞藝術的、搞社運的，日後落魄、發跡、隱遁或自殺去了的那些，人際關係疏離又繁密的台北城。

我在城裡遇見一位雲林來的朋友，約莫和我同歲數，對我說起成長在農鄉的苦悶。他說他十幾歲時，曾用毛筆在房間牆壁寫上大大的「忍」字（還有「漂泊」、「浪子」等台語歌詞常見的語彙），告訴自己，忍，再忍一陣子，就可以到台北去了。他一心想要離鄉，因為，「以前我還以為只有在台北有同性戀！」（我還以為我是雲林鄉下唯一的男同性戀者；生錯地方了。）他用台灣國語說著，我們都笑了，大笑中卻竄過一陣悵然若失的哀傷。

家鄉啊！

已是回不去的土地，偏偏城裡的邏輯，對任何一位鄉下來的，學歷不高的男子，也不曾善待。朋友再怎麼變裝，仍難掩土味、台味及「下港腔」，不是都城日後慢慢接受的中產階級男同性戀者，只能就此漂泊，恰如他年少的預言，失根浪子般偎靠著城（偎靠著城裡幾間 **Gay Bar** 及日後被改名為二二八紀念公園的新公園），賺的錢，通常只夠在中南部移民者居多的台北縣租屋；在城邊緣。

而一座城，被更大的另一座城連結、統御，全球化的過程。

台北城

台北城，是島嶼資本額最大的公司登記、繳稅（逃稅漏稅）的所在地，競逐高度的商業大樓，出入各樓層的上班族、以及一走出冷氣房就坐入冷氣車內的老闆經理人。台北城是島嶼最高行政中心、總統府及五院部門的所在地，各在其位、各有各等權力（也許都覺得不夠）的官員民代們，公文往返、私下熱線、鬥爭協商，受制於國際（主要是美國）及對岸中國局勢的下達層層命令。台北城是國立大學、研究院、學術單位主要的所在地，學者們發表論文，提出各項發明或發現；是各大連鎖書店、特色書店、中央圖書館、出版社、雜誌社等集中的所在地，文化活動一年四季；是國家劇院、音樂廳、演藝廳、地下Pub、唱片公司、電影公司、傳播公司、公關公司等群聚的所在地。走在台北的精華地段，巧遇「名人」（而「名」通常伴隨著「利」）的機率，恰如走在海口二林，碰到基層員警與黑道兄弟的比例。

台北城是醫學中心、教學醫院、大型綜合醫院最多的所在地，據一九八六年到二〇〇二年的病歷資料彙整，發現「台灣南北的肝癌防制成效有明顯落差……相較於北部，C肝盛行的雲嘉南地區，病人多、醫師少，治療配額經常不夠用……」[④]，做出研究的醫生於是呼籲，「肝炎防制不應再『從台北看天下』」。但提出呼籲的記者會，在哪裡召開？沒錯，在電視台（從一九九〇年的三台，到二〇〇五年一百四十八台）密布的台北城內，而全島，包括以海洋為腹地的所謂的「離島」，收看台北（中心）製播的電視（日後是網路），閱讀台北（中心）編輯的新聞，聆聽從台北發片宣傳的音樂，不管是國語流行歌、台語流行歌、地下音樂或稱為獨立的音樂。

一座被仰望的城。

日後我才明白，既是政商權力的中心，原來也是異議分子賴以存活，發聲的所在；是主流文化製造行銷的中心，也是另類文化相濡以沫的據點。推翻與被推翻，像跳著恰恰，比劃著招式，在同一座鏡頭聚焦的舞台上下。

但彼時十八歲的我入城，走入大樓林立中，沒去想，那麼多的樓，建築用的砂石哪裡挖來？那麼多的商品，製造的工廠在哪裡？徹夜的燈光，電力從何而來？消費過後的垃圾，又運往哪裡燒、哪裡埋？沒有，我還沒有問。我僅只是好奇而熱切的，走入城市生活的豢養裡，被養出食衣住行育樂，包括腔調、思維模式、人際互動等習性；雖然，也像所有離鄉的農家子弟，身上留有一道道城鄉磨合過後，甘願或不甘願的刻痕。

街頭

一九九一年五月，我記得某天，我正捧著裝有肥皂毛巾等盥洗用具的塑膠臉盆（紅色的），準備到浴室洗澡，室友林淑芬走進來告訴我，昨夜檢調進入清華大學的男生宿舍，逮捕廖偉呈等人，理由是廖等參加過「獨台會」，研讀史明寫的《台灣人四百年史》。

「真的假的？」記憶中我楞了一下，隨即無比詫異的喊道，「都什麼時代了，國民黨還這樣亂抓人？」

然後「反白色恐怖及政治迫害」的遊行，將孟克畫作《吶喊》中摀臉驚叫、表情駭懼的人頭造型，印在白色T恤上；幾乎，街頭每訴求一次議題，就出現一款新的運動T恤。而之前，數千名學生夜宿台北火車站，要求廢除懲治叛亂條例等，我在其中記住了，幾個屬於我的情節、畫面、手勢。

很快秋涼，換穿胸前印有和平鴿站在槍管上的長袖T恤，一〇〇行動聯盟「反閱兵，廢惡法」，我們被強力水柱噴得站不穩腳，被軍警持棍棒追打，被抓上囚車載離抗議現場；環保聯盟接連發起反核遊行；民進黨要求「總統直選」，街頭靜坐六天五夜（一九九二年）；原住民「反侵佔，爭生存」（一九九三年），推倒立法院的鐵門；爭取女性身體自主權，呼喊「我要性高潮，不要性騷擾」的夏日遊行中，我和林淑芬穿著同款的無袖T恤，被誤以爲是「一對」（同性伴侶）；工人立法行動委員會發起「工人鬥陣，車拼相挺」，此後年年爲勞工權益上街頭（至今）；一九九五年「反金權反高爾夫」，我和林淑芬仍在台北街頭，反對高爾夫球場破壞水土保持，據統計，彼時島嶼百餘座高爾夫球場，其中四十家非法竊佔國土，六十九家違法超挖山坡地，而佔地面積達全島運動場地九十%的高爾夫球場，只爲了提供給不到五%的打球人口使用[5]。

我們在遊行隊伍中，反對農經博士李登輝，揮動金權的高爾夫，完全沒料到，幾年後（二〇〇〇年），台灣意外的，比想像中來得快的首度政黨輪替，敗選的國民黨將怒氣歸罪於黨主席李登輝，譴責李登輝助選不力（或有二心？），甚至有外省老兵當眾對李登輝丟擲紅墨水，於是一邊貶抑，另一邊拉抬、護衛的模式，激化著，致使李登輝被迫下台後，竟然順勢——因爲「統派」的打壓，一翻而成爲「台派」力拱的祖師爺、神主牌？

國族認同糾葛的島嶼，歷史因詮釋者的立場而反覆修改說詞，但傷害倒是結結實實，凡做過必在土地上留下痕跡……。

缺水，然後休耕

李登輝主政的國民黨政府，一九九〇年通過八兆五千七百六十九億的六年國家建設計畫，預計進行七百七十五項工程。譬如，在楊儒門出生那年動工、曾負債六十億停工的彰濱工業區又復工了，沿海農漁牧養殖業陸續傳出污染，世紀之毒戴奧辛在空氣中、在土壤底、在水的流域中積累，吃入魚蝦蚵仔的體內，吃入夜鷺小白鷺等野鳥體內（日後檢測，野鳥體內戴奧辛污染值高得嚇人），吃入雞鴨鵝豬牛羊等體內，二〇〇五年不是特例的，爆發大規模的毒鴨蛋事件。「鴨農藉酒澆愁苦笑說：『有養也是死，沒養也是死，沒人敢買，只好自己吃。』」[6]有毒的循環。又譬如高雄林園工業區，一九八九年爆發流血衝突，中國石油公司直接給付給村子裡，每個人八萬塊的賠償金；但「污染者付費」並不代表「污染者負責」，一地一地，「污染—抗爭—賠償」的模式正在上演。

發放賠償金（或回饋金）進駐農鄉的，還包括毒水滲入地下水層的垃圾掩埋場，排放黑煙的焚化爐，以及一座座日夜吞吐火焰的火力發電廠，在台北城外的林口、在苗栗縣的通霄海邊、在大肚溪北岸、在紅樹林生長的高雄鹽田村、乃至澎湖的尖山村……，用電量最少的農漁村，矗立起最多的高壓電塔、變電所，蛛網般的高壓電線，輸送電力到城內，到工業區內（一刻都不准停的），到二〇〇四年，小小島嶼「已」密布四大核能發電廠，十一大火力發電廠，以及眾多位於河川上游的水力發電廠，但台電仍表示，爲因應「國內高科技產業電力需求大增……」[7]，必須再編列新台幣兩千億元，擴大發包，興建進口燃煤的發電廠，在哪裡？當然不會在台北城內，而是在彰化的線西、崙尾，在雲林的台西、西湖、口湖等地，曾經的農鄉。

曾經的農鄉，農地節節敗退，變更地目給高耗能、高耗水、高污染的工業廠房進駐。又譬如王

田裡的電塔。（攝影／ alhorn）

永慶的台塑六輕，原本打算到宜蘭設廠，於一九八七年遭宜蘭縣長陳定南阻擋後，到一九九〇年據載有陣子王永慶的弟弟王永在，天天陪李登輝打高爾夫⑧，不過在「陳定南出言頂撞，總統拂袖而去」（《聯合報》標題）後，轉而進駐雲林，曾經金黃色的小麥田，名符其實存在的麥寮鄉。

李登輝把一千九百五十多公頃的國有土地（約等於麥寮鄉的三分之一），以每坪九十六元的價格，出售給王永慶，然後一九九三年，在海島台灣又創紀錄的、出現「枯水年」，水資源局將各大水庫列爲「救旱階段」，並表示明年度一期稻作將被迫更大面積的停灌之際，台塑六輕動工了；在抗議聲中動工了。同年動工的，還有一項名爲「集集共同引水工程」的計畫。

一在山、一在海，一公共、一私有的兩大工程。

集集共同引水工程，總工程預計花費三百億元（其後並追加預算），從南投山區的濁水溪上游，築起軸長約三百五十公尺的水泥大壩，名爲集集攔河堰，然後往下游徵收約七十二公頃的私有地，用掉將近五百公頃的河川地及公有林地，鋪設長達約八十九公里，曲曲折折的水泥渠道，直達雲林海口。

做什麼用？

「增加新水源」（可是沒有）、「減緩地層下陷」（也沒有）、「穩定農業灌溉水源」（騙肖仔）、「節省渠道維修費」（怎麼可能？預算只有越編越多）、「增進防洪功能、減少生命財產損失」、「改善農業生產環境，促進地方產業升級發展」等（都只是空話），在經濟部水資源局所列的、長長一串、日後（二〇〇一年）主體工程完工後回頭檢視，幾乎全部沒有達成的「功能」中，倒是有一項如期實現了，那就是「提供雲林離島工業區用水」。

所謂的雲林離島工業區，講明白，就是王永慶的台塑六輕。

講明白，就是政府花費人民數百億的稅金，從河床（大多透過黑道設立的砂石場）抽挖砂石，去上游築起大壩，然後攔截水源，一路，沿著凹槽型的水泥渠道，只爲了更集中、更快速的送水去給王永慶的六輕使用。

奉國家建設之名。

集集攔河堰不過是六年國建、七百七十五項工程中的其中一項，而六年國建還沒建完，行政院就再通過新的名目，編列新的預算，發包新的工程；至於被建設過後的濁水溪流域，如同其他河流的命運，「龐大的水泥工程，把溪流與人民的生活空間隔開……砂石業就在攔河堰周邊河床上興旺起來。水泥堤防不但阻絕了爬蟲、兩棲生物上下產卵繁殖的生機，而且無法防範倒灌的洪流……」

「除了北岸的排沙道偶而放水排沙之外，平常時候幾乎沒有『餘水』可以分潤下游，整個濁水溪下游的河床就像一片焦渴的礫石地……」⑨

水啊水啊給我們水啊
吾鄉的廣大農田
隨處張開龜裂的嘴巴
向圳溝呼喊

水啊水啊給我們水啊
吾鄉的大小圳溝
一一袒現枯竭的河床
向水庫呼喊

——引自吳晟〈水啊水啊〉

但是……

幾百年的家業祖傳
最後全輸給經濟發展
水源分配的優先順位
他的雨鞋、他的斗笠是否明瞭？

——引自羅葉〈春雨落在休耕的心上〉

一九九二年，二十七歲的詩人羅葉，發表〈春雨落在休耕的心上〉這首詩，寫到春雨落下了，「庄腳性格的雨水不懂規矩／亂七八糟淋濕全村的驚喜／吵醒雨鞋和斗笠，吵醒／稻埕旁冬眠的耕耘機」；是立春了！雖然去年的收入總像前年一樣，賣不到好價錢，好歹又來到播種的季節，雨鞋不想待在滿布灰塵的牆角，斗笠張望著，耕耘機生鏽的筋骨更是頻頻催促，發動吧！發動吧！但農人走出屋外，望天望地，卻猶豫了。

因爲水庫密布的島嶼又缺水了，政府不只延續之前，每遇缺水就採取農田分區「輪灌」的措施，更進一步實施「停灌」的政策。由經濟部帶頭違反水利法的規定——照規定，水權優先使用的順位，依序是家用及公共用水，再來是農業用水、水力用水，最後才是工業用水——透過農田水利會，調度第二順位的農業用水去給最後順位的工業使用，致使一地一地的農田，被迫停灌，無水可耕。

經濟部面對農民層出不窮的抱怨、抗議之聲，除了「官員在報紙上，官員在／黨國經營的報紙上鄭重宣導／水源分配以工業優先」（引自〈春雨落在休耕的心上〉），也在各個停灌區，發放些微的補償金；只要領取補償金，農人就被規定，不准再下田耕種，否則「一經查獲／原有的補助款立即取消」。

可是春雨落下了呀，不等氣象報告，也不管規定——雨還沒有被分配，還沒有成爲「水資源」——像是給予萬物活命的機會，農人猶豫著，是種或者不種，是休耕或者春耕？

春雨搔癢似的，落在工作權被收走（買走）的農人心上。田地在等待，幾千年的農作文化與勞動價值也在等待，農人是否延續？在羅葉的詩裡，農人終究不忍與田地分離的，穿上雨鞋，戴上斗笠，走入天地間孕育作物，但現實裡，越來越多農具被堆放入倉庫，甚至丟棄。

休耕的田地，一地多過一地。

母親，你終於可以和你的田地
閒閒過日；不必再操煩稻作
有無缺水、有無欠肥、有無疾病蟲害
不必再趕時趕陣犁田、插秧、除草……

母親，你從年少依託田地
整整一甲子而有餘
度過戰亂、度過匱乏，也經歷了
工商文明快速變遷的再三衝擊……

但國民黨政府來台，短短不到一代人的時間，就要滅農了。

母親，你實在難以理解
你一粒一粒都這樣惜寶的米糧
只要仰賴國際強權的傾銷
並要求自己的田地休耕，任其荒廢

——引自吳晟〈你不必再操煩〉

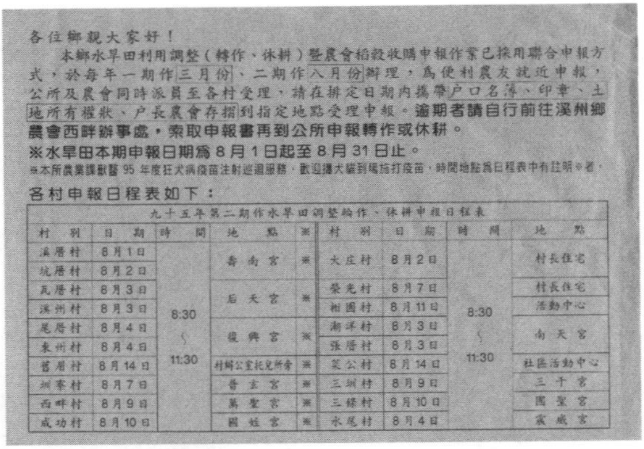
各位鄉親大家好！

本鄉水旱田利用調整（轉作、休耕）暨農會稻穀收購申報作業已採用聯合申報方式，於每年一期作三月份、二期作八月份辦理，為便利農友就近申報，公所及農會同時派員至各村受理，請在排定日期內攜帶戶口名簿、印章、土地所有權狀、戶長農會存摺到指定地點受理申報。**逾期者請自行前往溪州鄉農會西畔辦事處，索取申報書再到公所申報轉作或休耕。**

※水旱田本期申報日期為8月1日起至8月31日止。

※本所農業課獸醫95年度狂犬病疫苗注射巡迴服務，歡迎攜犬貓到場施打疫苗，時間地點為日程表中有註明※者。

各村申報日程表如下：

九十五年第二期作水旱田調整輪作、休耕申報日程表

村別	日期	時間	地點	※	村別	日期	時間	地點
溪厝村	8月1日	8:30～11:30	壽南宮	※	大庄村	8月2日	8:30～11:30	村長住宅
坑厝村	8月2日							
瓦厝村	8月3日		后天宮	※	榮光村	8月7日		村長住宅
溪州村	8月3日				柑園村	8月11日		活動中心
尾厝村	8月4日		復興宮	※	潮洋村	8月3日		南天宮
東州村	8月4日				張厝村	8月3日		
舊眉村	8月14日		村辦公室托兒所旁	※	菜公村	8月14日		社區活動中心
圳寮村	8月7日		普玄宮	※	三圳村	8月9日		三千宮
西畔村	8月9日		萬聖宮	※	三條村	8月10日		國聖宮
成功村	8月10日		國姓宮	※	水尾村	8月4日		震威宮

2006年休耕申報通知單。

一九九四年，吳晟操煩的發表這首〈你不必再操煩〉，訴說農人面對休耕政策的無奈與擔憂，那年據統計，全島休耕農地約六萬餘公頃，隔年（一九九五年）行政院將統籌全島灌溉系統的農田水利會，納歸為水利署管轄；至於水利署歸誰管？是的，到九〇年代幾乎不再有「河流」——水泥渠道也可以算是「河」嗎——而「土石流」動不動就暴動的水的流域（江湖啊），統統都歸經濟部管轄。

獨尊經濟（企業）發展的經濟部，逐年調度遞減中的農業用水，去「支援」需求量越來越大的工業用水，到一九九七年，經濟部更以「水旱田利用調整計畫」之名，會同權力位階較低的農委會，全島發放「休耕補助」。

不要再種作了！政府鼓勵農民休耕，雖然據研究指出，每公頃水田，每日可吸收約三千兩百輛汽車行駛一公里所排放的二氧化碳量；雖然據報告發現，水田對於調節氣候的功能顯著，夏天時，每公頃水田約具有兩千六百台冷氣機的冷房效果，冬天時釋放的熱流量又相當於五千台的電暖爐；雖然水田還可以調蓄洪水、補助地下水、減緩地層下陷（據估計，三十八萬公頃的水稻田約等於六座翡翠水庫的有效蓄水量）；雖然水田是蜉蝣生物、水生植物、田螺、青蛙及各式水鳥的棲居地；雖然水田孕育人類活下去必需的糧食……，但在二氧化碳量排放過多，造成氣候暖化、水土保持不良、水庫淤積優氧化、地下水位又伴隨著地層下陷的海島台灣，政府仍然政策性的鼓勵全島休

耕。

休耕吧！不要再跟工業「搶」水了。

休耕吧！還有「補助」可以申請呢。

制度性的金錢發放，鼓勵種作老是賺不了什麼錢的農民休耕。休耕的田地，一季休過一季，形成廢耕的狀態。廢耕的田地，孕育草與蟲，造成隔壁仍然種作的農人，面臨蟲害加倍的困擾，也使農友、「田鄰」爭執反目。同時，廢耕牽連上下游的農作文化與產業技術都跟著廢了，跟著廢的田地，陸續成爲盜採陸砂的溫床，被盜採過後的坑洞，又「剛好」回填，從城市及工業區運出的垃圾及廢棄物。「這等於是政府花錢補助二十％休耕田，卻變相懲罰其他八十％耕作農田」[10]，農人憤慨而怨嘆的說道。

而滿是垃圾的田地——還稱得上是「田」嗎？——土壤結構被破壞，長不出農作物，廢水污水毒水更悄無聲息的，以人類聽不到，但動植物都哀嚎的速度，滲透入地下水層，進入水的循環中。

水啊水啊！

政府把最珍貴的水資源，雙手捧給財團廉價使用，卻讓大地失去水的涵養保護，讓農業脫水而死……這是否是另一個有計畫消滅農村的陰謀？

——引自徐蘭香〈健康，來自於土地〉

一九九二年，挺身出來反對農藥廠，繼而從事有機釀造及環保運動的徐蘭香，在座談會及文章中反覆說道，「請正視農民的工作權以及農業水權」，因爲水是萬物生命的泉源，不該成爲少數有錢人，優先享用（甚至獨享）的水資源。但發展的政策，從上游攔截水源，爲了供給永不滿足的工業運作賺錢，不惜讓下游交織密布的灌溉水路缺水了、崩壞了，也不再修復。循著同一套調度模式，到二〇〇四年，經濟部再度會同（聽話的）農委會，提高休耕補助的價碼。農人若一分地每期翻耕兩次，可申請到四千一百塊，若種植綠肥作物可申請到四千七百塊，幾乎等於種稻扣除成本工錢的收入。於是沒有意外的，休耕的田地到二〇〇五年，據載已達二十八萬公頃，已首度超過全島耕作的面積。

而春雨，滴滴答答的，繼續落在一小塊、一小塊猶原美麗卻時常缺水灌溉的田地。

註

① 徐蘭香〈健康，來自於土地〉，刊於《青芽兒》雜誌，二〇〇六年五月六日。
② 行政院主計處「個人所得分配調查報告」。
③ 陳麗貴《台灣民主之路》，二〇〇六年。
④《自由電子報》記者王昶閩〈肝癌存活率，嚴重城鄉差距〉，二〇〇六年九月十五日。
⑤ 立委廖永來於一九九五年三月一日的立院書面質詢資料。
⑥《壹週刊》記者李建興〈戴奧辛毒殺彰濱十三萬居民〉，二〇〇六年六月八日。

⑦ 線西報報網〈台電十年內要大建電廠〉，二〇〇四年二月二十七日。

⑧ 陳定南於《非凡新聞》專訪中所言，二〇〇六年七月九日。

⑨ 吳晟《筆記濁水溪》，二〇〇二年，聯合文學出版。

⑩《中國時報》記者何榮幸、高有智〈休耕任荒蕪，縱容蟲蟲大軍侵良田〉，二〇〇六年十二月二十五日。

黑道的故鄉

阿爸留給他一塊地，
在人間，卻再已無人教他，導他，帶他，
如何耕種收割。
於是他成了一名黑盜客，
做了黑盜客的旗手，
替他們看守財寶。

——引自十六、七世紀東歐的民謠①

九〇年代陸續休耕的農鄉，也被媒體稱為「黑道的故鄉」（「故」鄉，可解釋為發源地之意）。

二林洪家班事件

一九九一年鳳凰花開的夏天，楊儒門從萬興國小畢業，換穿國中制服，就讀萬興國中，我和林淑芬在台北念大學，五十幾歲、被迫流亡海外十幾年、黑名單解禁後才得以返家的政治犯謝聰敏，決心回到故鄉二林，以民進黨籍的身分，投入第二屆國代選舉。他寫到，他「駕車駛過木麻黃夾道的鄉村，綠油油的稻田、甘蔗園和竹叢，從窗外往後倒退，兒時的歡樂也不斷湧向眼前……」。

「只是當我提到競選的時候，親友搖頭嘆息，異口同聲的說：故鄉變了。現在故鄉已經以黑社會聞名。」②

在〈黑道治天下〉一文中，謝聰敏回憶到，他初次知道故鄉有洪清良——「洪家班」領導人——這號人物，是在海外的中文報紙。彼時（一九八四年）連任二林鎮代表會主席的洪清良，被控製造假車禍，造成三死四傷，「詐領保險金，謀財害命」（《中國時報》標題）。但被警方破獲、被檢方以殺人罪提起公訴的洪清良，從一審事實審被判處無期徒刑、二審被判處十二年有期徒刑，到三審成爲無罪，「許多地方人士都能講出一套洪英花救父記……這個時期台灣報紙也曾刊出『司法死了』的訃文。」

案發後，洪清良不止無罪，勢力更加坐大，人脈更加寬廣，家裡也更加有錢，到一九九一年謝聰敏回鄉參選國代之際，屬國民黨白派的洪家班，已在彰化政壇上「舉足輕重」。大家長洪清良，涉及殺人、恐嚇、妨害家庭、票據等罪嫌，是主要的操盤、運籌帷幄者；洪清良的弟弟洪進南（日後是彰化縣議員），具備殺人、妨害公務、傷害等前科；洪清良的兒子洪樹聰，是二林鎮鎮長，女兒洪英花是地方法院的法官、增額國代（選出李登輝當總統的六百四十一張選票之一），正準備出馬競選彰化縣長，另一個兒子洪啓明，則在那年的國代選舉中高票當選。

投票當日，洪家班率眾，「公然在投開票所行兇」（《中國時報》標題），搗毀錄影器材，毆打縣選委會的監察員及錄影人員。暴力事件上了全國版的新聞，檢警將洪清良、洪樹聰、洪進南、洪進達、以及二林鎮代表會主席傅黎志（有殺人、侵佔、票據等前科）五人，以恐嚇、強盜等罪嫌，移送洪家班成員如走「灶腳」（廚房）般熟悉的法院。

但隔月，民進黨在二林舉辦「反賄選，反暴力」遊行結束後，擔任總指揮的謝聰敏，再次被已移送法辦的洪家班成員公然襲擊，「先是以轎車撞擊，繼而從車上跳下一群人持棍圍毆。」（引自

〈黑道治天下〉）

家鄉啊！

日後楊儒門記起，打人的洪家班小弟，是他家隔壁鄰居。而我記得有次返鄉，和家人到餐廳聚餐，遇見某位長輩——可能是農鄉中學的老師、公所職員、農會雇員或在街仔路開店做生意的頭家——問我大學念什麼系？我回答法律系，他說，「那好，以後可以像洪英花那樣。」

像洪英花那樣？長輩的意思，指的大概是有錢有權又有名，但我一聽，立刻在心底吐舌頭；拜託，誰想像洪英花那樣！

我哼了哼，不自覺現出輕蔑的神情（日後想來，那些年我總是那個表情），掉頭離開，待沒幾天的農鄉，又趕緊「回」到都城。可以「坐在咖啡屋裡／以激烈的學術爭辯／關心低階層的朋友」（引自劉克襄〈知識分子〉），可以徹夜聽地下音樂、看國際影展、參與街頭盛大遊行、認識各款朋友的台北城……，而鄉下，哎，就放給鄉親們去選出黑道民代官員吧！

暴利

黑——仗恃違法暴力（非制度性暴力）起家的幫派分子、角頭兄弟、大哥及其身邊眾多的小弟（混混、「細漢仔」），擁有手槍，更容易達到賺錢的目的。在陳國霖《黑金》這本書中提到，「許多我訪問的大哥是四十幾歲到五十歲出頭，他們全都深深感到在一九八〇年代至一九九〇年代，台灣的黑社會已經完全變了型。」兄弟情義、俠盜之氣，在小農耕作彷彿死守最後一道防線，而新自由主義的市場經濟正在併呑、統領之際，如同農業社會許多「過時」的價值一樣，被遺棄。

「如今那些團體（幫派組織）已經變成公司，主要以賺錢爲目標。發生衝突時就用槍解決一切。現在一切都和錢扯上關係，有錢的就是大哥。」一位人稱「最後仲裁者」的黑道大哥，於一九九〇年如此表示。另一位角頭兄弟也說到，「現在黑社會只重視錢，忠貞、勇氣、信任等老價值觀已經消失。」

講什麼人情，講什麼是義理
一切，一切是過去……

——引自黃俊雄布袋戲主題曲〈忍〉（陳宏作詞作曲／葉啓田演唱）

「今天的遊戲規則再也不是『摸弄銅板、計算零錢』，而是如何，更高明的，用一塊錢換十塊錢，換一佰、一仟塊錢。」出生成長於嘉義的詩人楊澤，在《人生不值得活的》詩集後記中寫到，他九〇年從海外念書回來，發現「台灣社會也一路滑向了，以都會生活爲主體的新文明。」金錢的邏輯，不再只是錙銖必較的儲蓄，暴利的網絡——「暴」字體現「敢的拿去吃」的台灣俗諺——像微血管深入各村庄，主動脈是省道、是縱貫線、是高速公路、快速道路，往返奔馳著日與夜；日利用夜的力量（如李登輝於九〇年代全面提拔各地的黑道董事長），夜翻轉成白日（非法獲利的行業陸續被允准爲合法），一路，從原料砂石拼搏廝殺到成爲垃圾、廢棄物。

一路被瓦解的小村小鎭，伴隨著都會化擴大的消費市場，黑道大哥們也在其中，以幫派勢力作爲後盾，經營各款非法、或由非法走向合法、以合法掩護非法的行業。舉凡與賭博相關的，從村庄內、甘蔗園裡的小賭間，到大型的職業賭場；從大家樂、六合彩，到各款跨國簽賭、運動競賽簽賭、甚至選舉的賭盤；從廟口、柑仔店擺放的賭博性電玩，到沿街開設的電子遊戲間。舉凡與色情相關的，從農鄉的「小吃部」、「豆乾厝」、「甕菜間」[3]、卡拉OK到城鎮的賓館、理容院、夜總會、KTV酒店、應召站、妓女（牛郎）店……；從一九九四年聯合國兒童基金會指出，台灣有十萬名雛妓（大多是被拐騙、買賣的原住民少女），到人蛇集團偷渡其他國家（譬如中國、東南亞、俄羅斯等地）收入相對低落的女性來台賣淫。舉凡與娛樂相關的，從八〇年代的歌廳、秀場、唱片、電影，到九〇年代「台灣有線電視業基本上是黑道所建立的」[4]；從撞球場、冰宮、舞廳、電動玩具店，到搖頭Pub、Longe Pub、大型綜合娛樂商城等。舉凡與毒品相關的，走私、製造、交易買賣，從大盤、中盤到「自用直銷」的小盤藥頭，譬如從一九九三年起被列爲違禁品的安非他命，假託提神、減肥之效，深入各村庄販售，尤以沿海地層下陷、漁獲量銳減、走私猖獗，又被建設成污染源群聚的海口，更是毒性加重地，不少村庄青年染上吸食、注射海洛因等毒癮。到二〇〇五年據衛生署統計，雲林縣沿海村庄因毒癮者共用針頭，愛滋盛行率高居全國之冠，而「監獄中多數的毒癮者是中低階層的弱勢」[5]。

舉凡與借貸相關的，地下錢莊、高利貸、汽機車融資借貸、農會信用部、以及討債公司（從非法成立到政府核准立案）。與金融相關的，期貨、股票、創投、證券公司等，屢屢傳出暴力事件，譬如元大證券的總經理一九八四年遭槍擊，另一總經理一九九八年又遭謀殺。舉凡與工程相關的，圍標、綁標、搶標、壟斷招標、借牌招標，據法務部一九八九年的報告顯示，約有二八%的中央民代涉入公共工程的圍標，到一九九三年，這個數據向上攀升至六八%。舉凡與建築、房地產相關的，砂石業、廢棄物回收業是黑道主要的暴利事業，而與運輸、物流相關的卡車、貨車、砂石車、計程車、公車、貨運、海運、甚至空運……競相奔馳著賺錢的路線；一九九六年取得路權之前，靠非法爭奪地盤起家的「野雞車」，成爲合法的客運公司後，仍接連爆發出槍響。譬如因勞動條件惡劣（以趟數計算工資）、車輛老舊、交通事故頻傳，致使駕駛一度（一九九八年）罷駛的統聯客運，二〇〇一年總經理遭槍傷，二〇〇二年董事又被狙擊身亡，而教唆殺人的幕後指使者，據二〇〇五年落網的槍擊要犯、台南東山鄉下長大的張錫銘表示，是另一家客運公司的董事長……。

當然，暴利的網絡更包括以契作、收購、批發等方式，包攬農作物交易買賣的「販仔」，中盤、大盤、糧商、進口商等；譬如一九九三年，二林的議員洪絲條到台北參加公祭時被槍殺，殺死洪絲條的是謝通運（天道盟創始人之一）的兒子。幾個月後，剛宣布要參選縣議員，並嗆明要當議長的謝通運，和友人乘坐兩台裝有防彈玻璃的轎車，路經芳苑鄉一處甘蔗園時，又被大貨車攔阻、衝撞，再以M十六步槍及九〇手槍掃射，當場死亡。據謝通運的兒子告知友人[6]，雙方槍戰的衝突點，就在於被壟斷的胡蘿蔔交易的鉅額利潤……。

幾乎無所不包的、黑金的網絡。在商場上打贏的，有錢得以投入選戰。

從八〇年代中期以後，隨著解嚴、幫派組織企業化、以及政府陸續開放各類公職人員選舉，過去在威權體制中，大多位於暗處，替執政黨候選人買票、監票、擔任保鑣的黑道人物，有錢後，也很快學習到「民主」選舉的奧妙——俗話說，「選舉無師父，有錢買就有」，簡單啦——如雨後春筍般、從地底冒出頭來，由大哥親自出馬或推派兒女上陣，透過平時「綁樁」、「固樁」（建立人脈），選前買票（打通關節）的方式，成爲「人民」（看情形，可換成「農民」這個詞彙）的「代表」或「父母官」。

從基層的村里長、鄉鎮長、鄉鎮市民代表、農會總幹事、縣市議員，再到省議員（一九九七年凍省後廢除）、國大代表（二〇〇四年廢除）、立法委員等，一次次選舉，台灣頭到台灣尾，流動過龐大的競選經費，同時爆發槍響（有人死，有人傷，有人被活埋或從此癱瘓……），從中拉起一長串，像包裹著利益內餡的肉粽串；而線頭，通說是李登輝，協助拉動的手，則是彼時的國民黨秘書長宋楚瑜。

九〇年代李登輝主政後，面對內有國民黨高層權力鬥爭（既有的外省勢力不甘願由本省籍的李登輝掌權），外有反對黨民進黨興起中，爲確保勝選，鞏固領導地位，和表態支持他的宋楚瑜，聯手採行「本土化」的提名作業，提拔各地方派系、利益團體，進入政府的中央體系。其中，當然也包括大量提名那些，可能不識字、但買票大多會當選、身兼「董仔」身分的黑道大哥。尤其在年輕人一直外流到都市、資訊及資源都比較少的農鄉，更容易選出黑道議員、黑道立委、黑道鄉鎮長及市民代表等。

非法獲利的董事長，靠著武力後盾、金錢攻勢、以及執政黨的提名，大量冒出檯面；「良心？良心一斤值多少錢？」已經不只是一句，如詩人楊澤所說，是他在嘉義市最繁華的「大通」（中山路）成長，最常聽到的話語，點出了市井價值對於腳踏實地（如務農），濟弱扶傾、見義勇爲、好打不平（如投身社會運動），以及重情易感（如從事文藝）等特質，慣常基於現實考量的嘲弄與貶抑，更制度性的體現在選舉結果上。

商人從政，政治人物從商，「金光閃閃／照出台灣政治隱憂」（一九九二年《自立早報》標題）。很有良心的、沒有錢的候選人，很難當選成爲「民意」，沒有錢的黑道，也只能逞兇鬥狠，繼續拿生命做賭注，至於有錢的董事長——不管是走私軍火致富，當菜蟲、買賣雛妓、盜挖砂石或意外簽中大家樂而變得有錢——都很有可能，一翻，成爲「白道」的政治人物，功成名就的，帶著公開（而越來越隱匿）的黑底，藏身在民代官員的身分裡，繼續擴大違法的暴利事業（繼而通過立法，將違法的就地合法化）。除了少數個性火爆、不夠「聰明」而當場犯罪者（如一九九四年，當眾開槍殺死賭場合夥人的、屏東縣議會議長鄭太吉等），其餘的大多位於幕後操作。如一位刑事偵查單位的主管所說，「他們越來越老奸巨猾，我們知道是他們幹的，卻抓不到任何證據。」⑦

於是人口稠密、族群多元、人際網絡牽來牽去的島嶼，「政客的言行舉止和幫派分子沒兩樣，而幫派分子的言談舉止也像政治人物一樣」⑧，從地方到中央孕育出一大堆，集黑道、商人、政治人物於一身的「三合一人物」；堪稱台灣的特色。

從一九九二年據報（中國時報）載，黑道出身的省議員及中央民代有十人，縣市議員七十五人，鄉鎮市民代表會正副主席六十一人，而鄉鎮市長、鄉鎮市民代表、村里長為數更多，到一九九四年警政署表示，全台縣市議員中有二十八名是流氓、二十九名是幫派分子、一百五十名具有黑道背景，再到一九九五年情治單位的報告顯示，全台鄉鎮民代中有三七．八％是黑道、縣市議員佔二六．五％、中央民代佔三％⑨。

然後一九九六年，法務部長廖正豪公開表示，全台八百五十八名縣市議員中，有二百八十六名是黑道，也就是說，在代議制的民主選舉中，台灣兩千三百萬人民的「民意」，三分之一由黑道「代表」。

家鄉啊！

屏東縣是黑道的故鄉、台南縣是黑道的故鄉、嘉義縣是黑道的故鄉，雲林縣黑道議員的比例，位居全國第二（一九九九年的數據），那第一名呢？黑道議員最多的地方，是全台最大的農業縣彰化縣。

民意

農鄉選出的代表、鄉鎮長、農會總幹事等，是地方上的「仕紳」、「頭人」。他們通常教育程度不高（有的連自己的名字都不會寫），不過有錢送兒女出國念書，甚至培育出律師、法官等家族成員；通常當民代的，不具備任何專業的質詢能力，當官的，缺乏任何施政理念（倒是很懂得工程該如何發包，才不會被抓包）。

他們通常熱心服務選民，有的有收費，有的沒收費，幫忙協調各式，包括交通事故賠償、賭債打折、傷害和解等糾紛，也幫忙關說各種，譬如人事升遷調動、謀職、小孩越區就學、申請執照、撤銷罰單等，鄉親生活中可能遇到的大大小小、多屬違法或位於法律曖昧地帶、想透過「關係」解決的事項；人際「交陪」的網絡。他們通常很「好禮」——有人形容爲「頭軟、嘴甜、心腸硬」——花很多時間交際應酬，頻繁的出席鄉親們結婚入厝、辦桌宴客的場合，和主人家一起隨桌敬酒，參加公祭，拈香，致贈花籃，替喪家要來更大尾的政治人物的輓聯（而毫無疑問的，他們是更大尾的政治人物的樁腳），讓喪家懸掛在醒目處，以示「有面子」。越多政治人物到場，表示主人家關係越好，而人脈關係到錢脈，錢脈關係到權脈。社會普遍認可的價值，體現在婚喪喜宴的場合，被請上台致詞的，通常是當權的政治人物（萬一落選，沒身分沒地位，很快就不再有人唯唯諾諾的奉承），不是詩人、文學家、科學家或很會種作的農夫。

他們通常還是學校的家長會長，畢業典禮時，上台致詞並頒獎。譬如一九九四年，屏東縣的中小學，所有成績優秀、得到議長獎的學生，統統領到一張印有殺人犯議長鄭太吉名字的獎狀。他們可能還身兼廟宇的管理委員會主委，經手信眾樂捐的大把大把款項，是警察局、派出所的「顧問團」成員，三不五時捐個三、五萬，「慰勞員警」，給警察局添購新的電腦，換張新的沙發，好三不五時和員警一起泡茶聊天。

「交陪」的過程中，若有鄉親因打架、傷害、竊盜、走私、賭博、販毒、或盜挖田土去賣、在農地上偷蓋工廠等原因，被帶到警察局內做筆錄，他們通常也會受託，很快趕到，尤其被查獲的是其樁腳之際。當然，他們也捐錢認養孤兒，做善事，同時做廣告。

他們同時將好處分給「自己人」，譬如工程的發包、譬如都市計畫故意彎繞過某塊農地，炒作地價飆漲、譬如農會低利貸款總是由農鄉裡的某些人先貸走，而大多數農民都不知情……。呈樹枝狀、金字塔狀，層層分贓的利益版圖，若是遇到眞正需要「處理」的「代誌」——妨礙其利益之事——平時笑臉迎人、逢人就握手的他們，可也不會手軟，派小弟或自己出馬解決，威嚇、痛毆、甚至槍殺對手，也算是農鄉的「常態」，然後被起訴或一審被判決有罪的他們，官司往往拖了十幾年，還是能夠在「民主」的選舉中連任。

家鄉啊！

電視纜線——延伸至網路線

打開電視，一九九三年「有線廣播電視法」公告施行前，各地方有線電視（俗稱「第四台」）已從非法的狀態中，嗅聞到商機、市場，順應解嚴後，台灣民間社會迫切想要知道更多訊息的渴望，「系統業者」（有線電視公司），在頻道合法化之前，便已開疆闢土，仲介各款地下的頻道，提供用戶更多觀看的選擇，同時按月向用戶收取每戶數百元的觀看費；是一門好賺的生意。千萬用戶按月繳納的錢（不繳就會被斷線），落入系統業者的口袋內。但由於是非法投資，系統業者的老闆往往得具有黑道背景、或與黑道關係良好，才有能力（暴力）剷除沿途的路障，竄出獲利的電纜線。

電視纜線穿過田庄、穿過鐵皮工廠、穿過街仔路沿途的商家，農家於九〇年代普遍安裝起第四台有線電視。系統業者除了挨家挨戶收取每個月的頻道費，更憑藉收視率，接洽廣告託播、插播，同時透過電視進行簽賭。非法的大家樂盛行多年，每到開獎日，農鄉的第四台通常會有個頻道，以一種「公開的秘密」的方式，假託蔬菜水果的「市價」，播報開獎號碼。茄子三十八、小黃瓜一十九、茼蒿〇四、高麗菜七七……，彼時在台北念大學的我，有次到屏東務農的朋友家作客，發現「菜價」暗藏簽賭玄機，不禁詫異、驚嘆不已；像是窺見農鄉「眞實的一面」。

「據說大家樂會如此興盛，是因爲天道盟居中扮演關鍵性的角色，它是『終極錢莊』，吸收所有組頭無法接受的下注。」[10]於是每禮拜兩次，每次數百萬人，尤以中低階層爲主的金錢下注，確實讓接受簽賭的體系都迅速致富，讓組頭從中賺得選舉的資本，金字塔般，勢力越大的黑道組頭，金錢累積得越快越多，而有線電視公司的老闆，通常就身兼大家樂組頭。

尤其到了選舉的時候，競選廣告在第四台播放（曝光率越高，越容易當選），候選人（這個商品），很容易就透過買賣關係，和黑道（企業主）利益交換——你贊助我廣告，我回饋你立法、關說等協助——在農鄉播放的競選廣告，大抵有三款，一、強調爭取建設（繁榮啊繁榮）。二、表示服務最熱誠、最勤快。三、訴諸候選人很有「愛心」，過年過節探視鰥寡孤獨者，致贈慰問金，認養貧苦兒童，或和一堆小孩（代表希望）溫馨合影。

然後花錢製播廣告的候選人，當選後，更有「身分」從事合法及非法的暴利事業，更有機會和企業主維持友好關係，以便動輒數百萬、數千萬、上億元的競選經費之籌措。甚至，候選人家族本身就經營第四台（譬如靠豬隻買賣起家的彰化縣立委謝言信，其家族成員經營「三大有線」，謝言信退休後，二〇〇二年由其媳婦出馬競選縣議員，二〇〇六年，其媳婦將縣議員的棒子交給二十多歲的兒子，準備轉戰立法委員；每次競選，廣告滿檔，播放到觀眾彷彿都被洗腦）。

有線電視核發營業執照後，資本額大的公司，更晉升全國性的頻道（像地方角頭，變身成南北二路的「縱貫線」），旗下雇用各大學、研究所、博士班的畢業生，而老闆，不外乎是政商關係雄厚的富豪（如立委任內涉及台開購地弊案的東森媒體集團總裁王令麟，以及同樣涉及台開案、賄選案的屏東立委蔡豪等），當然繼續推出購物節目（鼓吹買，還要買，還要買更多），開闢談話性節目（談東談西，能談到媒體本身的利益結構嗎？），並以電視纜線為基礎，朝寬頻網路、光纖固網等虛擬世界急速竄攻利益的版圖。

而所有繳費給第四台（繳費給網路線），花錢看電視（上網）的觀眾，花錢讓自己被迫，以全天候的收視率，支撐住媒體財團的存在，支撐住一個幾乎沒有眞的世界；「媒體→利益團體→賺錢→議題→炒作→灑狗血→收視率→廣告」（引自楊儒門的信）循環著，直至今日（二〇〇七年），電視線及網路線把島嶼纏繞得更緊了，少數人從中交易、買賣出更多財富了，但失業在家、廢耕的村庄人們，茫茫然喝酒看電視的時間也變長了。

砂石——從河床到農地

從七〇年代蔣經國推行十大建設，向外資借貸千億，展開工程發包之際，島嶼河川也開始面臨被大規模採挖的命運。不再是肩扛畚箕、手拿鏟子，「出去溪埔替人搬沙石」（如向陽〈阿爹的飯包〉

一詩中所回憶），採砂石的工人，受雇駕駛「怪手」（挖土機），匡啷匡啷的進駐國有河床地，抽砂船的馬達也陸續啓動，一管一管如針筒，扎入土地的肉身裡，抽血般抽砂。

抽挖的速度，遠快於河床千萬年來自然沉積的速度，於是抽挖過後，溪流母親宛如被剝去一層皮，甚至鑿掉血肉，河床下陷深凹、遍布窟窿，水流過更形成暗藏的漩渦，漩呀漩的。而抽挖起來的砂石，運經淬洗場，淬洗、篩選過後，乘坐砂石車奔出河床，沿著向前延伸、復又崩塌、不斷修復的道路，因應哪裡有樓有屋要蓋，有工程要發包，有建設要動工……，甚至可以說，整個現代化（水泥化）必備的原料砂石，最初的源頭，在河。

河的流域，被台灣所謂經濟奇蹟向上拉抬的需索弧線，向下擴大抽挖著，若是遵循合法的採砂規定，太慢了、賺錢的速度太慢了，也不夠供應市場（政府與民間）不斷的催促，要、還要、還要更多的砂石。更多的砂石車一輛接一輛，彎彎繞繞趕赴正在隆起的繁華藍圖，然後空車回返河床，載取更多的砂石。更多坑坑洞洞的河床，致使橋墩裸露，路基崩塌龜裂，尤其在颱風多雨的季節，因爲缺乏天然沉積的緩衝地帶，水勢往往更爲兇猛的、沖垮水泥河堤，淹沒河畔村庄。不過賺錢手勢化成的「怪手」，通常不予理會，不只不予理會，更沿河威嚇收買那些試圖站到怪手前阻擋、或僅只是提出質疑的人們；一個個日後大多不會被記載到、曾經挺身而出的人們。

其中一九八三年，台北縣樹林鎭二、三十位里長，因抗議盜採砂石的業者破壞家園，屢遭黑道暴力相向，索性集體請辭，致使監察委員前往關切、了解，幾個月後，更讓省政府（省主席李登輝）下達淡水河、新店溪、大漢溪流域的禁採令。但全島砂石的需求，因而停頓了嗎？蔣經國（及其後的主政者）走在前頭擘畫的建設藍圖，因而重新檢討了嗎？盜採從此受到嚴格取締了嗎？怪手與抽砂船以實際行動，回答歷史的提問。

在淡水河流域禁採後，一間間砂石場，陸續移往蘭陽溪畔找尋好位置，一車車砂石，經由北宜公路，運往市地不斷重劃的台北城。不過由於彼時宜蘭縣政府（黨外縣長陳定南主政期間），對砂石採取較嚴格的管理，業者比較不容易盜採──而不盜採，哪來的暴利？合法的砂石業者，往往也不敵非法、或以合法牌照掩護非法作業的競爭者──於是砂石場再次遷徙、瓜分、爭搶新竹縣的母溪，據說溪水曾經清澈見底的頭前溪流域。

不出幾年，頭前溪及其支流、分流，陸續林立起小型、中型、大型的砂石場，砂石車一路飛沙走石，往返奔馳，頭前溪流域成爲北部營造業砂石的主要供應地。而千萬年來孕育萬千物種，數百年來供給一代代居民飲水、灌溉、洗衣、洗澡、嬉戲，甚至才幾年前，仍迴盪夏日笑聲的河流，也就此成爲過去。

這裡匡啷匡啷，那裡轟隆轟隆，凡「怪手」所到之處，魚兒不再水中游、螃蟹不再走路、蝦子不再跳躍、鳥類不再沿河梳妝打扮，也不再有地方覓食；自然生態正通過食物鏈，一個物種牽一個物種的滅絕，怪手也一條河接一條河的移椿、位移，繼續盜採過中港溪、後龍溪、大安溪、大甲溪、大肚溪、八掌溪、曾文溪、直入高屏溪流域……當然不會錯過島嶼最長的河流濁水溪流域。

我的家鄉在濁水溪畔，是引濁水溪灌溉的村庄之一。於是當發展的怪手，高舉繁榮的大旗，盜挖到濁水溪流域，我們村庄也像大多數河畔村庄，有幾個小孩，仍延續夏日慣例，噗通噗通的跳入溪流母親的懷裡游泳，卻發現，「意外」早已潛藏在時代新挖的洞內，等著伸出現代化的手，抓住小孩的腳往下沉。

莫非是之前枉死的，在找下一個替死鬼？村庄農人習於將不懂的事，歸於鬼神或自認倒楣，廟宇也開始廣播，說神明有交代，要囝仔熱天不可以去玩水，但死亡事件，進入一九九〇年，再次發生。

「是阮囝仔自己要去玩的……」日後（一輩子）承受喪子之痛的農人寶元叔，對我回憶到事發時，他並未意識到小孩的死，與砂石有何關連，經地方某個反對黨人士協助，丈量河床坑洞的深度，才了解小孩的死並非「意外」，繼而在檢察官調問他與挖土機工人，詢問他想請求什麼賠償時，相較於砂石業者不停辯駁的強硬態度，寶元叔只要求對方給付兒子的喪葬費。

然後，進入九〇年代，砂石運送的路線，像是黑金的血脈，更爲迅速、更爲深入的拓展，轟隆隆疾駛的砂石車，象徵砂石業老闆的勢力，大多違法超載、不服警察取締（或收買警察成爲「兄弟」）、不甩鄉民抗議（如一九九二年燕巢鄉民圍堵砂石車事件），肇事連連、連連撞死人。

不停發生的「交通事故」，鄉人大多怪罪於砂石車運匠，卻選出砂石業幕後或公開的老闆，成爲民代、變成官員（譬如一九九六年帶手下及衝鋒槍到雲林麥寮的永福砂石場，當眾開槍殺死挖土機工人的彰化縣議會副議長粘仲仁，一度被稱爲中部的「砂石教父」，又譬如台中海線有名的大哥顏清標，曾涉及大安溪盜採砂石弊案，不過沒事……），同時盜採的範圍，擴及西部所有河川後，繼續往山坡地、往休耕中的農地挖去。

一九九一年，省水利局在報告中表示，台灣地區河川砂石可採量約剩四億一千九百萬立方公尺，其中多數位於東部地區，隔年國民黨政府推出「東沙西運」的政策，說是刻不容緩啊！刻不容緩！西部河川已經挖得差不多了，必須再允准「怪手」翻過中央山脈，進入後山的河床，繼續挖。同時，桃園縣觀音鄉（最早種出鎘米而廢耕的所在）、大園鄉等海口地帶，也陸續傳出農地被盜挖的報導。

匡啷匡啷、轟隆轟隆，從北到南，競奪砂石暴利的業者，推銷賣土的管道給農人，運作模式通常是，先將農地拿去抵押、借貸（能貸到多少看本事，看與農會總幹事的交情），賺一筆，然後讓挖土機駛入農地，挖土（表層）、挖砂（深達數十公尺），挖出田地內的大窟窿，宛如大峽谷，運土砂去賣，再賺一筆，最後往坑洞內回填未經合法處理的垃圾廢棄物，致使毒水滲透入地下水層，而土壤結構被破壞（可能百年都無法種作）；是所謂「一魚三吃」、一隻牛剝三層皮的賺錢捷徑。

「捷徑」中，種種對土地的傷害，農人通常知情，但爲了立即的現錢，往往顧不得田地是祖先辛辛苦苦開墾、傳下來的，顧不得這樣挖洞，會牽連隔壁的田土跟著往下崩，賣了賣了，非法也賣了，尤其經濟出問題的那些，更容易把田地交託出去。

並且爲了逃避違法的罪責，買賣過程中，通常會轉個彎，像犯罪的主旋律多了個裝飾音，或丟了顆煙幕彈之類，讓檢警疲於蒐證；那道「煙幕」，便是人頭。農地主人將農地出租、或表示賣而尚未過戶給「人頭」，於東窗事發後，便可以辯稱不知情——我農地就租出去、賣出去了，怎麼知道人家

從河床到農地，都成了砂石場。

在幹嘛？——而承租或買受農地者，可能是個智障、是個死者、或盜用來的名字。

當然也曾發生農地主人確實不知情的案例，出外謀生的農人，回鄉時赫然發現，自己的田地已被挖洞埋入垃圾，但縱使知道是誰幹的，在盡量不要得罪「有力人士」的心態下，大多放棄追究（或接受「補償」而放棄追究）。縱使追究了，派出所也不乏和黑道——可能是鄉鎮市長、代表、縣議員等——關係密切，通常不會自找麻煩的嚴格取締，即便當場抓到駕駛曳引車、往田地內傾倒垃圾廢棄物的司機，司機通常也會辯稱，只是受雇，而挖土機與砂石車工人更習於表示，不知情。

幕後的「藏鏡人」，很難被抓出來；雖然村庄裡誰在搞什麼，村庄裡的人其實都心知肚明。

農人估算著，農地若交給有辦法的人去處理，除了可貸到農地的市價，一分地砂石，更可多賣一百多萬，若再回填廢棄物，「一魚三吃」後賺更多，以此類推，兩分地、三分地、一甲地……，隨著島嶼可挖之地越來越少，砂石的價格也越來越高，而所冒的風險，依農地盜挖所違反的區域計畫法——從一九七四年到二〇〇〇年——縣市政府得以開罰；罰多少呢？不管違規面積幾分地的、科處三千元以下的罰鍰。

動輒上千萬的利潤，誰在乎那區區的三千塊罰金？

於是利之所趨，一個村庄拓一個村庄的、農地被盜挖的範圍繼續擴大，尤其沿海收入相對低落的村庄，更容易被挖出綿延的、達數層樓深的坑洞。而砂石業者廝殺、整併的市場，經過一九九四年法令通過盜採河川砂石被抓到證據者——沒被抓到就算了——「得」加重以竊盜罪起訴（「得」的意思是，也可以不用）；經過各縣市政府繼台北之後，陸續對轄下河段下達禁採令，同時禁止使用抽砂船，但盜採的方式，也陸續改為更高明（更「文明」？）的、向政府承包某河段疏浚、整治的工程，並從中「光明正大」的挖走砂石；經過一九九七年高屏大橋在賀伯颱風中斷成兩半，檢討的聲浪隨事件波動一陣子，不過政府沒有提出任何砂石減量的方案，僅由省礦物局提出砂石來源多元化計畫，主張增加開採陸砂、東沙西運、以及進口砂石的比例，同時，開放中國砂石進口（到二〇〇五年據統計，中國砂石約佔台灣砂石需求量的兩成，因此，每當中國宣布禁止砂石出口到台灣，就造成台灣砂石價格應聲大漲）；經過一九九八年水利處表示，六年來島嶼砂石用量爲九千三百六十八萬立方公尺（其中九四%來自河川），許可採砂量是兩千六百六十萬立方公尺，意思是全台灣，包括政府與民間，共同用掉的砂石，約有七成來自盜採盜挖。

循環著，沒有什麼發展不需要付出代價，一部砂石業的發展史，見證島嶼河川的死亡記事。相連的土地、氣候、作物的根。我記得九〇年代中期，公共電視有個節目，曾報導農地被盜挖的情形，透過南部一位六、七十歲的老農民，指引記者去看那一處處、深達數層樓、廣達數分地的、農村裡的大坑洞。鏡頭帶出赤腳、捲褲管、黑瘦的老人家，相對於身後的坑洞顯得如此渺小。如此渺小的存在，氣急敗壞的拉高嗓門，「你看，你看——」南部腔的台語，要記者看見他家，一棟紅磚瓦房（快樂農家之類的主題常會出現的典型房舍），因爲隔壁的田地被盜挖，突然像是座落在懸崖邊，一場大雨，很有可能就讓「農家樂」傾覆，跟著往下崩。

「你看，你看——」我記得那位老農眼中的憤怒與無奈，「敢的」發財去了，腳踏實地的只能鬱卒在心內，眼看相連的土地，被挖去累積少數人的財富，而怪手仍在搜尋著，還有、還有哪裡可以挖？

垃圾——誰接收誰的垃圾？

擴張的城，一路樓越蓋越高，被邊陲化的農鄉，也一路洞越挖越多；不同於樹木，樹身有多高，根就扎得有多深，樹蔭多寬闊，根與土地就依存得多緊密。挖洞蓋大樓的發展趨勢，同時不斷製造、消費、發展暴增的垃圾。

> 人類的生活像一部垃圾製造機
> ……
> 那些羽毛曾經在天空飛翔
> 那些礦產曾經在土中閒躺
> 那些破鞋曾經是動物的衣裳
> 那些腐葉曾經在田野生長
> 最後一一被塑膠袋包裝
> 與街角的洋娃娃為伴
>
> ——引自羅葉〈垃圾山上的洋娃娃〉

詩人羅葉於一九八七年寫到〈垃圾山上的洋娃娃〉。八〇年代，島嶼出產而無處去的垃圾，以垃圾山的形式，赤裸裸存在。在羅大佑〈超級市民〉（一九八四年）這首歌中也唱到，「那年我們坐在淡水河邊／看著台北市的垃圾漂過眼前／遠處傳來一陣濃濃的煙／垃圾山正開著焰火慶典」。越來越多的垃圾，暴露而後轉為掩埋。往城外，平均收入越低、越被剝削的農鄉，陸續闢建起垃圾掩埋場及焚化爐。

一路，據估計到一九九五年，全台有十二縣市、四十九鄉鎮的垃圾掩埋場，位於河川的行水區內，譬如出產濁水米的竹塘鄉，出產甜桃枇杷的新社鄉、和平鄉，出產梅子的信義鄉、水里鄉，出產茶葉的竹崎鄉，南靖糖廠所在地而北回歸線穿過的水上鄉……等等，都有合法的垃圾掩埋場，污水滲入河川及地下水脈中。

而全島合法密布的垃圾掩埋場，到一九九五年「已」有三十四處飽和，一九九六年遽增到四十七處（還會更快的飽和），必須加緊腳步，開發更多新的垃圾掩埋場及焚化爐，好堆積、掩埋、焚燒更多不斷生產出來，人們將之丟上垃圾車，便以為不見的垃圾。

其中，更包含各類有毒事業廢棄物、醫療廢棄物、建築廢棄物等；若遵循合法的環保流程，處理垃圾廢棄物，所需花費的成本高昂，於是非法棄置、非法掩埋、非法傾運成為一門具有「暴」利的生意——暴字，不怕的意思，不怕地下水被檢測出含有致癌物質（而誰不喝水？）、不怕空氣中飄揚著焚燒不完全所產生的戴奧辛（而誰不呼吸？）、不怕土壤內堆積劇毒的集塵灰、爐石渣、重金屬等物質，沿著植物的根莖向上生長（而

2司機回填營建廢棄物 員警埋伏逮正著

農田挖坑埋垃圾 達4層樓深

2006 年 9 月 10 日《中國時報》的報導。

誰不吃就可以活下去？）——爲了錢，啥物攏不驚的「OHOHOH向前走……」。

到一九九八年，光那年，官方報告中的非法棄置場，「已」多達一百三十九處（沒被發現的，爲數眾多的不算在內），隔年，官方報告中的數量增加到一百六十九處——不用懷疑，順著同一套發展模式，多還會更多——在哪裡？在屏東縣的新園鄉、新埤鄉，在高屏溪的舊鐵橋下，在彰化縣的芳苑鄉，在嘉義縣的北港溪畔（以上五處，是一九九九年環保署公布的甲級危險地方），以及河川地、山坡地、國有林地、台糖用地、沿海魚塭、甘蔗園、鳳梨園、被盜挖田土而形成窟窿的農地內。

據統計，主要在彰化縣、台中縣、嘉義縣、台南縣、屏東縣等，被稱爲「黑道故鄉」的農業縣境；消費最少、製造最少垃圾的村庄農人，生活中往往緊鄰最多合法、非法的垃圾掩埋場、棄置場、以及排放廢氣的焚化爐。

送妳！送妳！送妳！
送給妳我們生活的剩餘。

——節錄自羅葉〈垃圾山上的洋娃娃〉

島嶼內，農鄉被迫接收城市的剩餘。位於全球貿易體系中，島嶼則被迫接收第一世界不要的「剩餘」；譬如英美公司對台灣傾銷有害廢料（一九九三年被「綠色和平組織」檢舉）。同時，靠著污染起家的台灣企業，也循著同一套發展／剝削的模式，往第三世界（通常是更多農鄉的所在地），偷偷的、「不如多扔些破銅爛鐵」（引自聞一多的〈死水〉）；譬如王永慶的台塑，被環保團體發現，除了將劇毒的汞污泥，未經處理，棄置在高屏地區的河床、山區、垃圾場（部分被用來做成地磚、橋樑），也穿越國界，偷運到柬埔寨去（一九九八年）。

而土壤河流與空氣繼續感冒

……

垃圾山上的洋娃娃
決心跟隨洪水去抗議
她到街頭去拜訪
她到陰溝去演講
她到河流去伸張

——節錄自羅葉〈垃圾山上的洋娃娃〉

有沒有、有沒有人聽見，日日夜夜消費過後，暴增的垃圾、廢棄物，上山下海，順著洪水與土石流，在孤懸於海的島嶼內流竄、積累的聲響？

一鄉一鎮

路經每鄉每鎮，幾乎每鄉每鎮的鄉鎮公所，都有弊案爆發過、正在爆發、或尚未爆發但脈絡可循。

以全台最大的農業縣彰化縣爲例，在縣長阮剛猛任內（一九九三年到二〇〇一年），縣府共有十九位局處首長，因貪瀆罪被起訴，但阮剛猛安然無事，卸任後還擔任國民黨「廉能委員會」的召集人。而彰化沿著山線，種作荔枝、鳳梨、出產米粉的芬園鄉（林淑芬的家鄉），鄉長涉及總經費約二億元的道路排水溝「建設」弊案（二〇〇〇年被起訴，二〇〇六年一審被判決有罪，仍可擔任公職）。芬園鄉隔壁，全台茉莉花種作規模最大、盛產金墩米、被「建設」垃圾掩埋場的花壇鄉，鄉長脅迫他人吃屎（一九九八年）被起訴，鄉農會總幹事和他的議員老婆，涉嫌盜採砂石被起訴（二〇〇一年），另一位女議員，也涉及濫墾八卦山脈，回塡廢棄物被羈押（同時花壇鄉爆發出槍戰）。

花壇鄉通往全台首座焚化爐的所在地、加工製造雨傘及紡織業極盛時，黑手個個變頭家（如今工廠大多外移中國）的和美鎭。和美鎭在一九八九年首度傳出農地遭鎘污染，一九九二年省農林廳驗出彰化市、和美鎭一期稻作四千多公斤的穀子，含鎘過量，宣布禁耕，並花錢整治鎘田（不過沒有停止任何工廠繼續

農鄉啊！（攝影／ alhorn）

污染），到二〇〇四年宣布解除禁耕令，但種出來的稻子仍然是鎘米，不得不銷毀。至今（二〇〇七年）灌溉用的水圳，流動猩紅、橘黃等顏色的工業廢水，水面還漂浮一層金屬光澤的薄膜（像全台各地工廠林立的農村常見的景象）；且不止鎘，更有汞、鉛、鉻、銅、鋅、鎳等重金屬污染，長期被吃入體內。當然和美鎮農會也不是特例的，於理監事改選時，爆發賄選配票的事件（二〇〇一年）。

一路，扼殺農鄉健全發展的路徑，再從山線的和美鎮，通往海線的線西鄉，曾任縣議員的線西鄉長，因關說違法的撞球場不成，辱罵推擠員警，同時爲協助友人欠債不用還錢，夥同保鏢，把債權人一家三口打成重傷，被以殺人未遂等罪名提起公訴（二〇〇一年），然後競選連任，當選。線西鄉位於大肚溪出海口，緊鄰台中火力發電廠四支並排高聳、紅白相間的巨大煙囪，日夜吞吐黑煙，緊鄰彰化濱海工業區，鄉境內，「客廳即工廠」的窄隘巷弄，於機械運轉聲中，穿過合法堆積如山的垃圾場，穿過被盜挖回塡廢棄物的魚塭、農田；魚米之鄉啊！線西河床撈出四千多發閃閃發亮的子彈（二〇〇四年），不是拉丁美洲的魔幻，而是台灣農鄉的寫實場景。

再一路，經過水果集散地演變成蜜餞加工大本營的員林，百果山上爆發「百果山休閒公園」弊案（二〇〇五年），員林鎮接連兩任鎮長都涉案，到二〇〇六年，鎮公所負債四億九千多元（錢到哪裡去了？），新鎮長裁掉第一線、與垃圾爲伍而工作量倍增的四十名清潔隊員，說是爲了「節省支出」；路經一處名爲「鹿港生態休閒公園」的地方，看見「溪流」是水泥渠道，新栽的苗木，了無生氣的垂下頭，光禿禿，撥款八千萬元蓋起的「生態」公園，縣府勞工局長、鹿港鎮長、包商及鎮民代表集體涉嫌舞弊，借牌圍標、壟斷招標，並以暴力迫使其他廠商不敢投標（二〇〇〇年）。

路經種植稻米、花卉的田中鎮，田中鎮農會總幹事從一九九一年起，多次違法超貸，讓農會背上四億多的呆帳，直到二〇〇五年被以背信罪起訴；路經百年古厝座落於水稻田及豌豆田間的秀水鄉，大多種植芭樂的社頭鄉，「公路花園」所在地的田尾鄉，養鴨的大城鄉，產蚵的芳苑鄉，香菜產量最多的北斗鎮，擁有全台第二大果菜市場、一日三市的溪湖鎮，當然包括楊儒門的家鄉二林……，地方「父母官」們，都曾經或正在進行的涉案中，「建設」再「建設」，而農會信用部，往往成爲地方派系予取予求的「私人金庫」。

再往南，到溪州鄉（我熟悉又陌生的家鄉），濁水溪河堤內外，高壓電塔排排站，違法或合法承租的河川地，林立著鐵皮圍起的砂石場，一有陌生人（也許是巡邏員警或記者）靠近，砂石場門口的監視錄影器就會往內通報，成群看門狗更是兇惡的狂吠。砂石場附近的農地上，農人在砂石車轟隆隆的聲響中，日出而做，日落而息，灑肥料、噴農藥，空氣中不時瀰漫濃濃的農藥味。垃圾掩埋場傳出的惡臭，再高的鐵皮圍牆也圍不住。更有溪州焚化爐的一管煙囪，彩繪花朵雲彩的高聳入天；補償鄉民「同意」——雖然曾爆發流血衝突——住在焚化爐旁的「回饋金」，撥入鄉公所，由鄉公所決定如何來「建設」鄉里。於是某次，我從城裡回到農鄉，便赫然發現，日本時代延續至今的溪州糖廠，百年老樹被砍的砍、伐的伐，「整頓」成樹蔭至少少掉三分之二的「溪州森林公園」。

家鄉啊！

頭人們起起落落，形成地方政治經濟史；「敢的拿去吃」，安分守己的只能看盡別人的吃相。一鄉一鎮，體現全台農鄉普遍的現狀，到二〇〇六年，三〇九鄉鎮選出的鄉鎮長，現任涉案而當選者仍有四十五位，超過總數的一成以上。

黑金

直到二〇〇六年初春，我回到彰化縣溪州鄉，參與村庄廟宇一年一度的繞境活動，第一次，把庄頭庄尾繞過一遍。途中，我看見好幾處農地，坦露被挖鑿過後，深深的荒廢模樣。在隊伍暫時休憩時，我站在農地旁，和一位三十幾歲的村庄青年聊天。

他汗衫拖鞋，身形矮壯，嚼檳榔、講台語，繞境途中因村庄人與外庄人衝突的小事，義憤塡膺，表現出要爲村庄出頭的熱情衝動。他的面容對我而言，是熟悉的，但我記不起他的名字，不確定他是哪戶人家的小孩。我叫不出村庄大多數人的名字，包括住在我家隔壁的。偶而和村庄老人家聊天時，更驚嘆於老人家們，沒問我認不認識，便逕自說起誰誰出外去了，誰誰誰最近發生什麼事，彷彿一個村庄，就像一個大家族，彷彿我理當知道家族裡的親戚啊！

但我微笑著，邊聽邊暗中往記憶裡搜尋線索，搜尋過後，仍然大多聽不懂。我想我正聽著一款即將失傳的，最後僅存的說話方式，像所有失傳掉的母語字彙、口音、以及人與人的關係。

我沒問起身旁青年的名字，我有點不好意思。他倒是記得我的名字，與我一同看著深凹如窟窿的農地，聊起買賣土方的事。他說起盜挖的流程，說最近幾年取締有比較嚴，但土方的價格也一直在漲……當我感慨的說，眞是糟糕時，他回答我：「是啊，這就是黑金。」

（是啊！這就是黑金。）

我倆頓了一會，我問他：「你在吃什麼頭路？」

換他有點不好意思的說：「沒啦！替人解決一些代誌。」

「什麼代誌？」知識分子的我追問著，他不願正面回答。

我便問他，「你的頭家是啥米人？」

他說：「咱庄內的。」

我一聽，頓時明白。我們村庄內沒有第二個人，有能力養「細漢仔」，來解決一些討債、圍事、保護大哥、威嚇對手、充當候選人跟班等「代誌」。他的頭家於八〇年代初，村庄大多數人家的屋子還是磚瓦厝，甚至穿插土角厝與竹管厝之際，便蓋起歐式別墅樣貌的宅院，圍起圍牆，圍牆內曾爆發出槍響。

「啊，我知道了！」我說，而他笑笑，說他十幾年來沒做過其他工作，從一個農家少年到農家青壯年，就是做這個——替人解決一些代誌。

是啊！這就是黑金。

這就是暴利網絡如血脈般流竄島嶼，深入的最底層、最末梢。

掃黑

日利用夜，夜翻轉成白日，如墨西哥游擊隊副總司令 Marcos，透過印地安農人說到：「邪惡已經不再沿著暗夜的皺褶行走，也不再躲藏在洞穴裡。大規模的邪惡在白天行動，未受懲罰的，住在權力的皇宮裡，擁有工廠、銀行以及巨大的訓練中心。他們通常以代表者的身分出現，大多是總統……」⑪一九九六年，李登輝及連戰依靠全台金錢（當然包括黑金）流通的樁腳網絡，當選中華民國首屆民選的正副總統，得票率五四％。當選後，副總統兼行政院長連戰，表示要向「黑金」宣戰，把掃黑列為首要任務；向國民黨贏得勝選的關鍵之一——黑道民代官員——全面宣戰嗎？

「治平專案」於一九九六年九月到一九九七年七月間，大張旗鼓的展開，共逮捕一位國大代表、一位縣議會副議長、四位縣市議員等（雖然法務部公布的黑道議員是二百八十六位）。然後直昇機盤旋飛起，將被捕者押解至綠島，宛如黑幫電影的畫面，在電視播出一陣子後，不再被提及的、許多治平對象紛紛被裁定保外就醫或無罪釋放。

掃黑？

選擇性的掃黑，重點不在於拔除掉深入各鄉各鎮、盤根錯節的黑金，而是「國民黨利用刑事司法系統以確保黑道對他們支持的手段」，「使用合法武力對於背景複雜、涉及鑽營不法利益的地方派系人士有很大的控制能力。」[12]因而掃黑過後，除了促使某些幫派分子如陳啓禮等，潛逃出國（到柬埔寨），間接造成台灣犯罪集團的國際化、全球化之外，黑金依舊在，只不過獲取暴利的金錢網絡，於九〇年代後，黑白合流得更加金光閃閃了，「越過黑夜、白天的交界……躲在政府的言行舉止之下，每隔一段時間，就換穿新的衣服，新的僞裝，讓外表看起來不像是邪惡及壞。」（引自Marcos〈夜晚屬於我們〉）

死了三個小孩之後

然後二〇〇六年入秋，死亡事件又發生。

九月二十七日下午，我如常坐在家寫這本報導，卻聽見村庄路駛過嗚伊嗚伊的救護車聲響。有事發生。消息在村庄內總是傳得很快，不久，我就在自家院埕聽到，剛剛村庄有三個小孩，不小心跌落農地被盜挖所形成的泥濘坑洞內，淹死了。

我一聽楞住，隨即淚下（事實是我難以忍抑的大哭）。就我所知，這已經不是我們村庄第一次，也不是第二次，村庄小孩死於盜採泥沙去賣所形成的坑洞內。大地母親被挖傷，但為什麼不是傷害母親的人受到懲罰、獲得報應，而是無辜的小孩，一而再、再而三的失去生命。

三個圳寮國小三、四年級的小孩，其中一個，是我國小同學的兒子，另外兩個是一對兄妹。兄妹的母親是從越南嫁入村庄的外籍配偶，而我國小同學離婚後，將孩子交給阿公阿媽帶，自己出外工作。

那天下午放學後，孩子們從國小騎腳踏車回家，路經俗稱三條溝的水圳旁，也許一時興起，將腳踏車停在路上，脫下鞋子，放好書包，沿著水泥砌築的田岸路，走入田裡玩。

是每天都會經過的田地，水稻田隔壁是香蕉園。香蕉園後方，沿著三條溝形成一處蓄滿黑泥濁水、看不出深度的水塘。水塘周邊圍了一圈待售的土泥。這不是我們村庄，不是濁水溪流域，當然更不是全島唯一一處被開挖的農地。以彰化縣為例，光二〇〇六年那年夏季（死亡事件發生前），就有多起農地被盜挖，回填垃圾廢棄物的案例見報；雖然，類似的新聞，頻繁到只能在報紙的「地方版」出現，根本引不起「中央」的注意。

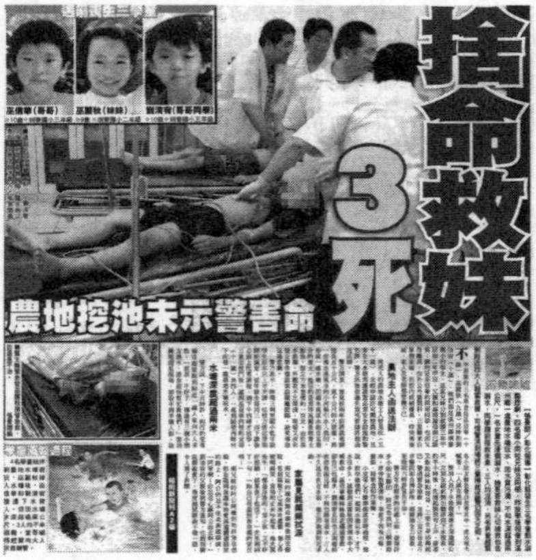
搶命救妹 3死
農地挖池未示警害命

2006 年 9 月 28 日《蘋果日報》的報導。

譬如，伸港鄉全興村大肚溪堤防旁，「一處廢棄魚塭，被大量傾倒廢棄物回填，廢棄物包括雞、鴨羽毛及內臟，發出的惡臭味連數公里外的福安宮一帶都聞得到……還有疑似工廠排出的集塵灰、爐渣等……環保局稽查員現場採樣攜回化驗……並勒令限期改善」，但地主辯稱，「他在六、七年前曾經停止養殖，魚塭卻遭人任意傾倒廢棄物，他不知道是誰偷倒的。」（《聯合報》記者簡國書／仲港報導 2006/07/29）

又譬如「農田挖坑埋垃圾／達四層樓深」的標題，九月十日再次現身《中國時報》的地方版，記者吳昆宗寫到，「溪州鄉成功村下田路旁下壩段，一筆面積五分多的田地，四年前因違反區域計畫法挖掘砂石，被法院強制回填。目前涉嫌以營建廢棄物充數回填，由於該筆農田約有一半被挖四層樓深，場面令人怵目驚心。」

被員警當場抓到的曳引車司機表示，他是受「林董」委託，從台北林口運載廢棄物到溪州傾倒。運載一車廢棄物的工資是兩萬五千塊，傾倒之前，加領一萬塊的傾倒費，至於林董的確實身分，他表示不知道。

挖土機運匠則表示，地主每天付給他一萬四千塊，要他「整地」，「他事前曾表明，必須合法才願做」；意思是，他不知道這是違法的。而農地主人呢，說他才剛向陳姓男子買地，尚未過戶，且他「買地時曾要求土地必須回填後才買，計畫填平後用來種植木瓜。」（是嗎？）

幕後的藏鏡人，很難被「員警埋伏逮正著」（如報紙標題），縱使逮到人頭地主、運匠司機，除了任意傾倒廢棄物，觸犯廢棄物清理法，依農地盜挖所違反的區域計畫法——二〇〇〇年，罰鍰從三千塊提高到六萬至三十萬元——縣市政府「得」以連續開罰（「得」的意思是，也可以不用），要求限期改善，若不改善，才「得」依規定，移送司法機關偵辦。

而偵辦後，可能因爲罪證不足，不予起訴，若眞的起訴，最重本刑六個月（比酒後駕車肇事刑責還要低），更可以易科罰金（跟獲利相比，微不足道的罰金啊！）。

雖然根據行政院核定的「加強取締陸上盜濫採土石處理方案」，各地方政府除了依「區域計畫法」

取締，也可以依「土石採取法」第三十六條規定，對未經許可採取土石者，處新台幣一百萬元以上，五百萬元以下的罰鍰。但到底要依區域計畫法，罰六萬，或依土石採取法，開五百萬元以下的罰單？裁量權握在縣市政府的手頭。縣市政府的首長，又是金主樁腳支持選上的；不得不考量啊！

於是，根據經濟部二〇〇五年彙整的資料顯示，全台各縣市政府，依土石採取法（而非依區域計畫法）取締的盜採陸砂案件，以苗栗縣及屏東縣（各二十四件）違規案數最多，而被盜挖面積最大宗的，是花蓮縣（約五萬多公頃）。

到二〇〇六年（一月到八月），違規案件最多的仍然是苗栗縣與屏東縣（各十六件與二十九件）。依盜挖砂石數量與罰鍰來看，譬如苗栗縣，被查獲盜挖了十七萬立方公尺的砂石，依時價，業者獲利約九千萬，政府以罰鍰較高的土石採取法，開罰到九百萬，仍然讓業者賺了八千多萬。更何況，各縣市政府依土石採取法開罰的案例，只佔盜挖案件的一小部分，甚至沒有。譬如同樣被盜挖的彰化縣，從二〇〇五年到二〇〇六年，零件，沒有一件依土石採取法開罰的案件。

但不管依什麼法取締，不是全島人觀看的台北城內（彼時要求陳水扁下台的紅衫軍正在「圍城」），鏡頭攻防的焦點所在。而我在村庄內，緩慢的寫著報導，從春天到夏天，再到入秋，觀察到我們村庄附近，農地被盜挖的情形，不知爲何比往昔盛行？

不再只是「一魚三吃」或「一魚兩吃」的傳統模式，而是發展出新的盜挖型態，在灌溉渠道旁的田地，挖出凹槽型、深度大多超過兩米的凹洞、水塘，引濁水流入，沉澱土泥（俗稱「土膏」），伺機出售。

砂石車沿著我國中時騎腳踏車往返的水圳路，轟隆隆的，約莫每半小時就有一輛疾駛而過，致使我坐在自家書桌前，再怎麼掩耳，仍然聽見那刺耳聲響；一車車的暴利啊！尤其在我寫到這本書的砂石議題時，也許因爲心理作用，總是特別清晰的，感覺到砂石車好像一輛輛穿行過我的腦海，讓我的太陽穴隱隱作痛。

煩躁時，我常離開面窗的書桌，走到院埕。從我家三合院院埕望出去，經過一小片樟樹林及田地，可以看到莿仔埤圳旁的水圳路，砂石車就在那裡，往返奔馳。

而今砂石車，大多已不再如九〇年代初，明目張膽的違法超載，而是已遵循規定，在砂石上覆蓋起黑網遮蔽；恰如九〇年代初，黑道色彩濃厚（甚至自己開槍打死人）的地方「頭人」們，大多已經漂白，而盜挖的怪手，正在試圖「合法化」農地盜挖的行爲。

九月十六日，《中國時報》民意論壇版，刊登徐世榮教授所寫〈一場農地的大浩劫？〉，文中提到經濟部「如今更進一步的由礦業司緊鑼密鼓的研擬『非都市土地農牧用地容許平地土石採取試辦計畫』及『經濟部平地土石採取示範區推動計畫』。試圖劃設數千公頃的『平地土石試辦區』，再逕行採取『容許使用』的方式開放申請採取土石。」

「問題是，作爲農業使用的土地又如何能夠與土石採取相容使用呢？當表土及深達十至十五公尺的砂石皆被挖走了之後，農作物又將如何來附著呢？……如此不依循正常制度管道的平地農牧用地開採砂石，將造成國土的滿目瘡痍及傷痕累累，並成爲永續台灣的一大浩劫。」

閱讀後，我心底一驚，揣想村庄附近這陣子更爲盛行的盜挖，是否和民進黨政府剛下達的命令有關？是否砂石業者早盤算，盜挖很快就要合法化？然後就在徐教授發表文章後的第十一天，我們村庄的小孩，便死於不再種田的田地內。如同前兩次（八〇年代初與一九九〇年），都是一個小孩出事了，同伴們想去救，結果全部罹難。

不同的是，今日村庄小孩已經被耳提面命、再三告誡，不敢涉足滿是砂石場、廢棄物掩埋場的濁水溪河床——河床遍布的漩渦，改為吞沒那些遠從東南亞農漁村來台打工、很會游泳、但往往不知有漩渦這回事的外籍勞工——卻連在村庄內玩耍，都變得危險。

死亡事件是徵兆、是預告、是警告，但島中之人意識到了嗎？事發當晚，電子媒體反覆播放的「情節」是，「兩兄妹的越南籍母親稍後趕至醫院，看到兩稚子已成冰冷遺體，傷心得嚎啕痛哭，當場和丈夫吵起來，她大罵先生：『都是你害的！要小孩，又不好好照顧，結果孩子也沒了。』先生則回了一句：『妳自己有盡到做母親的責任嗎？』」（如《蘋果日報》隔天所報導）彷彿只是齣「家庭悲劇」，彷彿只是件「意外」。

眞正的罪魁禍首，結構性的問題被視而不見，被輕易忽略。隔日，多輛 SNG 車希罕的「駕臨」圳寮國小，走下穿著時髦，大多腳踩高跟鞋的年輕女記者，以及男攝影記者，他們「採訪」到死去的小孩在校成績優異，同時針對三個小孩的家庭狀況——單親、隔代教養、母親是外籍配偶——大做文章；問題是，類似的家庭是農村普遍的現狀，記者們「有空」去報導為什麼嗎？平實的報導，能符合媒體主管面對收視壓力所下達的要求嗎？若有違媒體財團的利益，事實有可能呈現嗎？

沒有，匆匆來去的媒體鏡頭，很快遺忘，不再具有「賣點」的村庄，雖然死亡事件的後續，仍在暗潮洶湧，島嶼被盜挖的坑洞，也持續擴大。

十月十四號，中秋節前夕，我再次去找我國小同學，她仍在服喪，一身白色運動服，看來憔悴消瘦許多。她的前夫默默坐在客廳椅子上，偶而遞給她一根香煙，兩人各自抽著。我們聊到媒體及某些村庄人們，將死亡事情歸罪於單親家庭，歸罪於父母沒把小孩帶好，實在有失公平，也聊到盜採盜挖不可能因為這次事件而停止。雖然事發後，村庄附近的田地都已回填，彰化縣政府派出稽查人員，在「非常時期」查得比較勤，經濟部「平地土石採取示範區推動計畫」，也「暫緩實施」（難保何時又會靜悄悄的，用一紙行政命令允准農牧用地採砂），但砂石政策若沒有通盤檢討，怎樣都抑止不住貪圖暴利者的慾望，以及市場與政府的建設計畫合謀，對砂石的需求。

十月二十二日，延續此議題，屏東地檢署檢察長蔡瑞宗呼籲，應該要「儘速修法，大幅提高濫挖土地刑責，且不待行政機關的回復原狀命令，檢、警可立即查緝偵辦。」⑬

但誰有權修法？由各地樁腳金主支持產生的立法委員，如何能夠斬斷樁腳金主（甚或自身）的錢脈來源？縱使提高法律刑責，各地方派出所、警察局員警，如何偵辦幕後老闆往往是鄉鎮長、縣議員、立委、縣長等金主的砂石業者？事實往往比知識分子想像得複雜。

在那個晚上，我和我國小同學聊天，她說到她願意做些什麼來阻止盜採盜挖，她說，那算是她和她死去的兒子之間的悄悄話，她對兒子說，「兒子，你是英雄，因爲你的犧牲，才讓更多人注意到這件事。」我聽著，跟她一起掉淚，想起之前到她家，她跟她的兒子介紹我說：「這是我國小同學喔……你知道是什麼意思嗎？就是我們都是念圳寮國小的。」

我掉著眼淚，回想那些點點滴滴，但很快明白，眼淚永遠是不夠的，甚至常模糊掉視野。

死亡事件發生後，地方上的民代官員——縱使他們就是攫取砂石暴利的一分子——都立即前往喪家慰問，並致贈慰問金。慰問的「新聞」畫面，在電視台播出，據某位詳知內情，偵辦多起砂石盜採弊案的警界人士對我說，看到這種畫面，簡直要吐血；造成死亡的是他們，前來慰問的也是他們。

繼而在新聞熱潮過後，失去小孩的喪家，和開挖農地，被依過失致死罪函送法辦的農地主人，針對賠償金談了幾次，都不歡而散。家裡同樣不怎麼有錢的農地主人堅持，死掉一個小孩賠四十萬，但喪家不能接受。期間，我打了幾通電話，和國小同學討論一些法律問題，包括國賠的可能性等等，我說若需要律師，我可以幫忙介紹一些平時就關心環保議題的律師。

幾天後，同學打電話給我，說她已經委託律師，是我們村庄最「大尾」的黑道董事長介紹的。她說，因爲黑道大哥（她當然不是用這個詞）及其支持的縣議員要幫忙協調和解金的金額，聽他的比較方便。我說，喔……。

喔！家鄉啊！

註

① 艾瑞克·霍布斯邦《盜匪——從羅賓漢到水滸英雄》，一九九八年，麥田出版。所引翻譯略微更動。

② 謝聰敏《黑道治天下及其他》，一九九三年，謝聰敏國會辦公室出版。

③ 妓女戶的俗稱。

④ 陳國霖《黑金》，二〇〇四年，商周出版。

⑤ 羅如蘭、沈揮勝、戴志揚〈毒品問題〉專題，《中國時報》，二〇〇六年。

⑥ 根據謝通運兒子的高中友伴陳文彬描述。

⑦、⑧、⑨、⑩：同④。

⑪ 吳音寧《蒙面叢林》，二〇〇三年，印刻出版。

⑫ 同④。

⑬ 中央社記者陳慧貞屏東縣報導，二〇〇六年十二月二十二日。

政府有一本作文簿

一九九五年行政院農業委員會印行了《農業政策白皮書》，在序言中寫到（當然括弧內是我所加註）：「我國經濟發展，早期係以農業（爲剝削／稅收）主體，由農業扶植工業，帶動其他產業起飛，締造台灣經濟奇蹟（同時也屢創世界污染第一）。隨著工商部門的快速成長，農業在國家整體產業中所扮演的角色也在轉變中。民國八十二年（西元一九九三年），農業生產佔國內生產毛額之比率爲三．五％，與工商業比較，其經濟貢獻相對降低（還會再低），但農業之非經濟性功能，如保障糧食安全、提供開闊的生活空間與綠色景觀以及促進生態平衡等（沒有提到農村文化的價值），則非其他產業所能替代，其貢獻度亦難以一般價值觀（賺錢觀）量化。在國人日益重視生活品質與生態保育的趨勢下，農業部門固應遵循市場導向調整生產結構，尤應致力於環境品質之提昇（話是這樣說啦：：：）。」

（但是，你知道的嘛……）

經貿自由化乃世局所趨（弱者恆弱、強者更強，乃自由化所趨），我國爲世界第十三大貿易國（沒辦法加入聯合國），雖非國際經貿組織成員，但亦無法自外於國際經貿規範（弱國的處境）。爲增進國家整體利益（只好再度犧牲反正已經爲數不多的農民），政府正積極爭取加入關稅暨貿易總協定（General Agreement on Tariffs and Trade；簡稱 GATT），以取得應有之國際地位（還是沒辦法加入聯合國），開拓更寬廣的經貿和外交發展空間（更寬廣的被殖民的空間；世局所趨呀）。就農業部門而言，目前已有九十％的農產品可以自由進口（及走私），許多產業亦（不得不）已有所調適（或放棄），唯隨著自由化政策的加速推展，短期間（從此），農業仍難免會受到衝擊，部分產業將因相對缺乏經濟效益而萎縮（香茅、樹薯、小米、大豆、棉花、大麥、小麥、黃麻、瓊麻、苧麻、亞麻等繼續消失，花生田、玉米田、地瓜田、蔗田及水稻田……繼續萎縮），人力及水土資源也將配合國家整體發展而調整利用（譬如配合國家「整體」發展，將整條濁水溪的水「調整」，從上游築起攔河堰，供水給王永慶的六輕使用，就在一九九三年動工）。不過在市場機能的運作下，部分具有競爭潛力的產業也會有更多的發展機會（是嗎？）。長期來看（到二〇〇七年），總體資源之配置將會更具效率（更具「效率」的、降低農業生產毛額之比例），農業生產結構也會更趨合理（更趨「合理」的、維持國產農作二十餘年的低價，同時更趨「合理」的、促進進口水果如哈密瓜一顆一千多塊仍有人買），而加速農業之升級（譬如「升級」到王永慶表示要企業化種植有機蔬菜，而政府正在研擬，引進外勞替企業主種田的可能性）。未來（如同過去所一貫宣示的）政府將加強各項產銷公共投資，以改善農業經營環境，並將健全農村社會福利制度（不過你也知道的，政府財政總是有困難），照顧農漁民生活（也許直到滅農）。」

署名農委會主委孫明賢「謹識」的序言，更提到，「本農業政策白皮書係首度編纂……導引出至公元二〇〇〇年（沒想到竟然由民進黨取代）之施政目標與發展策略」，而參閱一九九三年底，縣市長選舉前，民進黨中央黨部印行的《農業政策綱領》，可以發現，兩者有許多共通之處；簡直就像同一本作文簿。

在《農業政策白皮書》中，國民黨將農業政策區分為六項：

一、產業政策：明訂「加入GATT後，配合烏拉圭回合談判達成之農業協定……自八十八年起，停止辦理雜糧保價收購（順著同一套脈絡，加入WTO之後，民進黨政府更預計停止辦理稻米保價收購）」、而「畜牧發展將朝向大規模企業發展」等等，總而言之，恰如彼時的反對黨民進黨在《農業政策綱領》中所寫：「貿易自由化是時代的趨勢，以貿易為經濟成長主要動力的台灣，不可能違逆這一趨勢」（雖然這款「不可能違逆」的趨勢，從來也不是什麼物理或化學定律，只不過是島嶼長期缺乏左翼思想所致）。

二、農漁民政策：國民黨表示要「規劃建立離農年金制度，落實農漁民保險、農業天然災害救助及高齡者輔導等」；民進黨提出「老年離農津貼」等「農民年金制度」。然後在一九九五年二月，立法院通過農保暫行條例時，民進黨籍的立委共同提案，附帶對老農津貼給予補助，繼而通過「老年農民福利津貼暫行條例」（「暫行」至今而農民年金不再被提起討論）。

三、農地政策：國民黨說「放寬農地農有限制，維持農地農用」，民進黨表示「放寬農地農有之原則，維持農地農用之原則」，但不久後（二〇〇〇年總統大選前夕），兩黨五次協商，共同通過彼時百餘位教授連署要求暫緩通過的農發條例修正草案，不再「放寬」，而是根本「放棄」農地農有的限制，更談不上維持農地農用之原則。

四、資源管理政策：國民黨承認「在追求經濟發展的過程中，林地及山坡地的不當開發利用，超抽地下水，不當使用農藥、肥料及排放產業廢水、廢棄物等，造成水土資源的污染、空氣品質的降低和臭氧層的破壞，影響生態環境與氣候變化；而各產業競用土地及非法捕獵野生動植物等行爲，也對動物棲息地及物種繁衍造成不利影響。近年來，國人已逐漸感受環境品質降低及水土資源流失對生活品質及經濟活動之影響，亦體認到自然資源保育的重要性。如何供國人潔淨健康的生活環境，維護可供後代子孫永續利用之水土資源，是未來農業發展的重要方向。」——（像作文範例一樣）國民黨強調的環保說詞（僅只是說詞），同樣適用於二〇〇〇年取得執政權的民進黨；一體通用的格式（及各款無視環保宣示的實際作爲）。

五、科技發展政策：從國民黨版的「強化科技研發成果之推廣體系，促進產業升級」（延續蓋水庫、使用化肥農藥、成本高昂的耕作模式，更進一步「升級」、「強化」）、「發展基因工程等關鍵性生物技術」（號稱第二次綠色革命）、「保障農業科技智慧財產權」（保障跨國農企業公司賺錢的「專利」），到二〇〇六年民進黨執政的農委會登報廣告，說是要「強化創新研發」（延續「強化」再「強化」）、「建設農業生物科技園區」、讓「農業科技帶動新農業，點綠成金」、「期待創造另一個半導體產業奇蹟」（奇蹟啊？）。

六、國際農業合作政策：一言以蔽之，「增進與已開發國家（以美國爲首的農企業跨國公司）之科技交流與投資合作」。

除了彼時民進黨提出，「廢除農會總幹事遴選辦法與績優總幹事優先保障連任」、「廢除現行農會事業基金方式，恢復農會股金制度」、「農會選舉方式應改爲會員直接選舉總幹事及會員代表」等政見，挑戰到國民黨對農會組織的看法與運作模式，其餘的，幾乎雷同。幾乎從九〇年代中期——以國民黨的《農業政策白皮書》及民進黨的《農業政策綱領》爲例——就可以預見，台灣農業的基本政策，並不會因現有的政黨輪替而有所轉向。

名爲中華民國的這個政府，領導者從蔣介石、蔣經國、李登輝到陳水扁，一貫，攸關農業政策的作文簿裡，寫到「保障糧食安全」，卻從五〇年代開始向美國購買所謂的剩餘農產品、六〇年代進口美國穀物、七〇年代至八〇年代，更大宗的進口、到九〇年代加入GATT後，幾乎全面由進口取代島嶼的雜糧農作，至二〇〇二年加入WTO之後，稻米產量更是逐年銳減——「你聽見了嗎／你聽見米糧即將棄絕的警訊／逐漸逼近了嗎」（引自吳晟〈誰願意傾聽〉）——再到二〇〇五年，「根據農委會最新出爐的『台灣糧食平衡表』統計，二〇〇五年台灣糧食自給率爲三十·五％，較二十年前糧食自給率五七％，減少了二十六·五個百分點，也較日本二〇〇五年糧食自給率四十％，少了九·五個百分點。」其中，「米的自給率則由十年前的一〇八％降低至去年（二〇〇五年）的八九·三％，降低了一八・七個百分點……台灣每人白米可供消費量爲四八・六公斤，較十年前減少了十・五公斤……」[1]。

海島台灣，若稱得上是「國」，這個島國，連基本的米飯都已不能自給自足，更不用談其他；「保障糧食安全」？

若是有人——如立法委員在立法院內——詢問：「政府是否曾考慮到一旦外國發生饑荒而導致國際糧價居高不下，而我們又未掌握本身的糧食生產，面對此可能發生之危機，請問……是否有因應的處理辦法？」[2]

通常農委會的官員會如此回答：「這也是我們念茲在茲，一再強調：優良農地必須保存下來的主要理由……」、「一個國家無論經濟如何發展，如果沒有農業，立國之條件就會受到相當嚴重的威脅。」[3]

但一邊說著「優良農地必須保存下來」，卻一邊開放農地自由買賣的農委會，面對海島台灣「立國」所必需的，兼具國防意義的糧食自給率，逐年下降，有什麼具體的措施嗎？這個，在政府的作文簿裡，倒是至今沒寫。

政府放任連鎖的便利商店，譬如創立於美國，一九九一年由日本公司收購大部分股權的7-Eleven，從一九七九年在台灣的第一家，到二〇〇五年全島總店數達八千七百二十九家，遍布、連鎖、制約住島嶼大多數住民的消費習性，買賣過程中不清楚，通常也不在意食物的來源（甚至覺得進口的食物比較「好」）。到二〇〇六年，金門、馬祖、澎湖等離島也都立起了7-Eleven的招牌——連鎖再連鎖，一路被打敗的柑仔店，被打敗的傳統市場及在地生產——各大跨國量販店，如荷蘭的萬客隆、法國的家樂福、美國的好市多、英國的特易購等等，也如雨後春筍般，至今已冒出百餘家；「保障糧食安全」？

會不會「有一天，進口糧食斷絕／而台灣島嶼已找不到農民／甚至，找不到可供耕作的田地」（引自吳晟〈你不必再操煩〉），如同曾經被葡萄牙殖民，如今全仰賴中國進口菜蔬米糧（而不敢違逆中國政權）的澳門小島？在澳門詩人若澤・費雷拉〈古老的大屋〉一詩中寫到：

澳門，你的園中有水井，
轂轆上懸吊著水桶，
把水送到各家各户。
你的菜園中有果樹，
東一株，西一株；
從後門送走了垃圾
從後門阿媽去買菜
還有擔水人
進進出出
如今你們何在？

——引自若澤・費雷拉〈古老的大屋〉④

而倘促著樓房林立，不再有農業、不再有果園、不再有一小片水稻田，也不再看得見傳統市場的澳門小島，果眞是海島台灣想要成爲的模樣？努力打拼想要成爲的模樣？

老年農民福利津貼（簡稱老農津貼）

當然，政府的作文簿裡，少不了「環保」這兩個字，少不了宣稱農地的生態價值、景觀價值、文化價值等，不能只以金錢衡量，但是農委會每每遇到經濟部，便只能臣服；環保每每遇到開發，便只能棄守、再棄守，同時政府的作文簿裡，更列舉諸多「德政」，強調照顧農民「不遺餘力」……，譬如，一九九五年五月，在立法院的內政及邊政、經濟、財政三委員會審議「老年農民福利金暫行條例草案」時，站上台報告的農委會主委（如同過去、未來的大多數官員）說：

「事實上，政府多年來已陸續推動相當多農民福利措施，如辦理稻穀及雜糧保價收購（至一九九九年停止）、以優惠價格供應農、漁民農業用電及漁船用油（遠不及榮民水電半價且九〇年代中期每月至少可領七千塊，更不及軍公教糧食配給、子女學雜費補助、退休又有十八％可領的優惠）、免徵水利會費（已徵收四十幾年直到農地無水可耕）、免徵田賦及農地移轉增值稅（農地若沒變更，移轉也難以增值）、農產品交易免徵營業稅（幾無營業稅可徵）、農業收入免繳綜合所得稅（因爲農人的農業收入少到根本達不到繳稅標準）、補助及低利貸款購置農漁機具（鼓勵農漁民負債購買生產工具也算福利？）、以優惠利率貸放農漁業產銷資金（大多由那些和農會關係良好者貸走）、推動農漁村社區環境改善、辦理農業天然災害救助、執行各項農村建設計畫（發包各項農村建設工程，給誰承包？）等等，均屬照顧農民之福利措施。」

1994 年老農津貼請願。（攝影／ avant）

農委會主委站在台上，照稿唸了一大串之後，繼續說：「另爲維護農民健康，增進農民福祉，自民國七十四年十月二十五日起試辦農民健康保險，並於七十八年七月一日立法全面施行（雖然公保自一九五八年就開始實施，而農保整整晚了三十一年）……顯示政府重視農民福利不遺餘力。」

然後官員報告完畢，各地方選出的民意代表也輪番上台發言。二月，由民進黨籍立委在審查農保時提出的「老農津貼」，三月遭院會否決，但已引起社會討論，五月又排入議程，爭論的焦點在於，發放老農津貼是否合乎「公平」的分配原則？是否會「造成國家資源的浪費與扭曲」（如國民黨籍立委所說）？是否會拖垮國家財政，並對其他「施政項目產生嚴重排擠效應」（如彼時財政部官員所表示）？

爭論中，財政部長依財政部一貫的發言模式，首先，先喊窮，表示「近年由於政府稅收成長遠不及支出的成長，此結構性失衡已形成政府財政快速惡化現象（會再惡化）……」，因而對老農津貼的發放資格，提出「老年農民最近一年度綜合所得總額不超過該年度免稅額及單身標準扣除額之合計數者」（啥米？）為限，始得申請。

但彼時民進黨籍的立委，紛紛發言反對老農津貼對農民設下資格限制，譬如日後當選台南縣長的蘇煥智說：「今天台灣的經濟發展，主要是奠定在犧牲整個台灣農業的基礎上。可是國民黨這幾年來，口口聲聲指稱農業拖垮國家財政……」

出生成長於二林的廖永來表示：「今天，農民保費負擔已太重，以『稻農』為例，台灣農民耕地面積不到一公頃，每年收益為四到六萬，還要考慮到天災及農作物收成後的價格，以一位老農夫與一位老農婦收入為例，每月只有四千元（事實上直到今日仍是這款農業收入），而農保保費每年要交三千三百二十六元，亦即每月一位農民的平均所得正好夠交農保一年的保費。目前的福利制度並無法保障年紀較大的老農……」

日後，擔任過彰化縣長的翁金珠，也要「大家摸摸良心想想看……農保的實施，則遲至六年前，透過全體農民及許多社會正義人士共同走上街頭，經百餘人流血之餘，才告實施。再進一步說，公保及勞保都有老年給付，但農保則僅有死亡給付。對於這種不公平的事，最近（財政部）林振國部長還指稱，有多少農民開賓士轎車、進口車，甚至於說農民有多少財產云云……本席認為，凡是有良心的人都要多加思考……」。

然後在民進黨立委爭取，加以少數農業縣的國民黨立委支持下，好不容易才通過「老年農民福利津貼暫行條例草案」，規定「本條例之適用對象為年滿六十五歲以上之農保被保險人，其福利津貼之發放至本人死亡當月止」。

恩賜般、「賞」給經歷第二次世界大戰（政權轉換）、國民黨來台、二二八事件及白色恐怖統治下，被課徵繁重賦稅（以農養工）、被肥料換穀、被徵收米糧、被刻意壓低農作價格達數十餘年的老農，此後，每個月三千塊的「福利」——但誰願意？

誰願意整地、播種、插秧、除草、施肥、巡田水、再施肥、再除草，忙到稻穀收割後，扣掉成本、工錢，每分地每個月夫妻倆大約只收入一千塊，然後靠著這樣微薄的農業收入爲生，等活過六十五歲，再領每個月三千塊的「福利」？

誰願意？

誰願意留下來
守住最後的據點
寂寞對抗霜寒烈日、颱風暴雨
只爲了等待領取老農津貼

——引自吳晟〈老農津貼〉

老農津貼通過後，一年比一年更少的務農人口，回答了這個問題。倒是之後，候選人每到競選，便如市場賣菜（菜裡農藥有多毒，表面光鮮通常看不出來），競相喊價，我送兩支蔥啦！我送三支蔥！我再加送一顆辣椒之類，提出發放「老人年金」的「福利」，每個月送三千塊啦！四千塊啦！我開五千塊的支票。於二〇〇三年，立法院通過「敬老福利生活津貼暫行條例」（「暫行」至今缺乏周全的社會福利制度），規定「年滿六十五歲，在國內設有戶籍，且於最近三年內每年居住超過一百八十三日之國民……得請領敬老福利生活津貼，每月新台幣三千元」。

於是，凡在島嶼有毒的環境中，活過六十五歲者（不管從事什麼職業），每個月可領三千塊的敬老津貼，老農津貼則由三千塊提高為四千塊。

到二〇〇五年選舉前夕，候選人又競相開支票了，曾在老農津貼最初要立法之際，斥之為「不符合公平正義」，會「造成國家資源的浪費與扭曲」，並對其他「施政項目產生嚴重排擠效應」的國民黨立委，喊道：「五千啦！」而已是執政黨的民進黨不敢反對，也沒有提出具體的社會福利方案，便繼續將暫行的老農津貼提高一千塊的、暫行下去（也許「暫行」到滅農之日？）。

啊——福氣啦！

農地釋出方案

一九九三年農委會依行政院指示，「研擬農地釋出方案與農地變更使用準則兩草案，報請行政院鑒核」，繼而在一九九五年夏日將盡之際，「農地釋出方案」定稿，明訂出各款，讓行政機關及民間得以有更大的空間，核准、申請農地變更的法令依據；「依法」（以富含權力的文字），列出四大作業要點：

一、擴大農地變更管道：由「目前僅能由政府辦理之土地使用分區變更，擴大允許民間（企業、財團）亦得申請辦理」。

二、農業用地分區調整：譬如將農業區內，「地層下陷、都市邊緣、已被建築用地包圍之零星農地」及所謂的「不適農作生產地區」，調整改劃其他分區（不再屬於地價低落、只限自耕農才得以買賣、必須種作的農地）」——但怎樣的農地，屬於「不適農作生產地區」呢？規定表述得不明不白

（也許曖昧都是故意、都另有目的），其實，指的不外乎是土壤已經病變、已經被「一魚三吃」——盜挖田土、回塡垃圾廢棄物、抵押給農會——的農地。

於是被破壞、被污染的農地，反而有機會變更地目，成爲建地、工業用地、商業用地等，以較高的價格賣出去。在吳晟一九九六年發表的〈不妊症〉一詩中便寫到，「更驚心的是，併入不適用耕地／也許正符合農家心願／趁機將稻穗不妊症／變更爲有殼無實的繁華」。

三、放寬農地變更限制：舉凡什麼「國家重大建設」、「經行政院核定之事業或公共設施」、「住宅社區及屬低污染（標準爲何？）之工業區」，都可以在「特定農業區」內的土地上蓋起。

四、簡化審查程序：而這些變更，「免再徵詢農業主管機關同意」。

在農地釋出方案中並規定，關於農地變更，原則上要「配置適當公共設施、環保設施及隔離綠帶或隔離設施……以確保生態環境及避免污染農業灌溉水質」，且「農地變更所得利益」（往往是很大的利益），「應繳交回饋金」給中央農業主管機關及縣市政府，「從事地方及鄉村建設」（雖然建設往往就是工程發包的同義詞）。

但就連這款基本原則，都有原則上的例外，譬如，「爲促進地區均衡發展，宜蘭、花蓮、台東及澎湖、金馬地區之農地變更免繳回饋現金」（意思是，爲促進宜蘭、花蓮、台東、澎湖、金馬地區的「均衡發展」，所以不用繳交回饋金給政府，從事宜蘭花蓮台東澎湖金馬地區的「地方及鄉村建設」？）；又譬如，農地變更爲高爾夫球場或遊樂區，原本規定，需繳交公告地價十二％的回饋金，並捐贈三成土地作爲保育綠地，卻在隔年（一九九六年）修正，將高爾夫球場及遊樂區老闆須繳交的回饋金，降至五％，且「依法」，保育綠地也不用設置了。

到一九九六年十二月，行政院核定廢除農業區及保護區內，公有土地禁止出售或出租的禁令，意思是，海島台灣原屬於所有住民所有、預計要留給下一代、再下一代的土地，都「可以」（到底是誰允准的？）賣給、租給私人企業，於是之前人人都可以親近的、譬如公有（共有）的海灣，陸續被政府出租出售，成為某飯店、某遊樂區老闆（股東）所「擁有」的、一般民眾沒有繳費就不准進入的私有地。

九〇年代中期，彼時的我並不清楚，海島台灣（我和所有貧窮的人也有權力擁有）的公有土地，正被國民黨政府以怎樣的速度在「釋出」，不過我記得當時我常在春天來臨時，前往墾丁，參加一年一度、名為「春天吶喊」的音樂季，卻在每次重返墾丁時都發現，天啊，又一片去年可自由踏足的沙灘，被「自由」的劃入飯店圍起的領土內，必須要付錢，才能靠近。

同時，公民營事業依「開發許可制」——「上級政府就其區位適宜性、開發利益回饋、外部設施及對社經自然環境影響可接受度等因素（多麼籠統的標準），予以審核」——申請核准者，就可以變更農地，加以開發……於是具備生態、國防、文化、糧食安全等價值，種田賺不了什麼錢的一片「又一大片青青農地，迅速消失／田頭小小土地公廟，也深深掩埋／……

無田守護的土地公

……

隱隱聽見政客與財團

聯手歡呼

歡呼完成了「農地釋放」

——引自吳晟〈土地公〉

但「僅」只是放寬農地變更條件、釋出公有土地，是的，仍滿足不了市場對於土地的需求，就在農地釋出方案實施之際，行政院也正式提案，修正農業發展條例，預計終結島嶼五十幾年來，「農地農有」（縱使是日漸淪爲宣示性）的土地政策，朝「自由」、「開放」的方向，大步向「錢」邁去。

註

① 楊維民〈去年糧食自給率三〇・五%〉，《自由時報》，二〇〇六年八月三十一日。

② 立法院公報院會紀錄，一九九九年十二月九日，農業發展條例修正草案第二次聯席會，湯金全委員發言。

③ 如上之院會紀錄，彼時代理農委會主委林享能的回答。

④ 選自《中葡澳門詩歌選》，一九九九年，澳門文化司署出版。

世紀末農地大清倉

農發條例中的「農」，到底是指農業？農民？還是農會？「發」，是指發展？還是發財？①

「繼續開會──」立法院公報的院會紀錄，紀錄到那年（二〇〇〇）年初，冬日氣候中，立法院三讀通過了農業發展條例（簡稱為農發條例）修正草案的過程，由兩百多個民意代表，決定了台灣農地的命運；而一旦決定了，就決定了。

從正式提案到一讀（一九九七年）

修法的過程，在過往威權時代，一黨獨大的情況下，行政體系往往佔絕對主導的地位，但隨著政治民主化──民選制度的形成──各地方選出的民意代表及其所代表的「民意」（或說政商、族群利益），於九〇年代也逐漸進入中央的場域角力。

一九九六年八月，行政院首度將農發條例修正草案函送立法院經濟委員會審查，此版本係依《農業政策白皮書》中所寫，「放寬農地移轉承受人之身分與資格，已為時勢所趨」、「配合國家建設需要而變更使用乃時勢所趨」等，決定先釋出五萬多公頃的次要農地，給農漁會及農企業等承購，預計五年後完成配套法案，再修法，開放農地自由買賣。

不過收到提案的立法院內，立委的任期根本不到五年，根本等不了那麼久，也大多不滿意行政院開放的幅度；五萬公頃農地？拜託，怎麼夠買賣。尤其國民黨的農業縣立委（彼時媒體稱之為老農派立委），更強力爭取加速開放，廢除五十幾年來「農地農有」──原則上只有自耕農、或必須弄個假的自耕農身分才能夠買賣農地——的規定。

於是一來一往，兩相爭執較勁中，國民黨中央政策會及中常會扮演仲裁、協調的角色，於一九九七年元月開會後，據報載，老農派立委與行政院達成初步的共識，協議在年底縣市長選舉前，先通過農發條例修正草案，隔年再修掉土地法第三十條，「私有農地所有權移轉，其承受人以能自耕者為限」的規定，預計兩年內全面開放農地自由買賣。

第一回合，鬥爭進行曲的第一樂章，權力的攻防跳著恰恰，老農派立委們向前跨了一大步，而農地的命運，從五年後開放買賣，退、退、退至兩年內開放。

然後就在農委會依囑咐，於六月提出一套農地買賣的法令，行政院也趕在一九九七年底開了十三次審查會，草案依協議必須送交立法院的前一天，政務會議中，與會的官員卻紛紛踩了煞車，像退讓的恰恰舞步，轉了個迴旋。據報載，政務委員黃大洲首先發言，他說「『我在審查此案時並不是很安心』……擔心在無法落實農用的前提下，農地會被炒作。」農委會主委彭作奎也再三表示，基於糧食安全及生態考量，農地開放自由買賣必須從長計議，行政院副院長劉兆玄則講白了，指出「現在有誰買地是為了耕田」，行政院長蕭萬長——微笑老蕭的名號來自一九八八年，他擔任國貿局長時，開放美國火雞肉進口，被憤怒的雞農抗議、丟雞蛋，而仍然笑笑的——也「隨即表示，土地政策很重要，所得分配不平均與土地的關係很大……」，所以『我們考慮這項政策時，不要有選舉的考量，才能可長可久』」（聯合報 1997/12/17）；蕭萬長說這話的時候，大概還沒料到自己兩年後會成為副總統候選人。

他裁示暫緩提案，然後隔日，農委會主委彭作奎代表行政院赴立法院報告、說明，政務會議的結論是，必須先做好農地分級管制，研擬妥善的配套措施，再聽取各方意見後，才能更審慎更周全的開放農地自由買賣。但此話一出，此立場一表明，立刻引發立委們輪番上台攻之；像擎起盾牌，立刻招來箭枝。

斥責的話語，連同手勢，直指質詢台上排排站的農委會官員，其中民進黨立委鄭朝明及洪奇昌等，都主張農地要儘速開放，而「國民黨立委罵得比民進黨還兇」。譬如「屏東縣立委林國龍，指著彭作奎破口大罵說，農民好不容易對農地開放自由買賣抱著一線希望，結果經過一年，政策又回到原點，難道要逼農民走上街頭？『如果執行這種政策，你的官位還坐得住，我大可從你的胯下鑽過。』」（聯合報 1997/12/18）

鬥爭進行曲中，公開的威嚇、嗆聲、拍桌、破口大罵是尋常的曲目，九〇年代起被稱爲「黑金殿堂」的台灣立法院內，你揍我一拳，我K你一記，群起圍攻，扭打偷襲，或在別人出手出腳時趕緊開溜的畫面，在電視上屢見不鮮。不過激烈的言語、動作背後，利益的爭奪其實更加暴力，而往往不被看見；譬如人們從電視裡聽見，老農派立委氣憤的爲農民爭取權益，而通常不會深入探究，農地開放自由買賣，到底誰眞正獲利？

權力的攻防，政治的恰恰舞步，立委們大罵行政部門政策急轉彎後——急轉彎其實不是問題，問題在於沒轉到他們要求的彎裡——一舉手、一表決，又向前推倒農委會，逕自通過彰化縣立委林錫山所提的，農發條例修正草案的條文。

林錫山據載[2]，屬國民黨地方派系的紅派，背後有福興鄉農會及彰化市農會，爲其主要的樁腳支柱。他所提的版本，不再只是放寬農地農有的限制，也不再五年後或兩年內開放農地自由買賣，而是特定農業區三十二萬八千公頃農地，一年後開放，其餘的，台灣島約六十四萬三千公頃農地，統統立刻開放。

放了放了，法條一讀通過，放農地自由的、讓誰都可以買、誰都可以賣，誰都可以買來炒作或變更，等價高後再賣，而農委會只能無奈，被推倒後從地上爬起來表示，「將設法在二讀時翻案」。同時不斷解釋，「這項開放措施，在沒有妥善的配套法令下，以現行的農地相關管理法規根本無從管理，驟然將包括山坡地保育區和森林區在內的六十多萬公頃農地釋出自由買賣，農地將不可能維持農用，對水土保持的破壞更加劇烈。」

不斷陳述，「驟然開放農地自由買賣，還會發生農地違規使用更加普遍、土地炒作加劇、糧食安全和農業生產環境無法維護的後果。」更再三強調，「非農民購買農地後，雖有可能認眞經營農業，但待價而沽或保值者應居大多數，這將造成農地壟斷、炒作、牟取暴利。另一方面，農地價格升高後，將增加農業生產成本，使農業經營更加困難，且可能使物價水準上升，不利國家整體經濟發展。」（聯合報 1997/12/18）

總而言之，就是農委會很擔心，深怕還沒穿好鞋及防護措施，就讓農地下場跳這支開放之舞，勢必會造成一連串、前仆後繼、越來越大規模的滑倒狀況。

土地政策不能等閒視之啊！

但立委們揮著拳說，放、放、放、放，也很堅持全面掃除農地只有自耕農才得以買賣的規定。

第二回合，鬥爭進行曲的第二樂章，農地的命運在一年裡，又從兩年內開放，變成幾乎立刻開放。

一讀通過後，隔天行政院長蕭萬長主動找黨內立委溝通，溝通中據報導，老農派立委們態度強硬，如屏東縣選出的、屬地方派系林派、勢力範圍主要有屛東市農會及車城農會③的林國龍，再次在報紙上留下紀錄表示，「農村很不景氣，農民都希望能開放農地自由買賣，讓他們賣農地過晚年；如

果行政院再不開放」，林國龍說，「他保證國民黨會垮掉，二十天內農民會走上街頭。」（聯合報1997/12/19）

但眞的所有農民，「都」希望「賣地過晚年」嗎？抑或被超貸、被虧空，信用部有一堆抵押農地亟待出售的農漁會，想要「自由」的賣地？

恰、恰恰，僵持的局面。

微笑老蕭也許微笑的聽著老農派立委們，以「農民權益＝農地自由買賣可能的增值利益＝選票」的邏輯，反覆對他訴說、陳情兼要脅，爲了來年的立委選舉，行政院必須現在就訂出具體的時程表，表明何時將農地買賣的相關配套法案函送立法院，否則，就要離席抗議。

鬥爭進行曲，你來我往的演奏著。微笑老蕭以行政院長的身分與資源，聽著、聽著，最後便答應了，承諾會啦，絕對會在明年二月二十日前將東西（法案）準備好。

然後散會。

台灣二次土改？（一九九八年）

進入一九九八年，農發條例——每一個字眼，都是爭奪的領域——不停歇的修來又改去。文學家的文字，頂多具有渲染力、影響力，或催眠般讓讀者沉迷的力量，但每一條法條通過後，都將成爲全民原則上必須遵守的準則，被處罰的依據。

因此公文往返，斟酌來去，因此白紙黑字彷彿很斯文，卻滿是權力廝殺過後的修痕。

相對於民意機關立法院，行政部門內部對農業政策也有諸多歧見，譬如農委會主張，在海島台灣劃設永久農業用地，經建會和內政部營建署就表示，不可以；農委會提出，爲防止農地被買來擱著，只爲了炒作，農地閒置將被科處三萬至十五萬元的罰鍰，並得連續處罰至改善爲止（即所謂的「空地稅」），經政務會議討論（鬥爭）過後，也改成農地閒置，不用啦，不罰不罰。

當然也有些法條，不被爭議的修正了，譬如，農地農用移轉給自然人時，不課徵土地增值稅；農地及農作物由繼承人受贈或繼承而耕作達五年者，免徵贈與稅或遺產稅；農地變更爲非農業用地後，暴增的利益按規定要回饋給農業部門……等，被視爲無關緊要的規定。另外農發條例修正的重點，關於農地自由買賣的幅度，農委會提出的版本，改採「管地不管人」的分級管理辦法。

配合刪除土地法第三十條，必須自耕農身分才得以買賣的「管人」制度，改爲將全島農地劃分爲：嚴格限制變更用途的「重要農地」（約七十一萬五千公頃），可隨時提出變更地目的「次要農地」（約三十三萬九千公頃），以及不能移轉或買賣的「保育用地」（約五十一萬八千公頃）。

其中，自然人得以自由買賣重要農地及次要農地，農漁會及企業團體只能購買次要農地。同時，由於過去農發條例制訂時，基於耕地不應細分，否則不利機械化耕作的原則，規定「每宗耕地不得分割及移轉爲共有（繼承者除外），共有耕地分割達五公頃並經政府核准，始得分割」，造成多年來，農民因農地被限制分割，只能一塊地共有者眾，要買賣或向農會抵押借貸，都必須蓋很多印章，若共有者對土地的處分意見不一，更常造成兄弟鬩牆、親戚失和等糾紛，因此將每塊地的分割門檻，由五公頃降至○．二五公頃。繼承而共有的土地，也改爲分割後達○．一公頃者，始得分割，並加增一條「新購農地不准興建農舍」。

然後攻防過後，妥協過後的法條，於二月重新送交立法院審議，行政院長蕭萬長微笑表示：「現在相關的配套方案已完成了。這是台灣二次土改……行政部門有決心做好，希望立法院支持。」

（聯合報 1998/02/05）

但在立法院內，雖然不少立委學歷只有國中畢業，甚至有人阿沙力的坦承，自己「幾乎是文盲」[4]，不過對於行政院送來厚厚一疊的農發條例修正草案，倒是很快就能在其中發現，數道妨礙自由化的防線，挑揀出農地分區管制、分割仍有下限、以及新購農地（竟然）不准興建農舍等，大表不滿與反對。

往返的鬥爭進行曲，老農派立委認爲，行政院新提出的版本，和他們要求的全面開放農地自由買賣，實在差太多，不過礙於任期即將屆滿，便要求先維持一審通過的決議，而民進黨立委則以程序爲由，要求農委會應先撤回原案，再遞送新案。於是一九九八年四月，農發條例修正草案第三次送入立法院。政治的恰恰，在檯面及檯面下繼續跳著。

九月，立法院第三屆立委最後一次會期前，老農派立委——譬如日後被起訴的雲林縣立委廖福本、嘉義縣立委翁重鈞、以及彼時擔任黨團書記長，不久後因台開購地弊案被起訴的王令麟等——再次與行政部門溝通協商（說準確些，就是施壓），表示反對、反對、反對啦！什麼新購農地不准興建農舍、什麼農地分區管制，只開放次要農地給農會及企業購買，不行啦！

爲何不行？老農派立委所持理由爲，次要農地若成爲法人、企業購買的唯一目標，因爲有變更潛力——如行政院副院長劉兆玄曾指出，「現在有誰買地是爲了耕田？」——地價可能飛漲，反倒是優良的、適合耕作、不准輕易變更地目的重要農地，地價可能完全沒有起色，那擁有重要農地的農人豈不吃虧？因此索性也不要分區，不要有什麼保育用地了（還不能買賣呢），一律開放不就好了？

老農派立委的主張，聽入關心生態環保的人耳裡，特別感覺到膽顫心驚（恰、恰恰，也像心跳的聲音），不過聽入高層官員的位置考量裡，微笑老蕭於兩天後（九月九日）宣布，未來企業也可以購買重要農地，同時，行政院將再放寬，讓共有耕地完全沒有分割下限（意思是，連一塊A4紙張般大小的農地，都可以獨立取得產權）。

消息公布後隔日，關心生態環保的三十二個團體，以「反對粗暴出賣農地大聯盟」的名義，發表聲明，反對政府讓企業（財團）得以買賣（染指）重要農地，並且要求在「國土綜合發展計畫」訂定之前，應先暫緩修法。民進黨立委簡錫堦舉辦「農地自由買賣，財團坐以待『幣』」的公聽會，公布十大土地財團的排行榜，批評政經生態是「選舉靠鈔票，鈔票靠土地，土地靠都計，都計靠選舉」。即將卸任的總統李登輝，也跳出來爲農委會的版本護航，他針對老農派立委提到，再不開放就要帶農民上街頭一事，以煽動但很快就證明不能當眞的方式，對黨籍立委說道，「我跪下來拜託大家，如果你們帶農民上街，我也可以帶農民上街，我三十歲就開始愛護農民，現在還是和各位農業縣立委一樣愛農民，所以拜託各位不要再說了！」（聯合報1998/09/11）

暫時，不要再說了。

暫時，農發條例修正草案被擱在立法院內，而立委們回到各自的選區去，因爲又要選舉了！

民意啊民意（第四屆立委選舉）

滿街的旗幟看板飛揚矗立，文宣夾報一波接一波，電視廣告天天滿檔，掃街拜票放鞭炮、樁腳出動、演藝人員助陣、政治人物上台呼口號……Call in的政論性談話節目裡，民進黨斥責國民黨老農派立委「沒有誠意，炒作土地」（中國時報1998/09/21），改打「離農津貼」爲選戰訴求。老農派立委則抱怨，「民進黨在抹黑，政府在放炮，搞得我們幾個委員都不是人」（如勢力範圍據載主要有台南縣永康鄉農會、西港鄉農會、麻豆鎮農會、學甲鎮農會的洪玉欽表示），屬屏東縣張派的國民黨立院工作會主任曾永權也說，「現在農民種田也不是，不種田也不是；因應未來台灣加入世貿組織，『離農』應是未來政策方向……農地全面自由買賣是不可避免的。」（聯合報 1998/09/12）

老農派立委對自己被「抹黑」，忿忿不平，如同被起訴後，大喊「政治力迫害」。然後靠著各自的派系及農漁會系統，繼續當選中華民國在台灣第四屆立法委員。

民意啊民意！

位於政經結構最上游的民意，以及被推至最下游、邊陲的民意；順流的民意，以及逆流的民意；正在當道的民意，以及被掩入歷史淺層或深層的民意；沉默的民意，以及獨善其身的民意；一個人的民意，以及透過金錢爲後盾的媒體及公權力，向大眾傳播的民意。種種，如溪流砂石各不相同的民意，形成集體的趨勢，於一九九八年十二月底，透過投票行爲，簡化成選票。

滿街的競選旗幟，被農民拿來廢物利用，插在田邊趕鳥。（攝影／ avant）

選票上只剩兩款選項。一是投給國民黨（日後連同親民黨合稱為「泛藍」），一是投給民進黨（日後連同台聯黨合稱為「泛綠」）。對大多數農業縣裡的農民而言，選擇的重點，往往不在於兩黨的農業政策，而在於樁腳人情、在於是否反對一黨獨大、在於族群意識與國族認同、在於是否靠攏比較容易獲得好處的農漁會體系？

選票的意見，沿著「農民」——據行政院主計處統計，一九九六年農業就業人口佔全島總人口的十．一二%，到一九九九年降為八．三三%——大部分認為應該要開放農地自由買賣，同時也沿著部分農民反對開放，「擔心非農民買去農地後，炒高地價，將害他們買不起農地。」⑤

選票的意見，當然也沿著多數，不具務農經驗，但都要吃飯才能活下去的各行各業，較勁著；沿著環保團體大聲、但力量微弱的疾呼，「農地農有」的限制若沒了，「農地農用」照過去普遍違法的情況看來，未來勢必也難以堅守，那農地大量流失、生態遭破壞、農業大幅萎縮、糧食安全缺乏保障、農地變更的暴利致使土地炒作而拉大貧富差距，造成社會不公等問題，都將更加嚴重（停、停、停啊，前方充滿危險、充滿坑洞）；沿著學者專家分析到，「雖然許多人對農地自由買賣之後能否維持農用感到懷疑，甚至認為一旦農地釋出，農地被財團囤積炒作的情況必然會發生，但是大多數人卻抱持著『被動忍受』的態度去面對屈從於現實利益的農地政策……」

「正因為一般人都忽略掉農地具有不可回復性（irreversibility），因而不知道將農地草率轉為非農用之後無法再回轉的事實，以致環境越來越惡化而全然不知，就如同將一隻青蛙放在水中慢慢煮沸，這隻青蛙並不能察覺到溫度的變化，等到水沸騰時要想跳出來已經來不及。」⑥

來不及了！

永遠也沒辦法回頭修改的，歷史於一九九八年十二月底，選出台灣第四屆立法委員；「民意」的兩百二十五席代表，其中國民黨佔一百二十三席，不乏新加入或連任的，力主農地開放自由買賣，且一定要可以興建農舍的「老農派」立委。他們的民意，將「代表」所有其他的民意，成為具有決定權的民意。

而一旦被決定了，就是決定了。

老農派立委

被媒體稱為「老農派」的國民黨立委，分析起來主要有兩款，一款是從農業縣——黑道的故鄉——由農會及水利會兩大系統，支撐起來的地方派系。另一款是非農業縣選出、或名列不分區代表，頭銜不外乎一長串建設公司、創投公司、營造公司、糧食股份有限公司、銀行信合社理事長等，也算「老農派」的工商立委。

當然，第一款的老農派（稱為「農會派」更名符其實），多數也像第二款，立委的職稱翻過來，是很多家公司的董事長。

譬如，屏東縣選出，屬地方派系張派，彼時力主農會（連帶農民）可以自由拍賣農地的郭廷才。郭廷才於一九九九年不是特例的，只是剛好被查到，掏空東港信合社所有存款人，當然包括東港鄉及附近鄉鎮農民大半輩子攢存入信合社的積蓄，將總計約二十三億元，挪入自家人的口袋內（於二〇〇五年一審被判處有期徒刑十一年）；老農派立委呀！利用土地（超貸、冒貸、炒作、盜挖）賺大錢的，當然不止一個，而是多到我在這本書裡難以細數——歷史長長的清單，只能擇其一二記述。

又譬如苗栗縣選出的何智輝，涉嫌於一九九五年投資所謂的「久俊工商綜合區開發案」，在未獲開發許可之前，便以土地向新竹商銀超貸三億元，一九九七年在苗栗縣長任內，明知開發案未通過水土保持審查，仍違法核准，在公文上批示「如擬」；一紙「如擬」的公文，讓劃定在開發區內的土地，迅速增值了四億兩千餘萬，「直接圖利何智輝、地主及投資人」（自由時報 2004/05/08），繼而又在一九九七年、一九九九年底（力促農發條例修正草案通過的過程中），和彼時的股市大戶翁大銘兄弟，再利用該筆土地，向國華人壽貸款四億五千萬，總計同一筆土地（原本是塊農地），超貸到七億五千多萬都沒有還（都不用還？）。

何智輝並涉嫌在銅鑼土地徵收案中，圖利農林公司三億兩千多萬，徵收銅鑼鄉的農地做什麼用呢？據說是要蓋科學園區，在苗栗縣政府（二〇〇六年）的公布欄中，刊載了這段文字，說「苗栗縣爭取銅鑼科學園區歷經何智輝、傅學鵬、劉政鴻（也是老農派立委之一）三任縣長，迄今已逾十年以上……但十多年來鄉親美夢一次又一次落空」（倒是地價一次又一次翻炒）；至於二〇〇四年和其妻（也是立委）被依貪瀆、背信等罪嫌提起公訴的何智輝，再次由國民黨提名，當上立委，並擔任司法委員會的召集人。對於自己被起訴且一審判處有期徒刑十九年的案子，何智輝表示：這是民進黨政府「政治迫害」啦（何智輝並於二〇〇六年率領苗栗的「紅衫軍」倒扁，說是「反貪腐」）！

老農派立委呀！

苗栗往南，台中縣選出曾任大甲鎮農會總幹事的劉松藩，於一九九八年立法院長任內，因協助台中商銀董事長曾正仁（如今已棄保潛逃）超貸十五億元，於二〇〇四年背信罪確鑿後，不知躲哪裡去了（也許像大多數欠下鉅款，債留台灣的通緝犯一樣過得很好）；選出建築業龍頭老大之一，長億集團董事長楊天生的兒子楊文欣，楊文欣涉嫌「假借不實土地開發案申貸名義，非法挪用台億公司一億一千六百萬元」（自由時報 2004/09/22），被台北地檢署依業務侵佔、洗錢等罪名提起公訴；選出劉松藩的姪子，劉銓忠於二〇〇一年被依違反選罷法起訴（不過被判處無罪），日後（二〇〇五年）更在激烈的競爭中，當選（不良適放比一度達九十%、債務缺口五十三億的）台灣省農會理事長，和彰化縣立委陳杰等多次組團，前往中國，洽談農產品輸入輸出的貿易事宜，「並據以向陸委會、農委會、經濟部強力施壓，希望獲得授權（作爲主要代理商）與對岸談判。」（自由時報 2005/06/15）

老農派立委呀！

台中往南，彰化縣選出的林進春，從省議員時期，便多次和台鳳公司簽訂預購土地的協議書，然後透過公權力幫台鳳公司變更地目，取得利益，一九九〇年起更藉口籌設農牧公司，涉嫌在其他合夥人不知情的情況下，以所信託的土地向銀行超貸近三億元，然後當選立委。立委林進春二〇〇一年又涉嫌以開發彰濱遊樂區爲名，掏空中櫃公司的資產，炒作中櫃股票賺錢。

在二〇〇四年高檢署查緝黑金中心搜索林進春的公司，查辦之際，立法院內（林進春擔任司法委員會的召集人），黑金查緝中心的預算被刪除，台中特偵組檢察官簡文鎮公開暗示性的表示，林進春和另一個立委陳杰，確曾因各自被起訴的案件，施壓於黑金查緝中心。

到了二〇〇四年冬尾，楊儒門現身那年立委選舉，林進春改由妻子陳秀卿出馬競選，當選後繼續坐擁政商資源，多次在文宣中表示，夫妻倆認養貧童，捐錢給家扶中心等社福團體的「善心」，並曾在社運團體主辦的、聲援楊儒門的營隊中致詞。而選舉期間標舉楊儒門作爲英雄看板的陳杰，被起訴的工程弊案至今沒事，家族勢力也至今盤據整個彰化市。

老農派立委呀！

彰化往南，雲林縣選出的曾蔡美佐，涉嫌於二〇〇一年借疏浚之名，盜採古坑鄉石牛溪、海豐崙溪、尖山坑溪的砂石出售圖利，在二〇〇四年被依貪污罪提起公訴，具體求刑十二年，而大呼「政治打壓」，且「公開批評承辦檢察官……做事不公道，將來嫁不到好丈夫等。」（聯合報 2004/09/30）

雲林往南，嘉義縣選出的翁重鈞，自稱農家出身，是五王糧食股份有限公司（研發「科技米」經銷）的董事長。在一九九九年，農發條例送交立法院審議時，翁重鈞涉嫌向彼時正從國營轉爲民營化的台肥公司收賄，「有二千五百萬元可疑資金流入……翁重鈞家族企業『玉豐糧食股份有限公司』的帳戶內。」（自由時報 2002/12/18）二〇〇三年，翁重鈞被檢方依貪瀆及違反證券交易法等罪名提起公訴，具體求刑九年，他召開記者會表示，這是民進黨政府「政治力迫害」，且斥責檢方簡直是「胡亂來」（ETtoday 2003/02/14）。

繼而在二〇〇四年，翁重鈞再度由國民黨徵召參選立委當選。二〇〇六年他和彰化立委陳朝容（也是通過農發條例的「老農派」之一），組團前往中國考察，力促兩岸直航，「水果小三通」，「希望當局放寬限制，讓台灣農產品能夠順利的（由糧商代理）銷往大陸。」（新華網廈門電 2006/10/15）一個個力促台灣農地開放自由買賣的老農派立委——循著歷史或說循著賺錢的脈絡——日後也都以「農民」之名，要求台灣儘速與中國「三通」，開放農產貿易；放、放、放放放，更大的利於中間商炒作獲利的市場。

嘉義往南，屏東縣選出的老農派立委，除了掏空東港信合社的郭廷才，還有伍澤元、蔡豪等。經營房地產、有線電視等事業，擁有《民眾日報》等媒體，連任三屆立委至今（二〇〇六年）的蔡豪，因涉及台開購地弊案，於二〇〇一年被起訴，繼而在二〇〇六年，其妻競選屏東縣長之際，因涉及賄選及賄賂調查人員被起訴（「政治力迫害」呀，蔡豪和妻子召開記者會大喊）；而台開購地弊案的另一被起訴人，是頭銜一大堆，諸如東森媒體集團總裁、力霸集團副董事長、遠東倉儲董事長、中華銀行董事、商務仲裁協會理事長等等，而且是嘉新（進口）麵粉拓展而成的嘉新食品化纖公司（設有生物科技中心等）常董的「老農派」立委王令麟（王家於二〇〇七年爆發大規模的，不當獲利超過七百三十一億的金融弊案）。

至於一九九八年被爆出，曾於一九九三年收受連戰匯款，疑似炒作農地獲利上億的伍澤元，在屏東縣長任內，因涉及四汴頭及八里污水廠弊案被起訴，被起訴後參選立委，當選後成爲力促農地開放自由買賣的老農派立委之一，繼而在二審被判處有期徒刑十五年後，潛逃出島。

潛逃後，伍澤元如同大多數通緝犯喊冤、怪罪的表示，「我之所以陷入法律官司，只因爲有一次選舉我沒有支持一位國民黨秘書長，所以他決定除掉我。他要我名列貪污官員。假使他們想說我是一名污吏，那麼他們首先該起訴台灣所有的政府官員，然後再來處理我。」⑦

台灣立法院內，有案在身的立委，族繁不及備載；若以職業類別來區分，「民意代表」可能是各行各業中，犯罪比例最高的職業。

其中，「大哥級」的老農派，首推家裡從事竹筍買賣（而不是種竹筍）致富的雲林縣立委林明義。自承「幾乎是文盲」，因爲「偶而會被警察找碴」，所以出馬競選縣議員，然後一九九二年順利當選立委的林明義，進入立法院後，第一件令人印象深刻的事，是一九九三年號召雲林兄弟北上，聲援彼時毆打民進黨立委陳水扁的國民黨立委韓國瑜，同時和支持民進黨的群眾們大打出手……這是林明義第一次在立法院內公開打人，不過當然不是最後一次。

日後（二〇〇三年），連任三屆立委，多次在立法院打人，曾說過「假使我不算好人，那麼世界上就再也找不到好人了」⑧的林明義，因涉入劉泰英的中華開發弊案，遭起訴求刑四年，並於二〇〇四年十二月，協同前立委朱高正（目前在中國從事農業科技等生意）、竹聯幫大哥的女人王蘭（二〇

○五年一度想進軍影藝圈，二○○六年在倒扁活動中屢屢上鏡頭），參與「聲援楊儒門．搶救台灣農業」的活動。

王蘭以「保衛中華大同盟」中常委的身分，帶來黨主席張安樂的聲援信，並捐贈十萬塊，聲援楊儒門。張安樂在信中表示，「楊儒門雖然手段偏激，但他是農民英雄，希望農家出身的陳水扁能正視農家辛酸（但重點在於針對陳水扁而不是正視農家。）」（聯合報 2004/12/27）

綽號白狼的張安樂，是竹聯幫領導人之一，八○年代中期，張安樂捲入陳啓禮、吳敦槍殺作家江南的案件被起訴，之後因運毒被關入美國聯邦監獄約十年，出獄後，回到台灣，涉及中正機場工程弊案，又前往中國做生意。至於陳啓禮，如今在柬埔寨當大亨，吳敦則成爲台灣影劇圈知名的老闆，所製播的《懷玉格格》等連續劇，深入柬埔寨等地播放。在我二○○三年冬尾到柬埔寨旅行時，詫異的發現，沒有自來水沒有電力的農村裡，小孩們群聚在棕櫚高腳屋內，專注的收看，仰賴馬達發電的小黑白電視機，正播放因賣出戲劇版權而讓吳敦賺錢的《懷玉格格》。日後（二○○六年）嫁到我們村庄的柬埔寨新娘對我說，在她經由仲介嫁到台灣之前，還以爲台灣女孩的穿著，都像「格格」那樣呢。而深入東南亞、中國、台灣農村的仲介業，少不了黑道商人、人蛇集團涉足，獲取暴利，甚至把持。

被稱爲「黑金殿堂」的立法院內，金錢（不管來源，不問是非）透過代議制度，制訂出國家的法律。

其中，「搞賭博投資建築業起家」（一九八四年《中國時報》）的羅福助，也參與到農發條例的修正。在一清專案中被捕入獄三年，獄中成立天道盟，出獄後再次因「天道盟軍火庫曝光」（一九九○年《中國時報》）而短暫逃亡，逃亡期間兩個兒子皆當選民代，繼而在一九九五年，以候選人中第二有錢的「聞人」身分（《聯合報》寫法），當選立委。

進入立法院後，身爲大信證券公司董事長的羅福助，和他經營哥倫布創投公司的兒子羅明才，輪流擔任財政委員會的召集人；羅福助甚至擔任司法委員會的召集人，不管是法務部長或司法院長，要上台報告之前，都得先向他——這個幫派分子——鞠個躬。

羅福助當然也不止一次在立法院內「發揮本色」——如他自己所說：「我羅福助是什麼角色，你們不是不知道」、「兩百多個立委，哪個有我這樣的氣魄？」——包括在一九九九年和林明義等人，毆打彼時民進黨「反黑金辦公室」主任，公布立院黑金名單的立委簡錫堦。二○○二年台北地檢署以圖利、恐嚇取財、侵佔、炒作股票等十一項罪名，起訴羅福助及其家族成員，不過羅福助的反應是，「雷聲大，但下不了什麼雨滴」。

老農派立委呀！

當時還有一個人稱「涼椅大王」的曾振農，曾振農從一九九二年起擔任三屆國民黨立委，他所經營的

老農與老農派立委的差距，也許恰如稻田與大樓的差距。（攝影／蔡明德）

涼椅公司，於九〇年代末陸續傳出財務危機，曾振農也陸續前往柬埔寨——和柬埔寨軍人總理韓森關係良好——及中國投資。二〇〇一年（民進黨執政後）曾振農宣布退出國民黨，改由其妻張花冠以無黨籍的身分參選，張花冠當選立委後，隨即加入民進黨，二〇〇四年由民進黨提名，再度當選連任；據那年監察院的申報資料顯示，張花冠負債超過上億元。至於曾振農則定居中國，從事鮑魚養殖業，二〇〇六年台灣報紙刊出一則新聞，說是曾振農在中國已成「鮑魚大王」。

「大王級」——意思是擁有億萬財富或億萬債務——的老農派立委，還包括嘉義農鄉選出，人稱「林口許」的股市大戶許登宮（之後轉投台聯黨）；雲林農鄉選出，環球商業專科學校（日後改名爲環球科技大學）董事兼八大有線電視董事的許舒博；台北縣選出，以買賣土地及建築業起家的宏國集團陳宏昌等等。陳宏昌是林榮三的姪子，林榮三何許人也？他是三重的建商，靠變更農地，在農地上蓋房子買賣致富。

一九七五年建商林榮三由國民黨提名，「全面買票」⑨的打敗彼時爲農民發言，長期從事黨外運動的郭雨新。一九九二年林榮三當選爲監察委員（《自立早報》曾報導他，「展現了財富無遠弗屆的萬能滲透力」），繼而創辦《自由時報》，儼然成爲「台派」最主要的發聲者，甚至舉辦全台獎金最多的文學獎，冠以富商林榮三之名。

老農派立委啊！

如此這般，數百位「民意」代表，代表建商、代表股市大戶、代表創投公司證券公司、代表開發案的投資者、代表普遍被超貸被冒貸而亟欲拍賣農地的農會系統，以「農民」之名，要求政府儘速全面釋出——彷若清倉——農地，讓誰都可以買、誰都可以賣，誰都可以買來開發，買來蓋「農舍」後再高價賣出。

最後階段（世紀末一九九九年）

一九九九年元月，世紀末，新年初始。第三屆立委要交接（延續）給第四屆立委之前，立法院要求行政院簽下書面保證，保證一年內取消「農地農有」的相關限制；雖然行政院的說詞，仍然如《農業政策白皮書》中所宣示：「放寬農地農有限制」，也如民進黨《農業政策綱領》中所表示：「放寬農地農有之原則」，不過朝野的實際作爲，更傾向於「放棄」而非「放寬」。

二月，立法院選出正副院長，老農派立委之一的王金平，從不久後因超貸案被判刑而棄保潛逃的劉松藩（也是老農派立委）手中，接過立法院院長的印信與權力。三月，副總統連戰想要藉助農會的樁腳體系，成立「友連會」，農會幹部們於是藉機——藉基層輔選的實力——再次要求中央要儘速全面開放農地；不要再分什麼重要、次要、保育用地了，同時反對農委會想要修法讓農會變成「雙首長制」（採行總幹事與信用部總經理相互制衡的制度）。

一手握有供銷、推廣、保險及（最重要的）信用部放款大權的農會總幹事們，對連戰嗆聲表示，必須取消信用部設立總經理，否則，「總統也不要選了」！

四月，全台農會總幹事集結前往農委會施壓，農委會也再度修訂農發條例修正草案，開放讓農會及企業法人可以「有條件」購買重要農地，而所謂的條件，就是買地前要先提出經營計畫書；寫份計畫書通過就行了。同時立法院內通過「促進產業升級條例修正草案」，將大企業的租稅減免優惠再延長十年，通過了「煙酒稅法草案」，使一般民生用品（如米酒）漲價已成必然。財政部並研擬歷年來修正規模最大的「海關進口稅則草案」，爲了什麼？是的，爲了「自由」的 WTO，要求要更自由的進口。

然後六月，比利時進口的農牧產品被發現含有戴奧辛（而美國的毒菠菜、中國的黑心食品等屢見不鮮），暫時下架（很快又會進口），金門爆發台灣首宗牛隻感染口蹄疫事件。七月，農委會官員又在雲林虎尾、台南新化等地查到牛隻感染，立即花錢撲殺（日後花更多錢，撲殺更多病變的動物），而海島台灣在瑞士「世界經濟論壇」發布的全球競爭力報告中排名第四。

不斷擴張的，強淩弱卻號稱自由的市場，不斷要求更大的買賣空間，當然包括土地的買賣。八月，行政院公布全台失業率爲三．一一％，創下新高（會再更高），國民黨中央政策會召開黨政協調會，曾說過「不要有選舉考量」、「並不是很安心」之語的官員，眼看代表農會（選舉的樁腳體系）、代表企業財團（資金來源）的立委們，態度強硬的步步進攻，只能態度鬆動的步步退讓，不再支持農委會所提的農地分區管制，決議暫時沿用現行的「總量管制」。

然後九月，立法院開議前，國民黨的立委再次分批與行政院長蕭萬長座談，再次重申「『農發條例一定要過』……『彭作奎繼續擋，下場會很難看』……如果這個會期拖拖拉拉，『連戰就不用選了』……如果行政院再不開放，國民黨保證會垮掉（垮掉、垮掉的餘音繚繞，挾選票要脅，雖然日後證明，國民黨趕在大選前通過了農發條例仍然垮掉了政權）。」（聯合報 1999/09/21）而民進黨，「黨團內部仍有不同意見……尤其是農地開放買賣後能否興建農舍。民進黨團農業小組召集人林豐喜就不反對……但農業小組另一位立委戴振耀則反對開放興建農舍。」（聯合報 1999/09/21）

所謂農舍，依農業用地興建農舍辦法規定，只要建蔽率不超過農地十％，建築高度不超過三層樓或簷高七尺，且建築基層面積不超過一百五十坪，不管長得像不像房地產廣告裡的別墅，都算是合法農舍。過去數十年來，地狹人稠的海島台灣，成千上萬間小型加工廠、鐵皮屋、KTV、酒家、妓院、理容院、汽車旅館、豪宅等，以「農舍」之名違法蓋起，而「來頭」大者不容易被取締，被取締者往往舉他人不都也違法來表示不服的情形，由來已久。尤其農地興建農舍免繳土地增值稅及地價稅，更讓農委會十分擔心，未來農地開放自由買賣又調降分割門檻後，「如同意農地所有權人任意在農地上凌亂興建農舍，將使農業生態環境遭受嚴重破壞，農地受到污染，對國產農產品的衛生與安全造成負面影響，也浪費水電、道路等公共投資。」（引自農委會〈農業發展條例修正草案重點說明〉）

因此，農委會堅持——到此，也獨獨堅持——新購農地不准興建農舍，作為世紀末的這首鬥爭進行曲中，一退再退，（如今）不想再退的最後防線。

至於新取得農地的農人，若需要興建自用農舍怎麼辦？農發條例修正草案重點說明中表示，「得以『集村方式』興建」。所謂的集村，在農委會的構想裡，係依「聚落重建」、「區段徵收」、「農地重劃」、「使用分區調整」等方式，取得完整的農舍建築用地，然後實施社區整體規劃，將農舍集中在一起興建。

但集村的條文，有可能讓立委們接受嗎？時間一天一天，各競選總部倒數計時的天數，台灣第二次民選總統大選的變數。彼時的副總統連戰，代表國民黨參選（搭配行政院長蕭萬長）；剛選輸台北市長的陳水扁代表民進黨參選（搭配呂秀蓮）；從國民黨出走的宋楚瑜（副手是醫師張昭雄）；告別民進黨的許信良（和搭檔朱惠良），喔，還有李敖也參了一腳。他們對農業政策有什麼主張、有什麼看法、有什麼不同的規劃與格局嗎？抑或只有修辭、表態、出身階級的不同？

本省籍，三級貧戶出身的「陳水扁主張，農地應該自由買賣，農地農用更要進一步提供補貼，農舍改建限令也要適度解除」；外省籍，國民黨官宦之家出身的宋楚瑜主張「有計畫的開放農地自由買賣……建立農地補貼制度，有限度開放興建農舍」；本省籍，大地主家庭出身的連戰，於一九九九年十一月時，也許礙於黨籍立委與行政院版本仍在爭議中，「尚未對農地開放問題直接提出政策」

（經濟日報 1999/11/12）；至於客家籍，地主家庭出身的許信良，不久後表示，「農業在台灣本來就不具競爭力，應交由國際市場讓它自然遭淘汰，不需加以保護……這種只是基於保護農民的落伍想法，對全體社會公平嗎？」（聯合報 1999/12/02）

除了許信良主張，讓農業被「自由」的淘汰吧，讓農地全面鬆綁吧，其餘的大致上都表示，農地可以（或有計畫）開放自由買賣，有限度（或適度）興建農舍等。然後十一月三十一日，身爲連戰或私下是宋楚瑜樁腳的國民黨立委（日後有些轉投親民黨，有些轉投台聯，有些又從親民黨回歸國民黨），堅持爲了「農民」——農民，多麼好用的辭彙——不同意農委會研擬的農發條例（已經一修再修）的行政院修正版，另由國民黨政策會執行長洪玉欽、以及日後自喻爲兩岸經貿「媒婆」（中盤商、代理人）的曾永權、還有打過陳水扁的韓國瑜等，領銜提出「黨版」的農發條例修正草案。除了全面開放農地自由買賣，更主張新購農地當然可以興建「農舍」；不只允准在各自的農地上蓋，更「採納」行政院的規劃，允准申請以「集村」的方式整排蓋。

此舉，一跨步，越過了兩、三年來的對峙；恰恰到這裡，農委會堅持的最後防線，當下被「民意」的腳踩過去，乒乒乓乓的踩過去了。

當夜，農委會主委彭作奎便遞出辭呈；輸了、輸了，政策的角力戰，彭作奎輸給之前對他嗆聲表示「看你官作到何時」的老農派立委，只能在辭職書中表示，「不能爲選票，影響農業長久的考量」，「他強調，政務官的辭職不是兒戲，他希望用個人的去留喚回大家的覺醒，尤其爲了選舉，不止是國民黨的問題，他看到宋、扁陣營都以『開放農舍自由興建』來換取選票，當成籌碼，這是不對的……」（聯合報 1999/12/01）

然後進入十二月，一九九九年的最後一個月（你還記得那時候你在做什麼嗎？有意識到農發條例正在被爭議嗎？）。彭作奎辭職後隔天，「民進黨總統參選人陳水扁上午對農委會主委彭作奎因爲對政策負責而辭職表示肯定」（聯合晚報 1999/12/02）；再隔天，代表國民黨參選的連戰也表態了，「他強調，面對新世紀，開放農地自由買賣的目的，一方面是要照顧農民的權益，一方面是希望引進新科技與資金來發展大規模農業或高價値農業；因此新購農地完全不准蓋農舍是不合理的（咦，要發展大規模農業，所以必須先允准一塊塊農地可以各自蓋一百五十坪以內的「農舍」？）。」（聯合報 1999/12/03）

一天一天，逼近的總統大選投票日。十二月四日，報載「國民黨立委陳學聖、趙永清、民進黨立委范巽綠昨天舉行『農業政策急轉彎，民眾反映』記者會……，公布一份民調顯示，超過八成的民眾贊成新購農地不得興建農舍，應該由政府集中規劃農村住宅社區，以免凌亂與污染；超過六成一八的民眾認爲非農民可以購買農地並且興建農舍的作法並不公平，六成六四的民眾認爲會對台灣農業產生不良影響。」（聯合報 1999/12/04）

但顯然民調中超過八成的「民意」，不被大多數的「民意代表」們採納、考量。

立法院內形成「共識」，在總統大選前通過農發條例修正草案，已經是「勢在必行」、箭在弦上。鬥爭進行曲到此，已經不再是攻防的恰恰舞步，而是溜滑梯般、「人民」不管想不想往下溜，都止不住的、就是要定案的趨勢。

十二月六日，彭作奎再次「舉行辭職記者會，再度爲他的農地政策辯護。他說，他以去職保衛農地，絕對是已戰到最後一分鐘了。……他強調政策的制訂絕對要『尊重民意，但不能討好民意』。他說，農會信用部有逾放比過高及呆帳問題，大都是體質不良的農會，這要從根本解決，不能以農地買賣來解套。因爲沒有農地就沒有農業，沒有農業就沒有農民，農民的利益應是在農地上經營農業得

來的利益，不是賣農地賺錢，因爲賣農地，就不是農民了。」（聯合報 1999/12/07）

彭作奎並對於農委會的集村規劃，被批評爲是在搞「人民公社」（如立委林明義等人所言），提出抗辯，說那「是他辭職最大原因之一，因爲行政院版新購農地不能興建農舍是原則，集村爲手段，散村是例外，並以行政命令規範之。但國民黨立院黨團版的基本精神是：農地均可蓋農舍是原則，不可興建是例外。此舉將扭曲『落實農地農用』的原則，經過溝通無效後，他覺得心灰意冷。……彭作奎還亮出左小指的疤痕說，這是他小時候陪媽媽割稻不小心削掉的傷口，『我是新竹北埔的農家子弟，從小割台灣稻、吃台灣米，賣菜長大，我深知農民疾苦……。』（聯合報 1999/12/07）

但就在農家子弟彭作奎舉行記者會再次明志的隔天，一場遊行也號召農家子弟上街頭。

十二月八日，報載「一萬五千多名來自二十一縣市的農民，昨天上午群集在台北中正紀念堂廣場陳情抗議……他們在廣場上高喊『開放農舍，農民有救』的口號……隨後，在（虧空五十幾億的）台灣省農會領導下，按縣市順序，從中正紀念堂遊行至立法院……受到國民黨立委熱烈歡迎，部分民進黨立委也到場聲援。立法院長王金平更罕見的登上指揮車，推銷國民黨版農發條例，並批評行政院版雖然開放農地買賣，但禁建農舍導致農地沒人買，『開放有什麼用？』他也抨擊集村興建農舍的設計方式只是敷衍立法院，『攏是韶囂』（台語音ㄏㄠˇㄒㄧㄠˊ，說話誇張、騙人之意）。」（聯合報 1999/12/08）

開放農舍，農民就有救了？

「農民」是誰？這眞的是一場「農民遊行」嗎？

隔天（十二月九日），立法院又開會了！經濟及能源、內政及民族、司法三委員會，併案審查農發條例修正草案的第二次聯席會，主席是日後涉及河川盜採砂石弊案被判刑的曾蔡委員美佐（如立法院公報會議紀錄所使用的稱謂方式）。

會議開始後，委員們輪番上台發言。屏東縣選出的民進黨曹委員啓鴻，針對報載的「上萬農民遊行」（《聯合報》標題），表示：「整個遊行當中，我們看到的是基層農會在爲他們的信用部找出路，基本上都是爲了替農會解套，而不是爲農民和農地的將來抗爭……」但苗栗縣選出的國民黨劉委員政鴻立刻反駁：「本席非常不以爲然，大家都是吃米長大的，做人要有良心……農會幹部帶領農民到台北來表達心聲的舉措，不應抹煞……」然後在立法院多次打人，雲林縣選出的林委員明義氣憤的說：「現在我們極力想加速通過農發條例的審查過程中，雜音這麼多，也有一些汚辱農民的言論出現……大家對農民是如此百般的侮辱，說這是爲了幫助財團炒地皮。」繼而，日後涉及性侵害案件的國民黨李委員全教也說：「前兩天本席在電視上參與辯論時，有觀眾打電話進來說：『新購農地開放興建農舍，財團就會進到農村來了。』本席就回答他：『財團進來有什麼不好？』」

新黨謝委員啓大則說了一個故事，她說：「從前有位農民，所有財產只有一隻雞，這隻雞每天生一個蛋，把蛋賣給人家所得便是他一天的收入，他絕對不會把這隻雞殺了滿足自己的口腹之慾，因爲他非常清楚吃完這隻雞就一無所有了，所以，他甚至還要設法省一個蛋下來，好孵出小雞，生養更多的雞，以謀得更大的收入。」

故事的意思是：「本席不知道爲何老農派的立委非要逼政府開放農地買賣不可？殊不知此舉猶如前述故事中逼農民殺掉那隻會生財的雞！賣掉後農民可能就一無所有。……屆時後代子孫只有在這塊土地上做大地主的工人。」

但故事的寓意沒有什麼立委聽進去，立法院內，佔多數席次的國民黨立委，態度一致，贊成財團進入農村買賣土地，興建「農舍」（這樣有什麼不好？如李全教等人所言）；即將泡沫化的新黨，黨籍立委則態度一致的反對農地准建農舍；至於民進黨，報載「農發條例在民進黨內部爭論不休，一名農業縣立委曾在內部抱怨指出『光是農業小組成員，星期一三五和二四六來開會的人就不一樣，結論也不同』。」（聯合報 1999/12/13）

「民進黨一開始宣示『會提出黨版』，經過農業小組好幾次會議仍沒有結果……結果黨版難產，蘇煥智版隱然成爲黨版的代表。」（聯合報 1999/12/13）然後意見不一中，立法院聯席會繼續「趕工」。

農發條例修正草案，到此，農委會提出的版本，已經從劃定永久農業區（退）、農地閒置處罰（退）、法人只能購買次要農地（再退），退到農民團體（指農會）、農企業機構（指公司）、農業試驗研究機關（包括財團法人等），都可以「有條件」（送交計畫書）的購買重要農地；至於原本規定的「重要農地、次要農地、保育用地」——好啦，也統統不用規定了——「農委會主張以『總量管制』方式陸續釋放十六萬公頃農地。」（聯合報 1999/12/14）

總量管制，其實就是現行的「開發許可制」。《聯合報》記者陳素玲在特稿中分析到，「『總量管制』就是在政府宣示必須確保七十二萬公頃的農業生產用地之下，所有農地變更規範仍將循現制，亦即由營建署設立審議委員會，依據都市計畫及非都市土地使用管制原則予以許可開發，如此一來，行政單位仍具有最大的裁量空間，『特許制』爲特定人士開後門的弊端依舊。」於是農委會一宣布，又立刻引發朝野立委砲轟，藉著質疑總量管制定義不明確（或其實是對於釋出十六萬公頃農地感到不滿意），「建議增加釋放農地總額到三十二萬公頃」（聯合報 1999/12/14），或表示總量管制「根本是綁死農民」（如國民黨立委許舒博所說），是「畫餅充飢」、「講爽而已」（如民進黨立委蘇煥智所說），建議乾脆刪掉全島預計保留七十二萬公頃農地的總量管制（都不要管了啦）。

蘇煥智代表民進黨自由經濟的立場表示，「我們必須在未來繼續推動，讓農地可以更自由的變更、利用。也就是農地開發許可制必須更自由化」（自由、自由，多少開發假汝之名）。同時在聯席會審查中，「基於……行政院版並未對農地開放買賣後購置農地面積設限……立委戴振耀質疑此舉將造成財團藉大量購買農地逃避相關稅制，最後通過立委蘇煥智所提，『私人取得農地面積不得超過二十公頃，但繼承所得者不在此限，其超過部分移轉契約及取得行為無效』，以避免農地集中在少數人手中。」（聯合報 1999/12/16）

另外立委們也將行政院版本原先規定，繼承分割後，個人獨有面積必須達〇・一公頃者始得分割的條文，修改為取消繼承的最小分割下限（如同共有土地一樣，連塊 A4 紙張般大小的農地，也可以取得產權）；還有一項修正，起因於一九五一年通過，一九八三年修正的耕地三七五減租條例。彼時為保護佃農，明訂出地主若不能自己耕作，就不能收回出租的土地，若要終止租佃契約，必須「給予承租人公告地價現值減除土地增值稅後餘額三分之一」，造成許多耕作多年的承租人，不願還地，許多地主也不甘願以飛漲的地價補償取回耕地，兩相堅持下，形成數十年的歷史恩怨及懸宕。

因此聯席會中，將耕地三七五減租條例凍結，規定日後租賃契約，由出租人與承租人雙方自行訂定，屆滿後，無須再付補償費，且雙方若協議以分割方式終止租佃契約，也不受分割面積的限制，至於既存的爭議，得直到二〇〇六年，才由大法官釋憲獲得協調解決。

法條影響深遠啊，每個字眼皆穿透時間，遺留並叢生問題。

歷史早晚會來索討代價，以各種方式。日後（不久後），人們將開始檢討，發現農發條例修正過後，對海島台灣造成哪些層出不窮的、一發（一通過）就不可收拾的傷害，但一九九九年的十二月，立法院內仍趕在總統大選前，通過了農發條例修正草案的初審。雖然立法院外，新黨結合一百零五位學者教授呼籲，「有關農地買賣自由化後，農地興建農舍之規範，爲求周全起見，應在總統選舉後再議」。不過時間頭也不回的，跨過了世紀末。

歷史會證明（好吧，至少在這本書裡）

「繼續開會——」立法院公報紀錄到那年（二〇〇〇年），冬日氣候中，歷經農委會主委彭作奎辭職事件，歷經朝野多次協商，一修再修的農業發展條例修正草案，終於要表決了。

「主席、各位同仁。今天令本席十分高興的是，大家多年來努力的農發條例，總算在絕大多數同仁的支持下，能在此進行二、三讀的程序，過去由於農業發展條例採管地與管人的政策，以及對農地有移轉限制，使農地一直沒有合理的價格，經過此次修訂後……可預見的是日後農地的價格將會回復到合理的價格，如此將可提升農村生活。」日後涉及炒作土地等弊案被判刑十九年的何委員智輝說。

「但是我們應該想想……開放農地興建農舍，是否就等於照顧農民的權益及福利？答案是否定的、是錯誤的。因爲開放農地興建農舍，只能解決目前農會信用部的呆帳問題，也只能滿足財團炒作土地……換言之，屆時獲利的不是我們的農民朋友，而是所謂的假農民或泛農民（當然更包括所謂的老農派立委）。」新黨鄭委員龍水指出。

「因爲農發條例是要爲各地農會的呆帳及逾放比解套，請問各位，哪些人能在農會有呆帳及逾放款？絕對不是可憐的基層農民，而是魚肉農民的黑金人物。……現在的農發條例是『農發其外，黑金其內』，根本是準黑金條例……」日後涉及性侵害外籍女傭的新黨馮委員滬祥也說。

然後主席依立法院的發言格式，表示停止討論，「請問院會對照審查條文通過，有無異義？」

「有。」新黨在紀錄裡逐條、逐條反對。但反對只能是無用的表態，也許恰如某些書寫的意義。於是主席接著說：「既有異議，現在進行表決。」國民黨團並提出停止討論及記名表決動議。

逕付表決！贊成的請按「贊成」，反對的請按「反對」，棄權的請按「棄權」，計時一分鐘。

歷史上留下名單，紀錄著誰誰誰，通過了影響台灣農地深遠的農發條例修正草案，一條一條，譬如第十條，農地變更為非農業使用時，行政院的版本原訂，「得設置審議委員會」審查之，同時「興辦事業人應視土地變更使用性質對鄰近農地生產環境之影響程度，規劃設置適當之隔離綠帶或設施，該隔離綠帶或設置之面積比例，以達變更總面積三十％為原則。」不過，在國民黨團與民進黨團所提修正動議下，審議委員會不用了，隔離綠帶及設施也不用了，逕付表決！

通過！定案！宣讀下一條條文，然後繼續發言。

民進黨籍的蔡委員明憲說：「昨日在電視上見到本黨（日後脫離民進黨的）簡錫堦委員受到林明義委員及羅福助委員之暴力相向，令本席頗感不忍。簡錫堦被打就好像連戰被打了一巴掌一樣，因為連戰在兩天前才表示過要向黑道開戰……」不過一九九四年涉及台南縣議會正副議長賄選，一審、二審均被判處有罪的國民黨周委員五六立刻斥責：「大家放話要各憑良心，你們誣指國民黨在養流氓、黑金，試問你們的流氓、黑金會少於國民黨？你們的臉真的有比較白，行為上也真的比較具有操守？大家理應共同檢討，不要動輒指別人就是黑金、黑道！如此譏訕別人，無眞憑實據，本席絕不善罷干休！你們誣指本席為黑金、黑道、暴發戶，也應拿出證據來，否則亂扣帽子，被人揍其實是活該！」（活該活該的餘音繚繞立法院）

發言完畢再次表決，通過定案，宣讀下一條，繼續發言。

「據估計，現在全世界有六十億人口，其中有八億人正在挨餓，依此數據統計，至公元二〇六〇年，全世界大約有一百二十億人口，屆時全世界農業生產總值，將較今下降一至七個百分點；所以，若無意外或新之狀況，世界未來會面臨新的糧食危機，且將隨著人口增加及糧食問題之解決而有不同的變化。就國內之情況而言，自民國七十四年至今，我們的農業人口及農地面積已經減少了三分之一……現在農民的確非常辛苦，一甲土地一年收成才三萬元、五萬元或十萬元，甚至有的沒有錢可以耕作，因而以土地向農會信用部抵押，是農民承擔了整個國家的成本和需求，由此……我們必須要以配套的政策照顧農民，而非僅在農業發展條例中規定開放農地可以興建農舍。」新黨鄭委員龍水，在立院公報留下發言紀錄。

「今日台灣農村所面臨的問題，是長期以來政府疏忽、缺乏照顧所導致。政府時常只是略施小惠，卻未曾對農村的發展推動整體的配套措施……我們知道，解決農村所遭遇的問題，必須讓農村自己站起來，而不是一遇到困難，就讓農民把土地賣掉……。」新黨謝委員啓大也說了又說。

「有無異議？」主席問。

「有。」新黨反對。

「既有異議，現在進行表決。」表決就是通過國民黨團與民進黨團協商出來的條文。

然後宣讀下一條，繼續發言。日後從國民黨轉投台聯黨，人稱「林口許」的股市大戶許登宮，對新黨嗆聲：「說句難聽的，你們在吃白米飯時，這些耕田的人，還在啃地瓜。今天所有的委員同仁都深切了解耕田人的心聲，大家對耕田人的辛勞，都非常肯定，唯獨你們表示反對，本席希望，新黨今天若有疼惜台灣的心，對於農地自由買賣，可以興建農舍，可以分割就不要再表示反對。」民進黨林委員重謨也說：「請不要老是拿那些冠冕堂皇的理由，好像只有自己是站在正義和公正的一方……」他憤怒的問到，「你們有沒有在農村生活過？你們有沒有和本席一樣，小時候養過鵝、養過牛？」

（養過鵝，養過牛，就代表站在農民這一邊？）

「你們摸著良心自己想，」新黨鄭委員龍水則反問，「今天審查農發條例，眞的只是單純的爲農民嗎？」

「因爲農發條例與本黨絕大多數委員沒有利害關係，所以我們可以客觀的以台灣發展的觀點而非爲了自身利益發言。」新黨謝委員啓大對於自己被批評爲「不愛台灣」，反駁到，「剛才本席在議場外與一些前來遊說的農民團體進行對談，在此必須愼重的指出，台灣沒有任何一個人有權力叫別人滾出去。本席是大陸渡台第二代，在座的各位可能是第四代、第六代、第八代。大家都在這塊土地上打拼，爲這塊土地而努力，所以沒有一個人有權力叫別人滾出去……」農地的議題，如同島嶼大多數問題，總是和分歧的國族意識纏扯在一起，甚至被凌駕。

有無異議？有。既有異議，現在進行表決。

贊成的請按「贊成」，反對的請按「反對」，棄權的請按「棄權」，計時一分鐘，通過定案。

歷史眼睜睜看著立法院內，兩百多個「民意」的代表，按鈕、說話、吃便當，通過在「總量管制」下，農地全面開放給農民團體（農漁會及農田水利會）、農企業機構（公司）、農業試驗研究機構（法人團體）及自然人買賣；通過農地分割除繼承及共有完全取消分割下限，其餘的，分割面積需達〇．二五公頃，始得分割；通過私人取得農地，合計上限不得超過二十公頃，但繼承或法律另有規定者除外。

一條一條，一條接一條的表決通過，來到爭議多時的，農地是否可開放興建農舍的關鍵法條。

主席宣讀包括行政院版本、國民黨（洪玉欽）版本、民進黨蘇煥智版本等五款提案，請委員們繼續發言討論。然後討論完畢，贊成的請按「贊成」，反對的請按「反對」——但在立法院外，兩百多個民意代表之外，反對的民意沒有辦法按下反對的一票——棄權的，就請沉默吧，連「棄權」都不用按了。

計時一分鐘，最後倒數的時刻。

滴滴答答。

農地的命運——是的，沒有奇蹟發生，也沒有逆轉可能的——從行政院版本原訂：

本條例修正施行後取得之農業用地，禁止興建農舍。但無自用農舍，經申請直轄市或縣（市）主管機關認定者，得准興建；其興建應符合下列規定：

一、以集村方式興建。

二、因地形等自然因素無法以前款集村方式興建，經直轄市或縣（市）主管機關認定者，得採其他方式興建……。

表決（數人頭）結果成為：

取得農業用地之農民，無自用農舍而需興建者，經直轄市或縣（市）主管機關核定，於不影響農業生產環境及農村發展，得申請以集村方式或在自有農業用地興建農舍。

意思是，確定了農地不但可以讓企業集團自由買賣，自由的蓋起一間間長得像別墅的「農舍」，更可以申請以「集村」的方式，連棟蓋好後，整排出租或出售。於是一棟棟要價上千萬、甚至上億，平時幾乎沒有人住（不過設有保全系統），只在偶而做為有錢人家度假用的「農舍」，在農發條例修正草案通過後，如雨後春筍般，在全島景致比較漂亮的農地上，「合法」的冒起。

以「農業發展」爲名。

而在那之前，在立法院的表決儀式通過之前，民進黨戴委員振耀說：「主席、各位同仁。認眞來講，農業發展條例是台灣這個國家的農業基本法，而農業政策的目標就是維護糧食的安全、資源的保育及景觀的維護……但是我們現在審查農業發展條例的修正案時，大家卻只討論農地如何變更、如何利用而已，實在令人感到很悲哀，所以我認爲『農業發展條例』的修正已經淪爲『農業凋零條例』。謝謝。」

被出賣的農地——被誰出賣？（攝影／arkun）

新黨謝委員啓大也在退場前，最後陳述：「主席、各位同仁。今天是老農派立委，以及國民黨和民進黨立委的大勝利，也是台灣買票文化的大勝利；事實上，這是台灣眞正開始爲總統選舉，國民黨和民進黨爲了政權爭奪戰而在此大放水……我相信台灣除了那些急著賣地的農民，及在農會裡把持一些農業土地而要賣出的農民外，台灣有良心、有知識及愛這塊土地的人，還是大有人在，本席認爲歷史會還給我們一個公道，歷史會證明。」

歷史——好吧，至少在這本書裡——會證

明，農地從二〇〇〇年開放自由買賣後，不僅沒有像農業縣立委宣稱，「可提升農村生活」（何智輝言），反倒是一批批農地，因為農民生活不易，宛若被展開清倉大拍賣，而被清倉中的農地，若是位於都市邊緣、交通便利、如高鐵站或交流道附近，農地地價可能因炒作、購買而飆漲（至少一陣子）。譬如到二〇〇六年，從反水庫到陸續辦各式文化活動而有點走紅的美濃鎮，鎮郊農地便被外來者開價到一分地三、四百萬，不過要是位於看起來沒有什麼發展可能性的「偏遠地段」，縱使是非常肥沃，適於種作的農地，地價普遍下滑一倍以上，甚至花蓮、台東的農地，低落到一分地二十幾萬；越拉越遠的差距。

不過當初力促農地開放自由買賣的立委（及立委背後的農會系統、企業財團），不會就此滿足，仍將繼續以「農民」之名，要求更大的、更大的買賣空間；更大的、讓小農難以生存的自由貿易市場。

歷史再加一筆

循著同樣的脈絡，到二〇〇六年十二月二十六日，政治大學地政學系教授徐世榮在〈還能留下多少農地？〉一文中寫到，「日昨於立法院修正通過的農業發展條例第三十一條及第三十九條……立法委員們（主要提案人為雲林縣選出的民進黨立委林樹山）將原本必須符合區域計畫相關法令規定，農地始得辦理所有權移轉登記的規定，一舉予以刪除，搬開了農地移轉及使用限制的一塊大石頭。」

「接下來，部分立法委員們更積極瞄準著另一塊更大的石頭——農業發展條例的第十八條，彼等欲在此會期將興建農舍之農業用地面積由目前的〇．二五公頃降低為〇．一公頃，也就是一公頃的農地將可以興建十棟的農舍。倘若此項修正也通過，必將使農舍的興建大為增加，農地的使用管制也形同全面瓦解，其影響層面將至為深遠。眾所皆知，目前興建於農地的農舍已經與原先的意旨有相當大的落差，農舍已經演變成為高級住宅或是豪華別墅的代名詞，如今，部分立法委員們提供給我們的農地未來願景是一分農地即可蓋上一棟的高級住宅，若以蘭陽平原為例，未來的農舍將會是大量的增加，地景及生態環境又將產生大幅度的變遷。值得社會大眾共同來思考的是，這樣的農地發展願景是否是我們所想要的？將這兩塊石頭搬開，在房地產業者的炒作之下，台灣還能夠留下多少的農地？」

而一旦決定了，或被決定了，就再也不可能回頭。

一旦消失的，就再也不可能回來。

註

① 改自立委趙永清於立法院公報的發言紀錄（一九九九年十二月九日），當時他說：「今天審查農發條例，事實上大家是抱著蠻沉重的心情，因為壓力重。到底『農發』條例中的『農』，是指農業？農民？還是農會？農地？『發』是指發展？發達？還是發財？」

② 羅美慧〈土地「去管制化」的政治經濟學——以九〇年代「農地釋出政策」與「農發條例修正草案」為例〉，二〇〇一年，清大社會所碩士論文。

③ 同上。

④陳國霖《黑金》，二〇〇四年，商周出版。
⑤陳承中等〈台灣二次土改——農地農用、不用、誤用，還是濫用？〉，刊載於《聯合報》，一九九八年二月二日至六日。
⑥李永展《永續發展——大地反撲的省思》，二〇〇三年九月二版一刷，巨流圖書有限公司。
⑦、⑧：同④。
⑨張富忠、邱萬興編著《綠色年代——台灣民主運動二十五年》，二〇〇五年十月十二日，財團法人綠色旅行文教基金會。

窮人擁有什麼？

廣大的山野林間（縱使被破壞中），正好為他們提供了共同的天地。在那裡，地主與犁人從來不曾涉足；在那裡，匪人遇見牧人；在那裡，牧人打量著是否要變成匪人；在那裡，楊儒門遇見「攪和角」和「死囝仔」①。

窮人擁有海風，以及海風中的性格

「那一年我十九歲，一個因為家裡經商失敗，寄住到外公家裡的小孩。」楊儒門在信中回憶道，就讀秀水高工三年級時，因為父親車廠倒閉，欠下一屁股債，十三間地下錢莊的人，屢屢登門討債，甚至到學校綁走楊儒門的大哥楊儒欣，要脅楊家還錢，才肯放人。

三天後，楊儒欣自行脫逃，楊父楊母（不久後正式離異）各自躲債去，少年楊儒門也不得不休學，「出外工作，賺錢養家」。

「家裡遭逢重大變故，」他寫到，「有人問我，難過嗎？重大的打擊承受得住嗎？我和弟弟（楊東才）討論過，家裡大概只有我們兩人是開心接受的。」突如其來的轉捩，他不只接受，更感覺好像是老天爺暗中應允了他的祈求，不需要特別去「突破」，就收走他原本一成不變卻沒有勇氣改變的生活。

失去庇護，同時也失去束縛。沒了錢、沒了後盾、沒了學校也沒有文憑認證的「知識就是力量」，更沒有什麼好放不下的顧慮。像離根的浮萍，擁有自由，以及自由的茫然。

他靠青春體力（也只有青春體力），找到按裝大理石的工作。從二林舊趙甲的外公家，騎著五十

CC的摩托車——他稱之為「小叭叭」——到溪湖鎮上工，跟隨工頭四處去替別人的房子，按裝光潔滑亮的大理石板。有時候工作在外地，工寮一住好幾天，譬如，台北圓山飯店遭火燒，十、十一、十二層樓地板要重鋪，就有他的汗水滴落在裡面（雖然，如同所有工人的汗水一樣，蒸發不被命名與記憶）。

若是在溪湖鎮附近上工，吃飯時間，小叭叭往往停在一間名為「三元豬腳飯」的店門口。他吃食習慣固定，一餐兩碗白米飯（配一大塊滷豬腳）、兩碗湯，宵夜通常還要再扒一碗飯、一碗湯。勞動者的食量。他也愛吃溪湖市場旁的麵線餬，當點心。偶而和其他工人及朋友，去吃「楊仔頭」或「阿明」羊肉爐，偶而到釣蝦場坐坐。

下工後，回到二林舊趙甲的外公家。「如果是走二溪路的話，要繞一大圈」，他說，他大多「抄糖廠甘蔗園裡的小路」。

一條蜿蜒的產業道路，江湖沿途。穿過台糖的甘蔗園，穿過花生、蘆筍、蕃薯、甘藍、韭菜花、荷蘭豆、紅蘿蔔等，這裡一塊那裡一畝的，每天都在變化著樣貌。剛種下的西瓜苗匍匐著，緊鄰水稻田波動著浪，波動著清晨的露珠與黃昏的光。而東南亞來的火龍果，攀附著生長，像同樣東南亞來的外籍新娘，在農村裡落地生根。路旁也仍然可見搭起棚架的葡萄園，葡萄藤及葡萄葉鋪覆過棚頂，垂下一串串被保護的葡萄。

曾經，二林是葡萄王國啊！也曾經，海口孕育人稱「葡萄蟲」的民意代表（中盤商），在一九九七年公賣局停止透過農會向農民收購葡萄時，帶領葡萄農抗爭。

他的小叭叭往前、再往前，看見田地上遠遠近近的高壓電塔，拉出電線橫亙過天空。看見天黑之前，彎腰做著各種田裡工作的農人。看見月娘，特別在他夜晚獨自回家的途中，彷彿看顧著他，

「不離不棄」。

江湖沿途，穿過夏天，乾旱炎熱，穿過冬天，東北季風夾帶沙塵鹽分，冷冽又強悍。是風頭水尾的所在，《二林鎮志》上記載，尤其「萬興、舊趙甲、萬合一帶……沙丘隨風移動，鹽分又重，最不利植物生長……入冬後的九降風，使居民飽受風沙之苦，外出不便」[②]；是楊儒門成長的所在。

回到舊趙甲——舊趙甲聚落又細分為一番、二番、三番及日本殿——在新生國小旁的十字路口轉個彎，轉入一條更小條的柏油路，路旁一棟圍起水泥牆的透天樓仔厝，是座落於田地上的外公家。

素灰牆面的樓仔厝，前面有一小塊水泥晒穀場。晒穀場的一側，留有一間塌掉半邊牆壁及屋頂的磚瓦平房，另一側，搭蓋簡易的棚子，放置農耕機械、農具等。棚子旁，有一叢莿竹，茂密生長。樓仔厝後門一開，便是楊儒門幫忙外公務農的水稻田。

田裡稻作已收割，正等待播下綠盈盈的新秧，不過在那之前，刺骨寒風仍然呼呼吹動。吹動暗光鳥傳來啼鳴，穿動田雞放聲鼓譟，穿動晒穀場旁的莿竹，嘎吱嘎吱的彎腰作響。

「風頭水尾的這塊土地，不單是要和風作戰、和水作戰，也必須和鹽分作戰，否則作物的成長就無望。」呂赫若在一九四五年發表的〈風頭水尾〉一文中，寫到海口農人在「如此嚴苛的自然中，強烈感受到生存的氣魄」[③]。海口孕育海口人的特質，雖然海口少年還不清楚自己身體裡潛藏的作戰能量，像防風林在強風中求生的能量。

他「在晒穀場上來回踱步，引頸期盼每一部從交叉路口轉進田間小路的車輛，帶來舅舅阿姨的身影」。但「時間一分一秒的流逝，焦急的心，慢慢轉為確定」。確定了這一年，除夕夜，「滿滿一桌子的菜」，只有阿公、阿媽及少年楊儒門，「三個人圍坐在飯桌旁，默默的夾菜、吃肉、喝湯」。他「想說點話來緩和一下嚴肅的氣氛，聲音卻卡在喉頭一句也說不出來」。

是九〇年代中的農村，是七〇年代末就已被學者專家宣判「前景黯淡」[4]的台灣農村。

吃完年夜飯，祖孫三人坐在樓仔厝的一樓客廳，正對電視機，讓特別節目「虛弱的提醒今天是除夕、是闔家團員的日子、是守歲的時候」。不到十點，阿公阿媽就去睡了。楊儒門獨自上樓，「坐在二樓的女兒牆上，雙手按在牆頭，雙腿划著萬縷的思緒」。

他想起「阿公的手，在今年稻穀曬乾、裝袋、過秤的時候，被收購稻穀的販仔，不小心用搭鉤弄傷右手，血，一滴一滴從手背滑落」，但「當時，阿公也沒說什麼，用水沖了沖，看了一下，繼續俐落的用布袋針縫著每袋稻穀的布袋嘴」。

他疑惑著，到底是「什麼樣的定位，污名化了留在家裡幫忙的孩子身上」？「是什麼樣的社會結構發展，形成了最重視家庭生活的鄉下，老人家日日夜夜盼望著一子半孫陪伴左右的心願，成爲奢侈的空想妄想……」。

他「很想留在鄉下，陪伴年邁的外公」，可是又感覺自己像「無根的浮萍，暫時棲身在緩水處的岩石旁」。

坐在牆上的楊儒門，用僵硬凍麻的手，「剝著花生，丟入口中嚼著」。咀嚼著，帶點甜味及青鮮味的生花生，也咀嚼滿腔思緒「像海潮，一波波湧上心頭」。然後隨手將花生殼，丟往竹叢的方向。

海口的風，吹散花生殼，同時吹著他的臉，吹著他微微顫抖的手，吹入他的眼。他望著漆黑的田地，點點人家的燈光，在搖晃。

不久後，海風中會漾起炮竹霹哩啪啦的聲響。命運——如果有的話——看望著這個，彼時對未來一無所知，「對一切，完全沒有把握，更談不上任何希望」的海口少年，過完年，台灣歲十九歲；而江湖，來到時間經緯座標的一九九六年。

窮人擁有自由，以及自由的茫然

一九九六年，日後交惡的李登輝與連戰，當選中華民國首屆民選正副總統，日後被判刑潛逃的劉松藩搭配王金平，當選立法院正副院長，而從一九九四年底，像連環爆，因基層金融機構（尤以農會佔最大宗）違法超貸冒貸，爆發的擠兌事件達五十多起，遍布島嶼（尤以彰化縣最多）。

網咖正在深入到農鄉，休耕的農地，正在擴大面積。煙酒公賣局正在停止向葡萄農收購葡萄，水利局公布最新監測資料顯示，全台地層普遍下陷，譬如在楊儒門的家鄉，二林等海口地帶，以年平均二十公分左右的速度，在沉淪⑤。沉淪的，也許也包括人心？抑或因為腳踩的土地正在崩落，反而更激起應對之道？

上工、下工，上工、下工，摩托車往返著，一條熟悉又變化中的產業道路。工作空檔，楊儒門會帶著釣具，到王功海岸釣魚。雖然他不敢吃魚，國小畢業前，還為了好朋友強迫他吃魚卵看看，揍了好朋友一拳。

他自述，「到快上小學的階段，最大的興趣是吸大拇指……」，為此，他「阿媽想了很多方法，包括在長袖衣服的袖口縫上手套，都無法根除」。上小學後，他「作業不寫，常挨打」，每禮拜二、四大家樂開獎日都不能出門，因為家裡做大家樂簽賭，必須留在家幫忙。

「國中平淡」，他說，「幾乎沒啥可提」，倒是他阿母回憶道，不知道為什麼，國中後楊儒門變得很愛講話，日後他也多次調侃自己，「愛辯、愛扯、愛哈拉的舌頭」。然後考上秀水高工電機科，有一次、第一次和朋友去打工，暗戀上工廠的女同事，直到當兵，寫了一封七張信紙的表白信，「不過石沉大海」。

高三時，家庭負債，因而「解散」。楊儒門搬去外公家住，「做大理石、種田」。一個再平凡不過——至少在爆裂物震驚社會之前——的庄腳囝仔、做工仔人，聽日本的中島美雪及香港的王菲唱歌，記得周星馳電影中的爆笑台詞，沒讀過什麼《革命前夕的摩托車之旅》，不知道切・格瓦拉是誰（縱使日後學過格瓦拉的叢林戰術，其實也忘了格瓦拉的名字）。

有一天，如常的一天，是當兵前的夏天，他發動他的小叭叭，到彰濱工業區附近的海岸釣魚。在一道名為七支堤的堤防上，找好位置，釣竿一甩，坐下，身旁放著釣魚用的小冰箱。他靜靜看著海面，波浪湧動，拍打水泥岸邊成排堆疊的「肉粽角」（三角狀的水泥消波塊），咦，發現其中一塊消波塊上，獨坐一個女孩，是個「水妹妹」呢。

但女孩看來一點都不快樂，「雙腳蜻蜓點水似的，在海面上泛起一圈圈的水紋，渾身散發出一股鬱鬱糾結之氣，好像環繞著一圈灰濛濛的煙塵，跟四周的景致、快樂的人群、朗朗的天與湛藍的海洋搭不起來。」他擔憂的觀察著女孩，「忽然，她站了起來，『作勢』往海一跳……」（等一下——）像是連續劇常演的，阻止女主角跳海而出聲勸阻，伸出手的慢動作畫面並沒有出現，楊儒門說他完全來不及思考或猶豫，「釣竿一扔，我抱起冰箱就往海裡跳。」他甚至來不及想到，自己還不會游泳。

而女孩只是「作勢」要跳，並沒有真正跳入海，需要人救。她站在消波塊上，俯瞰楊儒門抱住漂浮的小冰箱，在海裡，雙腳亂踢亂踢的。「總算命不該絕」——楊儒門的另一個說法是，「幸運的是海龍王不收我作女婿」——掙扎著，終於爬上肉粽角，雙腳還被蚵殼劃了好幾道傷口。

然後就在他搖搖晃晃，還沒站穩身，竟然聽到有人喊他的小名，是那個水妹妹，她說：「阿文，這麼久沒見，你還是老樣子啊！」

他一聽，「一驚一嚇，腳步一滑，連人帶冰箱又重新掉回海裡」，手上的冰箱，還剛好順勢砸中頭部，再碰一聲。

這是日後楊儒門描述到的，他與攬和角重逢的情形。攬和角，他稱她「攬和角」，一個長得很漂亮，據楊儒門形容，有愛爾蘭共和軍般實力的女孩，她是楊儒門還沒長到桌腳高，便一同玩耍的友伴。國小她搬家後，兩人沒再聯絡，再次重逢之際，十八、九歲的水妹妹攬和角，卻對十八、九歲的楊儒門說：「有一天我出事，記得，不要救我，把我的骨灰灑在這片海裡。」

有些話、有些場景，使人一輩子難忘，並從當下如波浪，湧向日後的生命。對於剛從父母羽翼、剛從學校教室離開，走入社會感覺到前途茫茫，什麼都不確定的楊儒門而言，遇到家裡有錢有勢，卻感覺到孤單的攬和角，像一朵浮萍，「發現原來這個世界上，不止我一朵浮萍在漂」。

原來世界上不止有自己。

在與攬和角重逢之時，也是少年楊儒門向外探索、發現的開始。他腦海裡陸續閃過一些，以前沒想過的念頭，譬如某天，他想起高一時在家看電視，新聞報導南投神木村發生土石流災害——「土石流」？耶，那是什麼？他記起他初次聽到土石流這個新名詞，充滿好奇。當下也不知道為什麼，「第一次對自己的人生下決定，明天到神木村去瞧瞧，看看什麼是土石流？」

於是「什麼都沒帶，什麼也都沒有準備，憑藉的只是一股好奇，驅動著冒險的靈魂，順著二溪路往員林騎，邊騎邊抬頭看指示牌，『南投』、『南投』，依稀只記得目的地在南投，至於怎麼走、走哪條路，完全沒有概念」，盡只是張開手臂，深呼吸，感覺像是「越冬的種子，得到春雨的召喚」。

向前，再向前吧，一路風景迎接他、挑戰他，讓他嚐到那麼一點點，一點點好像自由的味道。「不只是間接的資訊，更是親身的體驗」，他從海口入山林，「發覺二手資訊所得知的事，遺落太多，而走出去，才能了解世界的面貌」。

世界當然不止二林、不止南投、不止海與山之間迂迴的路徑。探訪過「土石流」之後，楊儒門又想到騎摩托車——仍舊是陪伴他出社會的那台小叭叭——去環島。在一次田裡除草時，他徵詢三姨的意見，三姨鼓勵他，少年人多去看看也好。他便去買了個暗紅色的帆布背包（這個背包，幾年後被媒體報導為「可疑的運動背包」），趁著當兵前的某天，天微微露出曙光，背起背包，「推著摩托車出門口，慢慢滑、慢慢滑，經過台糖小火車的鐵道後，拐彎，立刻發動引擎，朝南直奔而去……」

「生命就是需要嘗試與追尋，」日後楊儒門寫到，否則，「人永遠也不知道，小小的身軀裡究竟隱藏有多大的勇氣和力量。」

窮人擁有險境，以及險境求生的決心

機車環島，環台灣本島一圈後，楊儒門接到兵單，抽兵籤時，命運以機率的方式對他現身，指引他去東引服役。東引，在哪裡？雖然中華民國的版圖算起來，除了台灣本島（除了台北城及城外），更包含一百四十七個以上的海島，但本島中人大多對海洋，對所謂的「離島」，十分的陌生與疏離。如同中央對邊陲，強勢對弱勢，一貫的陌生與疏離。

農家子弟楊儒門首度出海的，乘坐軍艦從基隆港出發，波濤洶湧近十個鐘頭後，抵達馬祖列嶼三十六個大小島礁中，據馬祖人表示，天然景致最美的東引島，開始阿兵哥的生活。

在這與台灣本島失去聯繫的「化外之地」，他有幸目睹大自然的偉大與美麗（「奇蹟啊」，他說我知道這個詞老套，「但卻是最恰當的比喻」），也因為生病到野戰醫院住了好幾天（可惡，小護士竟然是男的，令大頭兵楊儒門哀嘆不已），同時沒什麼意外，也不是特例的，菜鳥楊儒門，被他稱為「機車學長」的安全士官刁難欺負。

忍嗎？繼續忍下去嗎？默不吭聲的忍到機車學長退伍，當作沒發生這回事？不，他覺得備受煎熬，度日如年，又想起電影中的台詞，「忍無可忍，就無須再忍」。逃嗎？逃到哪裡去？在這個離琉球比台灣近，四面環海，面積不到幾平方公里的小島，怎麼逃？偷渡上船？不可能。游泳？看是餵魚還差不多。他想起曾在島上震盪的刺耳槍響，有阿兵哥不堪承受壓力，舉槍自殺。不，他知道自己不可能走上這條路。抑或透過合法的管道申訴？拜託，如果有用，早就不用受苦了。或者透過關係請調？他根本不曾閃過這個念頭。

難道，要練習鞠躬哈腰，向機車學長示好，請他高抬貴手？人性的試煉，出生自苗栗縣山柑村的詩人路寒袖，在〈聽說你也入伍了〉一詩中寫到：

當然
班長還會教你立正的姿勢
這時你將知道
原來腰桿打直的立在
天地之間
竟是世上最艱困的動作

怎麼辦？這也不是，那也不是，大頭兵楊儒門「手心不斷冒出大量的汗水，雙手交替反覆來回的往褲管抹去」，他腦中盤旋過無數推翻又推翻的想法，「摘下小帽放在手中把玩，順著帽緣不斷的修整捏平」，像是不斷的修整捏平，可能的解決之道。

怎麼辦？能怎麼辦？而抱怨只能是無濟於事的枉然。他幾經思考、盤算、衡量，腦海裡一遍又一遍的沙盤推演，終於決定，唯有放手一搏，可能還有一線生機。

於是某天站哨時，他把步槍往後一甩，成背槍的姿勢，左手打開腰間的彈袋，取出五發銅鉛合金的實彈，一發梅花嘴的空包彈，然後拇指抵住空包彈，用力往前一推，頂出來，右手握住彈匣，縮起左小腿置於右腿的膝蓋處，用彈匣去敲擊皮鞋底部，讓彈匣裡的子彈可以平順排列，不至於發生卡彈的意外。一個步驟接一個步驟，照著該有的節奏，心臟雖然噗通噗通，跳動得劇烈，手雖然顫抖不已，透露出緊張與猶豫，但有股壯烈犧牲的勇氣，浮上心頭。

「除死無大懼，那不怕死的人，還在乎什麼？」日後楊儒門更加體會到這個道理。

把步槍往前一甩，伸手接住的同時，彈匣往給彈口一送，喀擦一聲，卡榫扣合彈匣，再手握扳機部，槍口朝下，左手食指與中指扣住拉柄，往後一拉到底，再瞬間放開，上膛。

槍已上膛，如同命運已握在自己手裡；「退無可退了」！至少他覺得退無可退了，只能背起上膛的步槍，像武俠片、西部片裡，找對手決鬥的俠客、牛仔——雖然江湖已來到現代化的九〇年代末——找到機車學長後，舉槍對他說：「裝子彈吧！問題現在就要解決。」

他算準機車學長怕死（誰不怕死？），同時在心底暗自祈禱，「機車人，你可千萬要守住理性的最後一道防線，絕不要衝動行事，不然這齣戲可就走調了。」而機車學長果然也如他所料，沒膽與他決一死戰，恐懼得轉身就跑。

不久後，集合的哨聲緊急響起，新兵楊儒門當著全連的面，陳述他為何如此做的原因，陳述完，連長咆哮的訓斥，說什麼絕對嚴禁學長欺負學弟之類……，繼而勸慰楊儒門，「還好沒開槍，不然會判多久啊？」訓話結束後，楊儒門和同梯的弟兄回到寢室，不僅沒有得到一句安慰，更接收到眾人避之唯恐不及的眼神。

「人情冷暖，現實人生」的體會中，也有少數相挺的聲音，讓他「眼眶濕濕的」。幾天後，站哨又遇見機車學長，對楊儒門態度有了一百八十度的轉變，稱兄道弟的，楊儒門說「別人笑了，我當然也笑了」（不過內心知道這種人永遠不會是朋友）。

之後，他從彈藥士、下士到升為安全士官，是同期中第一人，他開玩笑的說，都得感謝機車學長，讓他不敢有絲毫懈怠，必須不斷累積自己的實力，以確保不再被欺負。而此事，日後想來似乎早就預告，楊儒門放置爆裂物，訴求發聲的模式，只因「退無可退了」，至少他覺得退無可退了！

窮人擁有愛，放在心中的愛

退伍後，學會游泳、學會射擊、學得一身軍事經驗，當過兵的男人楊儒門，回到彰化，搬離外公家，到溪湖鎮上租屋，仍然從事大理石按裝的勞力工作。

他上網認識女朋友囡囡，一個高雄妹。他說，「高雄是適合騎摩托車的地方，大街小巷，山頂海邊，四處亂竄」，最重要的是，「高雄的妹妹很漂亮，辣得有個性，衣服很會搭」。但外表不是重點（肉身會老），年齡也不是問題（囡囡比楊儒門大個幾歲），反正就是喜歡上了，在一起了，還共同收養一隻流浪貓，名叫喵喵。

家庭的雛形，在日常生活中浮現，有一個愛自己，自己也愛的人為伴，結婚生子，孕育下一代。一代、一代的人類（尤其農人），不都是這樣傳承與繁衍？不過，「人嘛！就是有那麼一點小小的理想」，日後楊儒門對攪和角解釋，他爲何和囡囡分手時，說了這句話。雖然理想、理想到底是什麼？當時二十歲出頭的楊儒門，其實還摸不清楚確切的方向。

他延續當兵時，鑽研武器、彈藥、戰術，玩野戰的「生存遊戲」，和當兵時認的「師父」及攪和角，接收「強硬派」（所謂「恐怖組織」）的訊息。譬如日本赤軍領袖重信房子、希臘十一月十七、自由亞齊、東突厥斯坦解放組織、埃塔（ETA）、車臣游擊隊、愛爾蘭共和軍（IRA）……當然也包括中東的哈瑪斯（日後在看守所內，楊儒門寫信說道：「總不能像哈瑪斯的老闆，留個鬍子，帶頂棒球帽，穿著小丑服，比出時下女孩裝可愛的姿勢……那眞是繼 IRA 之後，本世紀第二個笑話。」）、基地組織等等。他想像中的未來，透過到法國參加僱傭兵團第二空降隊，應該得以到歐洲、非洲等地發揮。

於是，一邊是家庭，一邊是戰場，只能二選一，要不擔起家庭的責任，有正常收入，養兒育女，要不走上征戰之路，不要拖累人家。他的價値體系仍源自他出生的傳統農家，而非都市型、離經叛道的浪人型態。零和的抉擇，沒有既要當海盜又不想碰到水；既要冒險又要有安全保障；既要犯罪又不可以有刑責；既要漂泊又要有女人在背後默默守候的事。「人嘛！得到些什麼，注定要拿點東西去交換」，日後楊儒門耿耿於懷的說道，只是對不起囡囡了！

不過，對不起也只能放在心中，既已決定，便頭也不回的往前……。

窮人擁有一路被拉遠的距離

忍痛和囡囡分手後，二十歲出頭的楊儒門，決定再次去環島。他「組了一部單車，在原本應該放馬鞍袋的後輪兩側，各綁上一個背包，後座放一件睡袋、一支打氣罐，把手處掛著一個鵝黃色的帆布鉛筆盒，裡頭放零錢、手機、皮夾」。這次，和他十九歲的機車環島不同，仍然是一個人，不過交通工具從摩托車換成了「鐵馬」，夜宿的地點也從便宜旅社換成「睡路邊」。

他「身上帶著兩塊老玉，一是海晏河清，另一塊是負蓮童子，腰間繫著工具鉗、電筒、潛水折刀，腳穿運動鞋」。從基隆和平島一條市場巷弄內出發了，默默無聞的出發。

是二〇〇一年春夏之交，「氣候微涼，適合遠行的日子」。行前，他為自己設下目標，那就是回來後就得決定，看是要聽「師父」的話，留在台灣，抑或照原訂計畫，到法國參加僱傭兵團第二空降隊，不過當時，他說他「實在想不出台灣有什麼值得留戀的地方、出力的理由」。

單車上路，一路，村庄路接連著鄉道，鄉道接連著縣道，縣道爬上高速公路、快速道路，而農鄉久久才來一班的公車，更久才來了，甚至停駛。

民營化的趨勢，從一九八九年行政院設置公營事業民營化推動小組，便陸續將財政部轄下各金融保險機構，經濟部轄下的台肥、台電、台鹽、台糖、台汽等，從黨國時代被批評為成效不彰、虧損連連、壟斷市場的公營企業，變成只以老闆股東有沒有賺錢為最大考量的公司。

公司化之前的台鹽，已廢掉各濱海村落不賺錢的鹽田，連帶廢掉曬鹽製鹽的廠房、技術、文化，以及海島自主產鹽的可能性。公司化之前的台糖，也已大幅縮減蔗田的面積，和蔗農解約，被解約的蔗農，包括二林等海口地帶，楊儒門家鄉的左鄰右舍。

一路被廢掉的，還包括「大眾」運輸系統。二〇〇一年台汽客運完成民營化之前，已將全島四百三十二條載客路線，裁撤到一百九十六條，公司化之後，一年內更縮減到九十六條。被裁掉的公車站，包括我高中時等車的所在，只因這些都是不賺錢的路線；不賺錢的，在老闆眼裡，統統要廢掉。而收入及消費能力較高的台北城裡挖通了捷運，高鐵二〇〇〇年動工，縱貫島嶼只要一個半小時。有錢的人，更快往返，更快抵達目的地，沒錢的人，更顯慢吞吞的，住在「偏遠地區」，等不到公車來臨。

越拉越遠的差距！

楊儒門的腳踏車沿著台三線，吸入煙塵廢氣，經過水湳洞，再次看見員山子分洪道，「張開幽暗的大口，活像要吞噬每一個經過它面前的人」。他「不知道是哪個天才設計了員山子分洪道」，也不清楚工程是如何發包，但他知道，「等到分洪道完工啓用的那一天，這一片美麗的海，也將開始爲之受傷、流淚」，像島嶼所有被不當工程傷害的大自然一樣，受傷、流淚。

他搖了搖頭，腳踏車騎入宜蘭，再從蘇澳地區沿台九線上坡、上坡、上坡。陡升的坡度，讓他累到「想直接騎去撞山壁」，沒有餘暇思考，這坡度，或許像有人，尤其少數有錢人，正在拉高平均生活費，致使收入不及平均生活費的人，滑落至貧窮線下；像有人正動用「怪手」，把坡路變直了，致使沿途攀附求生的住民，咕嚕咕嚕的滾下山去。

他身在其中，沒注意到二〇〇〇年政黨輪替後，剛取得政權的民進黨政府，旋即召開經發會，徵詢資本家的需求，同時延續國民黨時代，提供各種優惠、減稅甚至免稅的措施，獎勵財團投資、開發，而內政部公布的低收入戶數，正在逐年創下新高。

越拉越遠的差距！

有錢的人，透過參選或金援候選人，左右各項攸關其利益的政策，沒錢的人，一人一票，只擁有投票或賣票給富人的權利。同時，收入影響到健康與疾病的照護，有錢的人，比較有餘裕生病，沒錢的人，日子捉襟見肘，縱使生病也常得過且過、能忍就忍。

收入更影響到教育。九〇年代起，國民黨政府大量開放讓私有企業興辦學校，並讓私立大專院校輕易升格為大學，據統計⑥，從一九九五年到二〇〇四年，私立大學增加了兩倍多，學生人數增加了三倍，而學費普遍上漲一倍。

估算盈虧的教育「事業」，左右台灣高等教育的走向，受教的學生，據一九九一年統計，來自前兩成有錢家庭的比例為三六・七％，來自後兩成窮人家庭的比例為二十三％，不過到二〇〇二年據統計，全台前兩成有錢人家（不管錢怎麼賺來的），子女受高等教育的比例為六七・四％，後兩成窮人家，縱使清清白白，努力工作，在大學入學門檻很低而頻頻招生之際，子女受高等教育的比例只到三六・九％；越拉越遠的差距。

不止反映在高等教育，據教育部（二〇〇五年）統計，都會區高中生考上公立大學的比例（三五・六％）最高，其次是北區各縣（二六・八％），最低是花蓮、台東兩縣（十五・二％）；越拉越遠的差距，當然也不止反映在國高中的升學率，更從小學就現出端倪。

越鄉下，收入越少的地區，人口外移越嚴重，村庄小學也因為學費不足，陸續被政府以「財政困難」、「節省預算」為由，紛紛裁併。凡賺不到錢，甚至賠錢的，都要廢掉。政府的考量，越來越像企業主。但仍住在村庄裡，走不了或不想走的窮人家怎麼辦？被剩下來的小孩怎麼辦？

山上的，必須告別原本偎靠著山，操場在藍天綠樹間，校舍通常已改建成水泥樓房的小學，下山——公車班次少之又少的——到鎮上學生人數比較多，教室比較小間的大學校就讀，下課後，在擁擠的操場，很難摸得到球；離島的——雖然在海洋的眼裡沒有哪裡是中心——必須乘坐交通船或漁船，渡海去一間比較大的學校，學習「鄉土教育」尊重多元與弱勢，已經是標準答案；而農家的小孩，繼續告別同學，告別玩耍過的水溝與田埂，告別田裡學到的那些，不被當成知識的知識，隨父母搬遷到城裡，預計日後將在城裡從事低階的勞動工作。

若是颱風下雨，山路崩塌，巨浪風湧不能行船，或者單單每天清晨迢迢的上學路，都有可能讓山上的、離島的、農村的小孩成爲中輟生。中輟生只能早早出社會，沒有學歷背景、沒有一技之長，人生其實沒有太多「出路」擺在眼前，沒有太多希望在前方召喚，挫折時，往往更容易酗酒、吸毒、沉迷於賭博。而越多人喝酒、吸毒、賭博，賣酒的、賣毒的、接受簽賭的體系（包括黑道組頭及政府的公營行庫）就賺越多；越拉越遠的差距啊！

日後據行政院主計處統計，台灣七十萬戶最低收入家庭的年均收入，從二〇〇〇年的五萬三千多元，逐年遞減到二〇〇六年的三萬四千多元，反之，最高收入的七十萬戶家庭，年均收入從一百六十二萬，逐年上升到一百七十四萬。

一升一降，平均收入每月高於十四萬五千與低於三千，將近五十倍的差距，還在拉鋸中。

有錢的人，有本錢更爲有錢，連帶供子女補習、學各種才藝、出國遊學，甚至到落後國家「濟貧」，增廣見聞。沒錢的人，更沒有本錢脫貧，尤其伴隨離婚率上升，單親家庭、隔代教養、獨居的小孩正在增加。入不敷出的窮人家庭，小孩可能三餐不繼，可能營養不良而長得瘦小多病，可能從小看人臉色，而養成畏縮、自卑、自棄等性格，抑或壓抑出不滿與暴力，壓迫更弱勢的人；窮人擁有相互扶持，以及彼此踐踏，以爲便可以往上爬的可能性。

當然窮人家的小孩，也非常有可能吃苦耐勞、奮鬥打拼、努力想擺脫貧窮的命運，不過據家扶中心二〇〇四年的估計，發現台灣至少有一萬五千個貧窮線下的家庭，第二代長大後，仍然與貧窮爲伍。

制度下難以翻身的窮人，還有接受救濟、感激涕零的可能性。有錢的人，不管用什麼方式——威嚇、槍殺、賄賂、超貸、冒貸、炒作地皮、內線交易、不當開發、破壞環境等——有錢後，可能很好心的認養貧童、蓋學校、資助清寒學生、捐錢給慈善機構或自己也成立一個慈善基金會，好節稅，同時「做善事」。

而「爲善不欲人知的時代早就一去不復返，越是組織性的私人行善，便越像是一場縝密的行銷布局，從新聞稿發布、典禮儀式舉行，再到年度成果展邀請」[7]，甚至有每集撥一點製作經費，送一個窮人小孩摩托車、電腦等，而每集靠著眞實的悲慘故事——越悲慘收視率越高——賺取廣告利潤及觀眾熱淚的電視節目。

「謝謝！謝謝！」被邀請上鏡頭的窮人家庭，從一集主持費通常比窮人家一個月收入還要高、展現出愛心也跟著哭了、全身上下名牌服飾的主持人手裡，接受餽贈時，不禁鞠躬哈腰，擦拭著眼淚說謝謝。不過要是有人，竟然有人，不只捐錢做善事，還跳出來替窮人發聲，而且很大聲、很刺耳，那就不一定全獲得掌聲了。

當我把食物給窮人，他們說我是聖徒，當我問窮人爲何沒飯吃，他們說我是共產黨。

——引自卡麥拉（Dom Helder Camara）

「當聖徒容易，當共產黨難。」在陳眞〈聖徒與共產黨〉一文中，提到巴西大主教及解放神學提倡者卡麥拉的名言，表示「跟卡麥拉一樣，無意傷人的白米炸彈客同時扮演了這兩種角色，法律縱然有罪，道德上卻正當。『反社會』云云，只是妖魔化異己之說詞。如此社會不反，人性何在？」不過那是三年後的評論與注視了。二〇〇一年春夏之交，楊儒門單車上路，還不知道前方的路。

他用力踩著踏板，腳踏車不耗油、不排廢氣的，一路汗水，蜿蜒過一邊是峭壁，一邊是懸崖的蘇花公路──恰如一邊是收入不斷攀升的有錢階級，一邊是落石般不斷崩塌的窮人家？──進入花蓮後山。然後，就迷路了。

因爲迷路，他遇到了生命中再次來到的轉捩點……。

窮人擁有死亡，以及大不了一死的勇氣

二〇〇五年初春二月，我和立委林淑芬第一次到台北看守所探望被收押的楊儒門。進入看守所後，通過安檢，我們被帶入約三坪大的會客室。會客室內，僅有的擺設是一張鋁鐵的長桌及幾張椅子。我們到時，楊儒門已被帶到，他雙手銬著手銬，獄政人員替他解下手銬，示意他坐下，同時拉張椅子坐到他旁邊，受命以錄音機、還有紙筆，紀錄談話內容（之後我才知道，會客室上方牆角並裝有錄影機，現場錄影）。

初次看見的楊儒門，比我想像中更年輕更憨厚──媒體通常具有「放大」的效果──穿著灰色上衣長褲，像是汽車修護廠的工人。他看著我們，這兩個來意不明的陌生女子。隔著桌，我則拿出準備好的「禮物」，賴和、楊逵及呂赫若的小說，對他解釋，賴和、楊逵都被關過，呂赫若因爲投身武

裝革命，據傳死於軍警追捕的台北縣石碇山區。

說著說著，三個人興奮的聊起天來，獄政人員想必甚感詫異，沒紀錄過這麼漫無目的的會談。日後我也想不起來，我們確切說了些什麼，像是記不得朋友之間，一次又一次的閒話家常。雖然，和「炸彈客」在看守所內，像是在村庄店仔頭開講，有時不免讓我反省到，自己實在是個不合格的記者呀。

我甚少擬定特定的問題，「採訪」楊儒門，有些事他迂迴著不說，我也沒有刻意去調查。日後我們更曾因爲想法、見解不同，在土城看守所及台北監獄內，爭辯吵架。不過那是後話了。回到第一次，相談甚歡的三十分鐘會面即將結束前，我和林淑芬起身，準備走出門。楊儒門目送我們，他待會必須由獄卒再銬上手銬，才能被押解著離開會客室。臨出門，我再次轉過頭，對他說：「記得寫信給我！」

他點點頭。幾天後，我收到楊儒門寄來的第一封信，開頭沒有稱謂，沒有客套話，直接寫到，「單車像風般，凌於瀝青鋪成的小路上，目標？沒有！理由？沒有！迷路了沒？是的！左轉右拐，不知不覺中失去該有的路標、指示牌，到了哪？不知！道路兩旁，草長到半個人高，順著風輕輕拂過，向前微微點頭……。」

我被他的描述吸引，跟著他「放倒單車，讓單車橫躺於路中，鞋子一踢，仰起頭，拿水朝乾渴的身體猛灌」，然後「靠躺在單車的包包上，成T字形」。他說：「這種問路法，每次都奏效，不然就沒這封信出現了。」

第一封信，沒有透露確切地點的故事開端，他繼續寫到，橫躺在馬路中央，「朦朧間，感覺有人在掀我的闊邊帽，輕輕拉我的外套，張開眼，看見一個背光的黑影，擋住了陽光，黑影手拿球狀物，背後散開光芒，錯覺中，我以為看到了天使」。

然後黑影慢慢在他腦海裡成形，原來是個小孩，是個瘦瘦黑黑的小孩，是個瘦瘦黑黑穿國中制服在賣椰子的小孩。

「椰子三粒一百！」小孩開口對躺在路上的楊儒門說，楊儒門逆著光，辨識到小孩身後有一台滿載椰子的小台車。

他坐起身，買了三顆椰子，邊喝邊和小孩聊天。「言談中得知他是單親家庭，有一個酗酒的老爸，常在把酒言歡之際，忘了家裡還有一個兒子，幾天不出現是正常的，至於賣椰子，是他的生活，也是要讀書所必備。」他問小孩要不要一起去吃飯，小孩回答，自從懂事以後，每天就只吃中午一餐。

為什麼？肚子餓得咕嚕咕嚕的楊儒門，聽見小孩回答他，「因為能力有限，吃飽與上學只能選一樣」；二選一，窮人沒有既能吃飽又能上學的權利。

（為什麼沒有？）好奇的楊儒門，跟著小孩回家——是的，窮人擁有接待陌生人的可能性，遠大於住在圍牆內，擔心被偷被搶的富人——發現小孩，住在一間「破落的水泥四方盒」裡，屋內只有一張木板床，及幾張學校的課桌椅（也許小孩原本就讀的學校，也被廢了？）。

天色漸漸暗，屋裡的「天花板掛了盞燈，可是不會亮」。小孩拖了把椅子，到隔壁土地公廟借燈光寫作業，楊儒門呢，「晚餐也吃不下了，拿著毛巾，借土地公廟的水洗澡」；當然是洗冷水澡。

「涼涼的水，消去白天擾人的黏濕汗味」，不過他邊洗邊想，「要是隆冬十二月，會是怎樣的一種感覺呢？」要是隆冬十二月，只能在戶外洗冷水澡，會是怎樣的感覺？他透露與小孩相遇在「人間四月天」，也寫到兩年後，為了體驗小孩只能在冬天洗冷水澡的感受，親身嘗試一番，「才曉得，冷氣團來襲，氣溫降到只有七、八度時，身體碰到水的刺刺冰寒感」。

然後「祝平安 心怡」。第一封信到此，標下日期，寫到「於北所」。幾天後，郵差送來第二封信，一式的白底紅格信封，左上角貼著一式的五塊錢郵票，蘋果圖案。拆開後，抽出一式的六百字綠格稿紙兩張，我讀到楊儒門當兵時，在「燕秀潮音」採海芙蓉。第三封信，同款信封、同款郵票、同款稿紙，經獄政人員檢查過後，同樣蓋著「孝順父母」字樣的紅色戳印（日後楊儒門移到北監，檢查章換成梅花圖樣包覆的「中」字，移到花蓮外役監時，獄方的標示改為，「郵寄物品需經申請核准／但不得超過兩公斤」）。

然後第四封信，楊儒門在故事中透露，他「買了張直達花蓮的莒光號車票」，下車後，踱步去吃液香扁食——「來花蓮必吃，不然像沒來過似的」——吃完扁食，赤腳踩著夜晚涼涼的柏油路面，踱步到土地公廟去。

土地公廟？線索浮現，指引我想起他在第一封信中寫到，「心情紛雜時，常買一張火車票，由彰化直達花蓮去看他。他就像是我兒子一般，也像是我的心靈導師。」是了，到第四封信，楊儒門首度稱呼賣椰子的小孩為「死囝仔」。

死囝仔對楊儒門說，「事實就像月亮一樣，不斷在改變，真理如同太陽，只有一個。」這句話，讓楊儒門想了好一會，也讓收信的我，佩服的記下，然後「平安 心怡」。受限於獄所通信規定，

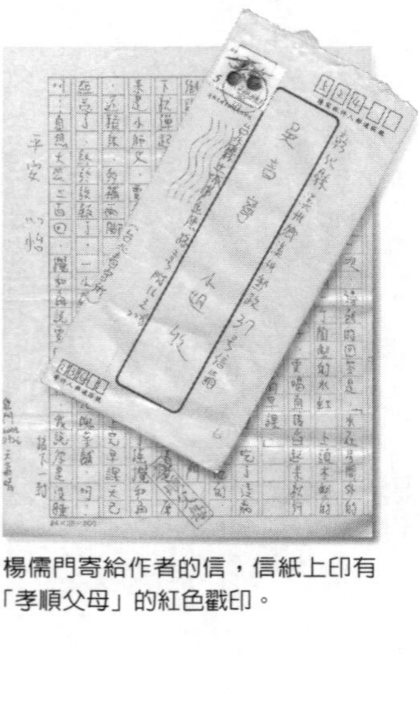

楊儒門寄給作者的信，信紙上印有「孝順父母」的紅色戳印。

最多每次兩張信紙（兩張稿紙）的故事，再次告一段落（一章節），接著第五封信，又跳回楊儒門童年怕狗的記憶……。

如此，像多線進行的「長篇小說」——時間眞的拉得很長——而讀者（我）只能一次兩頁，在「小說家」一點一點透露的連載裡，不被允准跳頁的，只能尾隨著收信、拆信，收信、拆信，三個月後得知，原來死囝仔是楊儒門在單車環島途中認識的國中生。

當時他「躺在土地公廟的矮牆上，望著天空雲朵，思索著，在認知當中，不管怎麼樣，小孩一定會有人照顧，沒有父母的，也會由祖父母、親戚代爲教養帶大，情況再糟，也有政府機關或慈善機構介入，爲什麼眼前的死囝仔，什麼都沒有呢？難道台灣發生了戰爭、饑荒……」？怎麼會有小孩獨自過著這麼貧窮的生活，而他以前從來不知道？甚至這個沒有大人照顧，爲了省錢，過午習慣不吃的大小孩，還要照顧三個更小的小小孩。

幾年後（二〇〇七年），沿著貧富差距不斷擴大的裂縫，根據內政部兒童局推估，全台生活在貧窮邊緣的兒童，超過三十六萬人，其中僅七萬五千人取得低收入戶資格，而沒有大人照顧的少年與兒童，據兒福聯盟統計，逾兩萬多人，電視新聞甚至綜藝節目，也常報導（消費）一個又一個貧童，可憐又感人的「個案」，訴諸社會大眾的愛心捐款。但對當時（二〇〇一年）二十歲出頭，剛當完兵的楊儒門來說，親身感受到的震撼，遠非坐在電視或電腦螢幕前，接收二手訊息所能比擬。就像他高一時，第一次從電視新聞中聽見，「土石流」這個新名詞，和休學後到南投山區，實際感受到土地在崩，是有差距的，他說，「唯有親身經歷，才是眞實，屬於自己」。

故事透過信件，一封一封，又回到那天，楊儒門跟隨死囝仔回到死囝仔家，借土地公廟的冷水，洗澡過後，將睡袋鋪在地板上，拿外套蓋住頭，便睡了。

隔天，他買了一大堆食物，回到土地公廟，生火、烤肉。火光中，他發現死囝仔脖子上掛著一串項鍊，是「一塊人形玉佩搭兩顆玉珠、一顆瑪瑙珠，用肥料袋的封口線串起來」。他「眼睛瞪得老大，像賽車的人看見F1、陶瓷藏家看見汝窯……心跳得好快」。喜愛古玉的楊儒門，想得到死囝仔身上那塊卑南玉佩，利誘不成，半開玩笑的威嚇死囝仔，「有沒有遇過壞人啊」，沒想到死囝仔抽出一把長約四十公分的獵刀，從容的砍著椰子，似笑非笑的看著他，還反問他，「你有了解、尊重過卑南文化嗎？你知道很多人、事、物，都不是金錢可以衡量的嗎？」

咦，卑南文化？線索再次浮現，讓我意識到，死囝仔也許是個原住民小孩？日後我在某次會面時，問楊儒門，死囝仔是哪一族的？他才好似勉為其難，輕描淡寫的回答我，卑南族。

讀者在「小說家」不無戒備的布局裡，一封信、只能一封信一封信，沒有速成的可能性，聽見死囝仔在漂流木燃燒時的劈啪聲響中，問楊儒門：「你肯不肯幫我？」

楊儒門回答：「要我幫你，憑什麼？」

死囝仔說：「那你去參加法國僱傭兵團又為了什麼？錢、法國籍、還是無所謂的英雄主義在作祟？」

「至少比留在台灣值得，一個虛偽、白賊、怕死、又無能的政府，永遠不想自己站起來，寧願當條哈巴狗，向美國搖尾乞憐，那副嘴臉，看了就有氣。」

「是問你肯不肯幫我，你所說的事，是台灣少部分人，跟這塊土地有什麼關係？」

對話從信紙浮現，也在楊儒門單車環島的途中，反覆爭辯。去或留？出國征戰或留在這個「蕞爾小島」？腳踏車繼續往南騎，騎過石梯坪到北回歸線碑，看過長濱遺址變八仙洞，再到台東都蘭「水往上流」的觀光景點一繞，到底、到底去或留？

楊儒門心想，自己應該上戰場，一展身手，爲何要留下來照顧一個窮小孩？但是又想，「『他』、『他』、『他』，難道只是一個人嗎？那是未來」、那是希望。他問自己，「犧牲自己來成全別人，與犧牲別人來造就自己，你能做到哪一點？」

（你能做到哪一點？）

猶豫著，單車經過旭海，到了港仔又迷路了，「注視著指示牌所比的小路，心中打了個大問號，很想擲銅板來決定，走哪條路好」。他想起「上次機車環島時，也是在這一帶迷路」——人啊，類似的錯誤通常犯兩次，類似的困惑，也像歷史會重複——山裡霧氣瀰漫，細雨中的路面濕滑，楊儒門牽著單車，站在岔路口。據他回憶，「正當猶豫不決的時候，一部休旅車橫停在眼前，車上下來一位身穿原住民服飾的頭目」，告訴他方向，順便送他幾瓶礦泉水。於是他「虛含著煞車，乘著風，溜下左彎右拐的山路」，下山後，霧都散了，雨也停了，眼前所見，「像揭去一層薄紗」，也像心底的答案漸漸清晰。

他搖了搖頭，當時他搖了搖頭，不願承認死囝仔會是他的答案，會是他出力的理由。不過單車環島後，顯然他決定留在台灣，所以才有坐火車到花蓮去找死囝仔、吐露死囝仔寄養在他身上、要死囝仔有事就聯絡攪和角等情節，在前幾封信裡出現。

跳來跳去的故事，這裡說一點，那裡講一些，我拼拼湊湊，直到第五十幾封信，拆開信封，取出兩張綠格稿紙，讀了才赫然發現（像頓悟），爲什麼第一封信裡，楊儒門會以他遇見死囝仔作爲開頭，爲什麼他會稱呼賣椰子的國中生爲死囝仔？

原來，死囝仔眞的是「死囝仔」。

日後「小說家」楊儒門表示，他爲什麼「不願講出死囝仔、攪和角的名字……（因爲）在台灣，『尊重』這兩個字，是無法從日常生活展現的事」，他不想他的朋友「在別人眼中，只是個可憐人，也不希望攬和角因爲她老頭的身分，被大家拿來炒作、窮追不捨」。於是我得直到通信約六個月後，才讀到他描述的那天。

那天，二〇〇三年六月的某天，他接到攬和角半夜打來的電話，沒有轉圜餘地，要他立刻從基隆的市場巷弄內出門。凌晨兩、三點，楊儒門坐入攬和角她家那台轎車內。車行暗夜，一覺醒來，已到花蓮熟悉的土地公廟旁。

他下車，「伸了伸全身痠痛的骨頭」，大口呼吸清晨新鮮的空氣，看見攬和角從死囝仔家裡，提出一袋東西，「透明塑膠袋內，裝著白色粉狀物體」。

ㄟ，是什麼？

好奇的楊儒門問攬和角，那是什麼？攬和角回答：「是你朋友、是你朋友死囝仔的骨灰。」

一時間，楊儒門心跳加速的，將隨身攜帶的古玉（海晏河清）緊握掌心，用力搓捏。一時間，讀信的我也楞住了，繼續讀下去，跟著楊儒門聽攬和角敘述，「前幾天晚上七點多，他接到一通小孩子打來的電話，咿咿呀呀的講不清楚，直覺出問題了，於是到死囝仔家一看，發現死囝仔躺在床上，一動也不動，沒有呼吸心跳，身體僵硬，早死了，連忙找到打電話的小孩，問發生什麼事？小孩說：『生病發燒了好幾天。』爲什麼不去看醫生？小孩表示，死囝仔說沒關係，忍一忍就好（其實是沒有錢看醫生）……」沒想到「忍」沒過去，就死在自家木板床上。

楊儒門聽完，笑了，潦草的字跡寫到，「笑到心裡淌血」。「然後攬和角晃了晃手中的塑膠袋，擺了個如何處理的手勢」，望向他，他說：「去海邊。」

到海邊，攬和角把死囝仔的骨灰倒入海中，再用海水把塑膠袋洗一洗，「就這樣」，楊儒門寫到，「是的，不用懷疑，就這樣」。窮人沒有餘裕，擁有過多悲傷的儀式。而我透過信紙，聽見海水洶湧著，拍打岸邊的礁石，礁石上，楊儒門及攪和角面海的背影，被越拉越小，

越拉越小，幾乎不被在乎的存在，遙望海的盡頭，浪潮一波一波。我隱約聽見，楊儒門低聲對攪和角說：「有一天我出事了，記得，不用救我，燒一燒剩下的東西，帶回王功的海裡。」

在那裡，接納死亡的海洋，會給退無可退的人，轉身，拼著大不了一死的勇氣，出發……。

註

① 改編自艾瑞克·霍布斯邦《盜匪——從羅賓漢到水滸英雄》，麥田出版，二〇〇四年二版一刷。

② 張素玢《二林鎮志——農林魚牧篇》，二〇〇〇年，二林鎮公所。

③ 呂赫若小說，林至潔翻譯的版本。

④ 黃樹民一九七七年說法，出自陳玉璽《台灣的依附型發展》。

⑤ 行政院經建會「彰化雲林地區地層下陷防制計畫」，二〇〇五年三月二十一日。

⑥ 《WTO有害台灣教育！》，二〇〇五年，工人民主協會發行。

⑦ 吳挺鋒〈富豪的天使翅膀〉，《中國時報》，二〇〇六年六月二十八日。

⑧ 陳真〈聖徒與共產黨〉，《中時晚報》，二〇〇四年十二月六日。

奴隸與奴隸主

單車環島後，楊儒門決定人生的方向、未來的道路，要「替死囝仔他們爭取應有的照顧和權利」，他反覆鍛鍊自己，「以實現夢想爲主，去準備」。在準備的路程中，有天他看到電視新聞，記者以慣常急促的語調播報著，十萬、十一萬或十二萬農漁民上街頭遊行了！透過「實況轉播」，他和全島電視機前的觀眾一樣，幾乎每整點就接收一次「農漁民」的訊息，同時佐以總統府前滿是戴斗笠、高舉紅白布條的人群畫面。

他想，「農民北上抗爭」了，他以爲必定是「稻米價格直直落」的關係，但眞的是這樣嗎？二〇〇二年十一月二十三日那天，海島台灣眞有一場「百年來台灣農漁民的第一次大團結，台灣有史以來最大的一次社會運動」（如遊行總指揮詹澈所寫①）嗎？

要回答問題，是的，得回到歷史的流域，一路撥開河面上漂浮的字眼，往回溯、同時往下打探。

農會的身分

溯回、打探到什麼時候？我看就不用回到百年前，去考察百年來的台灣歷史發展，以釐清一一二三那天，眞的是「百年來台灣農漁民的第一次大團結」嗎？抑或是極度誇張兼扭曲的形容？讓我們先就農會這個組織，理解一番（少部分漁會就納入農會系統內，不另闢章節討論）。

台灣農會的起源，一說源自一九〇〇年，在台北縣三角湧（今三峽一帶）創立，之後新竹彰化等地，也有零星的農民團體各自成立。但通說係源自一九〇八年，日本政府頒布「台灣農會規則」，始確立農會的法人地位，名爲民間團體，不過由州廳首長兼任農會會長的體例。

而在台灣海峽的另一邊，剛推翻清朝的中華民國臨時政府，一九一一年頒布「農會暫行規則」，一九三〇年制訂「農會法」，繼而在中日戰爭期間，幾番修改農會法，增列「協助政府於國防及生產等政令之實施」，同樣由上而下，指定農會作為官方的「協助者」。

再回到與中華民國政府打仗的日本政府轄下的台灣，一九四三年總督府頒布「台灣農業會令」，將各級農會、畜產會、農事小團體、產業組合等，統歸為全島、州廳、市街庄三級制的「農業會」，以便於管理。沒兩年，太平洋戰爭結束，日本政府敗給中華民國政府，中華民國政府派人渡海來台，接收政權、土地及地上物，當然也包括接收農業會。

一九四六年，農業會奉新政府之命，改名、改組，分為辦理金融業務的「合作社」，以及協助政府——只不過由日本政府換成國民黨政府——推廣農業相關政令的「農會」。不過此舉，將金庫從農業會（或稱農會）裡移除，將政治經濟權分開，造成各地農會仕紳的不滿與反對。一九四九年國民黨撤退來台後，又讓農會與合作社合併，奠定此後政經合體的架構。

合併後的農會，重新擁有金庫，可以貸放款，於是非農民會員與日遽增，財務也普遍虧損。國民黨政府在美援機構農復會的建議、主導下，於一九五二年由行政院頒布「改進台灣省各級農會暫行辦法」，並於一九五四年完成農會改組，採省、縣市、鄉鎮三級制，分為農民會員（正會員）及非農民的贊助會員，規定每戶會員以一人為限，同時確立總幹事遴聘、理監事由農會會員代表選出的制度。

這套「暫行」辦法，暫行過蔣介石統治台灣的五〇年代、六〇年代，到七〇年代初，一貫，沒有宣誓加入中國國民黨者，不可能被遴聘為農會總幹事。而農業經過國民黨二十餘年，「以農養工」、「以農業發展工業」，以及恰如「封建地主對債務農奴的苛斂」（如學者陳玉璽所言）後，敗相已露。蔣經國接棒他老爸的政權，一九七二年坦承台灣農業已「遭遇了若干困難」，因此他想「負起責任來解決困難」，除了指示九項「加速農村建設重要措施」（一九七二年），公布「農業發展條例」（一九七三年），同時延攬兩度在農復會上班、一九七〇年宣誓加入中國國民黨的農經博士李登輝，進入行政院，以政務委員的身分，擔任農會法修法會議的召集人。

歷經十多次審查會議，李登輝將農會法的審查結果上呈蔣經國，同時行政院去函財政部，「請財政部依院會決議：農會依法服務會員之事業，得免徵所得稅及營業稅」，讓農會——這官方的「代理人」（身兼收稅官、驗收官等）——在收購農產品加工運銷倉儲、買賣農業資材、進行金融貸放款業務賺錢的同時，不用繳稅。

一九七四年，農會法經立法院三讀通過，取代暫行二十二年的「暫行辦法」，成爲農會組織此後依循的法令。法令中，延續總幹事遴聘制、理監事由會員代表（而非農民會員直接）選出，並取消農會會員出資，向農會認購股金，年度盈餘分紅的股金制……。種種，缺漏的規定，譬如理監事的選舉辦法，造成農會內部幾乎沒有監理制度，監理制度缺乏的農會，很容易就被總幹事等派系人馬把持，而農戶每家一人，除了每四年一次，有權投票選舉農會的會員代表，依法，對農會業務沒有任何的發言權，更遑論決策權等，都爲日後台灣各級農會成爲「集體舞弊的絕佳溫床」[2]，提供制度性的根源。

而這套制度，是農經博士李登輝（還有孫運璿、林金生、李國鼎、蔣彥士等）在蔣經國時代的「貢獻」。

一道又一道門

農會作爲官方政策的執行機構，總幹事如同地方官員，須經中央或省市主管機關審核通過，始得被遴聘。一九七二年，新官上任的行政院長蔣經國，提出十大革新指示，飭令官員及公務人員不得鋪張、設宴，不得出入歌廳、舞廳交際應酬，顯示當時隨著經濟發展，官商已普遍流行起交際應酬，吃飯、喝酒兼上酒家，是政治人物「交陪」、拓展人脈資源的方式，而官員每次下鄉巡視，陪同在側的少不了農會總幹事。

「官」商勾結，譬如稻穀保價收購，在學者陳玉璽（一九八〇年發表）的研究中便提到，「官僚機構（指農會）手續煩瑣，對稻穀質量和乾度百般挑剔」，同時「中間商與農會相勾結」，從中獲利。鄉土文學論戰（一九七七年）前後，陸續發表詩、散文、小說，描述到農村面貌的作家（如吳晟、宋澤萊、林雙不等），也都寫到農會職員刁難農民，藉機向農民索賄等情況普遍。

進入八〇年代，島嶼工商業連同城市更加擴張，農業連同農村更加衰敗，「多麼飛揚的你呀／有了錢，你忘了／鄉下的年老母親以及一切的一切」，在廖永來一九八一年〈寫給一個人〉的詩句中，說到出外念書的青年不再回鄉，而是「學著保全自己／把錢賺飽／把領帶拉直」，縱使學生時代關心過「生態運動、社會主義下鄉」，詩人劉克襄在〈只有風〉中也提到，「畢業以後，我們回到南部／根本無法找到滿意的工作……」。知識分子——除了鄉間教師——大多離去的農鄉，農會及農田水利會做爲國民黨「長久以來，盤據在農村……一直稱職的扮演剝削者」[3]角色的兩大組織，隨著李登輝出任台灣省主席（而省農林廳是農會的主管機關），也逐步逐步，從極權時代的「官僚機構」，演變成地方派系分贓資源的政治機構。

「原由農民組成的農會，現已變成一個『商人銀行』。」一九八七年郭力昕在《人間》雜誌發表〈塭子內，有沒有明天？〉一文，紀錄到塭子內如同彼時大多數農村，「田事只剩下中老年人在勉力而為」，青少年國中畢業後一起進入外銷鞋廠工作，而政府正在喊出「農村地區家家戶戶有電視、冰箱」之類的口號，有個年輕農人，對來訪的郭力昕表示，現在農會是「有錢的人就有辦法弄錢，沒錢的人永遠借不到錢」。

然後《人間》雜誌的記者王墨林，走入東勢山城，採訪到果農胡壽鐘。胡壽鐘說他喜歡爬山，喜歡一個人開著車子到處逛，幾乎走遍台灣的農、漁、山村，因此更加體會到眞實的情況與政府宣傳的不同。有次他「在梨山看見一個老榮民，手裡拿著一份水果報估表，坐在郵局前哭」，他說，「我從來沒見過六、七十歲的老人哭，看起來是那麼叫人心酸……」④，那畫面觸動曾為黨外人士黃順興助選的他。而整個大環境的背景是，國民黨政府開放讓美國水果大量進口，致使本土產的「一箱橘子跌到一百元還沒人來收；一斤葡萄只能賣七、八塊；梨山蘋果每斤從一百多元跌到六、七塊錢。東勢一帶的果園裡，檸檬、橘子、楊桃全掛在枝椏上，任它萎墜一地」。農友們叫苦連天，「並且問他有什麼辦法可以解決果價下跌的問題」。

「我跑去問農會，」胡壽鐘說，不過農會職員表示，「問題早已反映上去，卻一直沒有下文。」他想，找農會沒有用，不如自己製作傳單。於是一張寫著「請不要猶豫，請不要徬徨；為了生存下去，勇敢的站出來」的傳單，開始在演講場合散發。之後胡壽鐘又找了東勢鎮上開鞋行的王敏昌、爬山時認識的黨外運動人士林豐喜，「就這樣，歷史把這三位志同道合的東勢鎮草根青年結合起來，共同為台灣四十年來第一個農民運動的展開而攜手合作。」

他們將「東勢區果農自力救濟委員會」改為「山城區農民權益促進會」，之後，「附近其他縣市也紛紛成立各地區的『農民權益促進會』，決定到台北去陳情抗議。「儘管準備得很周詳，農民還是有些緊張，因爲這是他們生平第一次走上街頭啊！」胡壽鐘說。

四十年來第一次的農民遊行，出發前夕，「台中縣長陳庚金爲了阻止中部地區農民北上請願，特別下令動用鎮暴部隊封鎖北上道路，並聲稱這個團體是『被有心人士利用的暴民組織』」。幾經溝通、協調，約三千名果農才得以分乘十一輛遊覽車，進入台北街頭。繼而各地的農民權益促進會，共同開會，再次決定北上抗議，三一六農民遊行由山城（東勢）、南投、新竹農民權益促進會主辦，總領隊胡壽鐘，總指揮林豐喜，協辦單位有社會運動工作室、南方雜誌社等。不過遊行過後，政府沒有就農業困境提出任何具體的回應或解決之道，僅以違反集會遊行法，將總指揮及苗栗縣總領隊移送法辦。於是四月，再次由山城、南投農民權益促進會，發起四二六遊行，在〈台灣農民四二六行動宣言〉中寫到，「當前台灣農業的種種危機」，包括「美國農產品大肆傾銷、農業政策搖擺不定、中間剝削嚴重、產銷失調、農民收入不敷成本」等，其中「農會功能癱瘓」也是危機之一。

不過剛起步的農民運動，行進到四月，農民團體之間就分裂了——分爲農權總會及農民聯盟（於同一天各自成立）——五月，五二〇農民遊行由雲林農權會發起，集結農民到立法院、到國民黨中央黨部、到總統府前抗議，提出七大訴求，其一是要求「廢除農會總幹事遴選，還權於會員」。

五二〇那天，中午兩點多，遊行隊伍抵達立法院，因被鎮暴警察欄擋，發生第一波衝突（被抓走了三個人），下午三點多警方的水柱開始噴灑，一波波的衝突經徐州路、林森南路轉到忠孝東路（繼續有群眾在混亂中被抓）。據當時人在現場拍攝的江冠明回憶道[5]，到傍晚，部分農民已乘坐遊覽車回去（回到中南部的家），「變成部分台北市民捲入對抗。六點多，宣傳車繼續往前走，車窗玻璃全破，擴音喇叭被打成像花朵曲曲折折，車體傷痕累累」，到七點多，「近千名鎮暴憲警與霹靂小

五二〇農民請願活動，鎮暴警察踩過靜坐的學生。（攝影／黃子明）

組，首度進行強制驅散」[6]，遊行總指揮及副總指揮等二十多人被抓，「此時農民早已走散，變成是台北市民在附近觀看，失控的鎮警對街上行人任意攻擊……忠孝東路前變成一片混亂」。

然後歷史的岔路，不只是個隱喻，就在那晚，中南部的農民連同農民議題撤退後的街頭、戰場，讓位給前來關心的台北民眾、民進黨的民意代表、以及趕來聲援的大學生們；就在那晚，五二〇流血衝突收場後，因應報紙媒體電視台甚至藝文界一面倒的、斥責農民（或說「假農民」）暴力毆打警察，而民進黨學界人權團體等力圖反駁的對峙中，被國民黨（在朝）指控，同時被民進黨（在野）聲援的農民——農民啊——在那晚已回到各自的村庄，回到各自的田裡，失去此後在政黨政治中的主體。

而我猶原記得，五二〇之後的某天晚上，高中生的我走出家門，意外在村庄廟口看見農人圍聚，面向一方露天拉起的布幕（像廟會時放映過期電影用的白色布幕）。放映機的光束，伴隨馬達轟隆隆的悶響，越過昏暗的廟埕，投影在布幕上。我站在路旁，沒有走入廟裡，而是隔著一小段，高中女生與村民的距離，跟著一起觀看。

布幕晃動出遙遠的台北街頭，有學生靜坐成一排，手勾著手，高喊「和平！和平！」，鏡頭特寫過他們投入的臉龐，進入我眼底，我還不知道自己不久後將認識其中一些人——同樣獻出青春熱情給街頭，而際遇不同的男女——我也記得，看到民進黨國代洪奇昌，像是做戲或真情流露（或兩者皆有吧），演說時揮動手臂，向鎮暴員警下跪……。然後畫面搖晃著，可以想見拍攝者也被劇烈的推擠，頭戴鋼盔、手持銀盾長棍的鎮暴部隊，整批踩過靜坐學生的肩背，尖叫聲四起，隨即展開打人拖人抓人的掃蕩逮捕，而一個個、一群群沒有名字（日後也不被記得名字）的群眾抱頭摀臉、鮮血直流的逃竄、對抗或已倒臥在地……。

那是我人生看到的第一支紀錄片，想必也是我們村庄農人首次目睹五二〇那晚，令人震驚的影像紀錄。日後我完全忘了是誰來放映的——是民進黨舉辦的鄉鎮巡迴放映會嗎？——當時也完全不在意，僅只是因爲窺見了不可能在電視上出現的畫面而睁大眼；我以爲我看到了「眞相」！確實，在那晚彷彿摒息的村庄廟口，我和村庄農人都「開了眼界」，獲知被封鎖的訊息，不過卻忘了注意，衝破限制的影像，正在被誰取走詮釋權？

放映機的光束，繼續越過廟埕，投影到布幕上。風一吹，露天的布幕便揚起、便翻扭，我看著不時皺起的布幕，不時將影像溢出邊角，沒入暗黑的田地中。還不知道，尋找「眞相」，有時像費力推開一道上鎖的鐵門，發現還有更大的一道，彷彿不是門的門，横亙在眼前……。

一連串的擠兌

進入威權政治從中央退去，黑金政治從地方浮現的九〇年代，農漁會信用部作爲地域性的金融機構，在民營銀行大量設立、投資信託公司陸續改制爲商業銀行、利率自由化、而管制鬆綁的全球市場競爭下，如同傳統中小企業，營運空間日漸萎縮、存放款市佔率節節下降，超貸冒貸的情形，也像水漲時（繁榮期）不易被察覺到的、湖底滿布的坑洞，到枯水期（經濟不景氣）便一一顯露。不過於此同時，會員人數眾多的農會（據統計一九八九年全島農民會員約九十八萬人，贊助會員約六十二萬人），在陸續開放的數人頭的選舉中，政治勢力反而更形穩固與擴張。

從省農會、縣市農會到鄉鎮農會總幹事，普遍成爲「候選人尋找『大規模批發』選票的收租者」⑦，透過長期深入農鄉的農會系統，發包至各村庄的小樁腳。各村庄的小樁腳——不外乎村里長及農事小組的小組長等——就各自的「責任區」，塡寫可供買票的選舉人名冊，往上回報，待投票日近了，甚至投票日的前一晚，再挨家挨戶向自己的親戚朋友、左鄰右舍發放現金。於是「蛛網般密布的樁腳／織就龐大牢不可破的人情網絡／尾隨買票名冊／一戶一戶將人頭擄獲」（引自吳晟〈告別悲情〉）；同時農會總幹事、理事長等，既有派系的人脈樁腳，又有信用部的金庫可以「借錢」，便得以此實力及財力，轉戰鄉鎮長、縣市議員、省議員、國大代表、縣市長、立法委員等，從地方到中央連成一大掛。

然後就在農漁會的政治勢力，正在盤根錯節的增強，農漁會信用部的競爭力，卻持續下滑之際，兩相背景激盪下，交會於一九九四年底，「農漁會信用部稽查制度實施辦法」公布後的隔年，全台兩百八十五家農會，「終於」由中壢市農會「拔得頭籌」，被合庫的金檢報告「發現」，不良逾放款已經佔總放款額的七成以上（意思是，每借一百元出去，就有七十元收不回來）。

財政部依據金檢報告，發函給內政部及台灣省政府，要求主管機關對中壢市農會做出「限制部分放款」、「解除農會總幹事職務」、「農會重整」等懲處措施，不過礙於農會派勢力的反對，公文往返，遲遲對決。但違法不需要等待公文。不久後（一九九五年七月），彰化第四信用合作社爆發了總經理盜用公款，捲款潛逃的事件。消息立刻被媒體披露——一九九三年通過有線電視法後，原本三台壟斷的電視媒體生態正在改變——存款人一傳十、十傳百的人心惶惶，就怕一點一滴積存入信合社的積蓄，被盜用、被虧空了，再也領不回來。

恐慌的情緒，化成大排長龍的人潮，湧入第四信用合作社，連帶衝向彰化地區其他六家信合社，挨擠到櫃台前，異口同聲的表示，要將存款兌現領回去（存入別人的金庫，不如藏在自己的床頭櫃來得安全）。擠兌事件像火延燒，哪裡風吹草動就燒往哪裡，也像波浪一波剛平一波又起。八月三號，當財政部企圖築起防火牆或防波堤，宣布第四信用合作社由合庫概括承受——全額保障存款戶的存款——並恢復營業的當天，擠兌的火，繼續燒向東勢山城（一二〇八農民遊行的發源地），然後埔里鎮、西港鄉、莿桐鄉的農民，都集體陷入心急如焚的狀態中，深怕一輩子辛辛苦苦，一元一元省下來的錢，被農會幹部「內神通外鬼」，一次幾百萬、幾千萬的搬走了，化為烏有。

恐慌也許具有謠傳性、渲染性，不過日後（二〇〇三年），檢察官起訴已當上南投縣議會議長的鄭文銅，發現——真的——他自一九九三年起，擔任埔里鎮農會理事長任內，涉嫌多次利用人頭，向信用部「提領」（超貸冒貸）了至少三億元。然後九月，日後紀錄片《無米樂》裡的主角，後壁鄉種出冠軍米，得獎時以台語說道：「不是咱能，是天公伯仔能」的昆濱伯夫婦，彼時也許也罵聲連連的、和農友們趕往農會，只盼趕快把積蓄領回家，否則無法安心入睡。

然後是被超貸冒貸的屏東縣萬巒區農會、林邊區漁會被擠兌，而公文還在往返中，財政部、內政部、台灣省政府、桃園縣政府都還拿不定主意，不知道該怎麼處置的、早被發現不良逾放款超過七成以上的中壢市農會，終於被檢察官查出總幹事、信用部主任、及承辦員等四人，超貸冒貸的具體事證，於是存款人再度一湧而上，趕赴中壢市農會擠兌，也終於現金一空的中壢市農會，被裁定合併到省農會。

再繼續，溪湖鎮農會、小港區農會、新豐鄉農會、楠西鄉農會、甚至金門縣農會、鹽埔鄉農會、高樹鄉農會、內門鄉農會、平鎮鄉農會、芬園鄉農會、松山區農會、芳苑鄉農會、埔鹽鄉農會、嘉義市農會、觀音鄉農會……，當時及日後都被查出超貸冒貸，也都讓心驚驚的做田人、討海人、做工仔人，趕赴農會，表達無奈的抗議與長久的不信任。

一連串的擠兌，導因於一連串的超貸冒貸，從一九九四年底，像浪頭，席捲過一九九五年、一九九六年的高峰期，還向一九九九年。據統計⑧，五年間全台共有七十七起擠兌事件發生，銀行七起，信用合作社十六起，農會信用部五十四起（幾乎佔全部農會的五分之一）。至於沒被擠兌到，當時及日後同樣被發現涉案的，還有屏東縣農會、佳冬鄉農會、新園鄉農會、林邊鄉農會、枋寮區農漁會、崁頂農會、鳳山市農會、烏松鄉農會、仁德鄉農會、大埔鄉農會、四湖鄉農會、二水鄉農會、永靖鄉農會、員林鎮農會、彰化市農會、苗栗縣農會、苗栗市農會、南投市農會、豐原市農會、大里市農會、神岡鄉農會、龍井鄉農會、新社鄉農會、汐止鎮農會、板橋市農會、淡水鎮農會、新店區農會、五股鄉農會……，無法一一列舉的，遍及全台的超貸冒貸名單中，是的，我的家鄉溪州鄉，農人種稻、種芭樂、種蔬菜兼做零工，勤勤儉儉存入農會信用部的積蓄，也被少數幾個人——如今他們仍是地方上的頭人——用幾道僞造的文書作業，輕易就「貸」走了至少二・四億。

不過這些、那些，結構性的問題，在一一二三遊行總指揮詹澈的看法裡，只是「難免就發生了」的、『少數』——（少數？）——合法的特權關係和非法的冒貸、超貸事情」。

錢到哪裡去了？

綜觀全台農會的超貸冒貸案，其手法大致沿用同一款模式，那就是「爛地高貸」、「分散借款，集中使用」。由於農會信用部業務管理辦法第十一條規定，信用部對於每一會員及同戶家屬，放款總額不得超過農會信用部前一年度決算淨值的二五％，其中無擔保放款總額，也不得超過該決算淨值的五％，於是總幹事、理事長等，夥同「有力人士」，最常使用的辦法便是，先找些人頭——或是認識的人，或是低收入戶的窮人——以幫忙貸款或講明的方式，取得他們的印章、身分證，替他們開立所得稅扣繳憑單，使他們成為紙面上有職業收入的人，同時替他們辦理加入農會會員，再以土地抵押，進行人頭借貸的手續。

作為抵押品的土地，通常是低價值的畸零地、農地、被盜挖埋入垃圾的廢地、甚至是不能買賣的道路用地等，不過農會的徵信人員照規定，到現場勘查、「估價」一番後，通常聽從總幹事、信用部主任的指示，在徵信報告中，塡下高額的「查估金額」，睜一隻眼、閉一隻眼的放款出去。

待錢匯入人頭戶後，再集中，轉入有力人士的手頭，供有力人士更有本錢炒作、獲利、買票獲得更有力的位置。至於人頭，當然不可能還錢，被抵押的土地，反正拍賣不了多少錢。另外還有僞造土地買賣書的方式，譬如一塊地明明一百萬，卻僞造一千萬、兩千萬、三千萬……的買賣契約（金額多少隨總幹事等人的膽量塡寫），然後徵信人員便依此僞造的數目，核定貸款金額，甚至「理直氣壯」

的表示，核貸金額比買賣價還低呢……。如此，幾乎不需要成本，也不用還錢的「借錢」方式，一件一樁、一連串的進行中。

不只地方的農漁會、信合社被超貸冒貸，從中小企銀到中央的省屬七大行庫，也都成爲政商關係糾結下的「提款機」。但金融機構內部職員與外部官商民代勾結，一次又一次的「提款」，致使存款人人心惶惶，造成一波接一波的擠兌危機，並沒有讓政府就健全金融紀律，做出制度性的變革。以信合社及銀行爲例，財政部處理遭擠兌機構的方式，不外乎找其他銀行來概括承受或合併。

雖然這套處理模式，其實並未解決問題，只是像用清水把「污染源」——問題金融機構的呆帳——稀釋，污染量不多不少的仍然在。更嚴重的是，在找其他銀行概括承受或合併的過程中，公營行庫往往扮演「準最後放款人」的角色，全額保障存款戶的存款，像是面對一戶戶人家，接連遭小偷，不去亟思如何從根本防範或緝賊，而是一次又一次，拿全民的納稅錢（包括被偷人家繳納的稅金），去補償被偷人家的損失。

不僅違反存保條例的規定，增加政府的債務，也養成存款人疏於監督金融機構的惰性。再加上司法體系對於被抓到的「小偷」——金融機構的負責人、經理人及外部有力人士——往往「偵察不見收押，收押不見起訴，起訴不見判決，判決不見定讞」⑨，縱使定讞，刑期也很輕，更不用說那些逃掉的，不僅未受任何制裁，還可能在海外繼續當大亨（如東帝士集團的陳由豪等），更加深金融犯罪的誘因。

同樣的情形，也存在農漁會信用部上。九〇年代一次又一次（五十多次）的擠兌事件，除了讓政府部門一而再、再而三的出面「信心喊話」，裁定不良逾放比達七成以上的中壢市農會，併入日後（二〇〇〇年）不良逾放比達九成以上的台灣省農會、裁定被超貸冒貸的鹽埔鄉農會，併入同樣被超貸冒貸的屏東縣農會、解除幾個涉案總幹事的職務、限制部分農會的放款業務外，並沒有全盤，從制度面徹底檢討，爲何農漁會信用部如此容易被超貸冒貸？是否早該如五二〇農民運動所訴求，將大權在握的總幹事改爲直選？負有監督之責的監事，如何才能名符其實？就像救國團，或像農田水利會，農會這個從極權時代開始承辦「公務」的「民間團體」，是否也該釐清角色定位了？

沒有。縱使行政部門提出改革方案，譬如一九九六年行政院核定「金融監督管理改進方案」，試圖獨立出農漁會信用部主任一職，改爲派任制，來制衡全權在握的總幹事，也遭到農會派（媒體稱爲「老農派」）立委的反對，不了了之。於是沒有意外的，在金融制度不健全，黑金勢力擴張中，全台金融機構的逾放比，從一九九五年的三％，年年上升到二〇〇二年的八・二八％，其中，農漁會信用部更不受管制的，整體逾放比從一九九五年的五・〇七％，倍增到二〇〇二年的二一・四四％；意指全台每一家，每一家農漁會信用部，平均都有超過兩成以上的資金缺口。

錢，到哪裡去了？

排黑條款

同時，隨著農漁會政治勢力的擴張，農漁會法中，對於農漁會幹部的規範也越來越寬鬆。

一九九九年，李登輝執政的最後一年，連戰準備要選總統，各地作爲選票批發中心的農漁會系統，便透過老農派立委們一舉手，修掉農漁會法中，農漁會幹部經起訴即停職的規定，改爲需經有罪判決才停職，且設定回溯條款，讓所有已遭停職的總幹事們，都可以復職。

二〇〇〇年，台灣第二次民選總統大選前，國民黨立委與民進黨立委共同通過，農發條例修正草案，讓發生一連串擠兌事件、逾放比不斷升高、內部缺乏監督機制、而總幹事經起訴仍然可以掌權的農會——農會的樁腳系統啊——可以自由的買賣（炒作）農地。

繼而民進黨執政，新上任的農委會主委陳希煌——曾向經濟部爭取台糖管理權，批評國貿局以美國三〇一條款恐嚇農民——在立法院表示，全國三百多家農漁會總幹事、理監事，約有三分之一具有黑道背景。行政院向立法院提送，加增「排黑條款」的農漁會法修正草案，歷經朝野多次協商，到二〇〇一年通過折衷後的版本，規定「曾犯特別貪污罪」、「詐欺」、「背信」、「僞造文書」、「投票行賄、收賄罪」等，「經判刑確定者」——經二審判決確定者——不得登記為農會會員代表、總幹事、理監事等候選人或候聘人，「已登記者，應予撤銷」，在位者也必須解職。但所謂的「排黑條款」一通過，就有農會派立委亟思刪除與翻案（日後也證明他們成功了）……。

補洞前，補洞後

剛執政（隨即遭到罷免）的民進黨政府，除了提案在農漁會法中加增「排黑條款」，沿著改革的步伐，二〇〇一年八月，檢調同步搜索十八家涉及超貸冒貸的農漁會、信合社，九月，財政部依中央存保公司的報告，進駐接管二十九家逾放比達七成、八成到九成，幾乎全涉及超貸冒貸案的農漁會信用部。

譬如資金缺口達五十三億的台灣省農會——錢到哪裡去了？做什麼去了？爲什麼省農會負債累累卻很有政治實力？——譬如九〇年代三度被擠兌的桃園縣觀音鄉農會（觀音鄉是島嶼最早長出鎘米，也是最早爆出農地被盜挖埋入垃圾廢棄物的所在），被發現從一九九一年到二〇〇一年間，共有四十六件放款案涉及超貸冒貸，被盜走約十億，而整體資金缺口，據金融重建基金（RTC）估計，約十一億九千萬——錢到哪裡去了？多少比例投入盜採砂石的買賣去了？——又譬如楊儒門的家鄉隔壁，芳苑鄉「在一九九〇年鄉鎮長選舉期間，陳諸讚與洪佔山的兩派人馬支持者，就因選舉問題而爆發槍戰……一九九七年的農會總幹事選舉。當時陳諸讚與林媽賞兩位候選人競爭相當激烈」[10]，甚至發生競選幹部遭活埋、被槍殺的事件。到二〇〇一年，親民黨提名陳諸讚角逐立委，當年陳諸讚的對手林媽賞，則因芳苑鄉農會超貸案，擠身財政部二〇〇二年公布的重大金融案件中，被起訴的八百多人中的其中一位。

而芳苑鄉農會，到二〇〇一年財政部進駐接管之際，資金缺口約九億五千萬——錢到哪裡去了？跟選舉槍戰有沒有關係？——再譬如林淑芬的家鄉芬園鄉，農人（包括林淑芬的爸爸）種荔枝往往七斤一百塊的收入，存入農會信用部，卻被總幹事及理事長等人，從信用部盜走了九億多，到二〇〇一年財政部進駐接管之際，芬園鄉農會的資金缺口，據估十億七千萬——錢到哪裡去了？答案很明顯，而不當得利上億的懲罰是，芬園鄉農會總幹事服刑一年六個月，到二〇〇二年已經出獄，理事長被判刑兩年六個月還要上訴。

但有多少逃掉或沒被發現的超貸冒貸者，繼續坐享輕而易舉得來的財富？到二〇〇二年七月，民進黨政府的財政部，又進駐接管七家涉案的問題農會信用部，共計三十六家農漁會信用部，被「新」政府給接管。「新」政府面對全台大大小小、從地方到中央，隱藏或爆發的金融破洞，採取什麼「改革」方案？

首先，由新成立的「金融重建基金」（RTC），撥四百八十億（人民的稅金），補這三十六家農漁會信用部被少數人超貸、冒貸走的資金缺口，全額保障存款戶的存款（延續國民黨時代拿全民的錢，補償被偷人家的損失），然後找公營行庫及部分民營銀行概括承受。

這款「補洞」的方式，面臨幾個問題：一、仍然沒有從制度面，健全農漁會信用部的體質。二、全額保障存款戶的存款，雖然免於存款戶（包括農人）一輩子的積蓄化爲烏有而造成金融風暴，但也繼續遮掩問題。三、由政府塡補農漁會信用部的資金缺口後，再由部分民營銀行接管，有圖利銀行（財團）之嫌。最重要的是，沒有考慮到農業金融和一般金融的不同之處，尤其「當全國的金融機構只有農會尙肯承認農地爲有價值的抵押品」[11]之際，找銀行接管農漁會信用部，無異讓被接管地區——尤其偏遠的農鄉地區——農民失去了可以貸款的所在。

譬如，以台南縣楠西鄉爲例，楠西鄉農會總幹事及信用部主任等，多年來利用人頭超貸冒貸，搬走楠西鄉民上千萬的存款，在二〇〇一年民進黨政府的「金融改革」後，楠西鄉農會一億四千萬的資金缺口，被重建基金塡補了，鄉民不用擔心，被總幹事等人盜走的錢，領不回來，反而對第一銀行接管楠西鄉農會後，沒地方借錢而有所抱怨。

尤其在民進黨政府實施「金融改革」下，全台平均每一家資金缺口都超過兩成以上的農漁會信用部，爲了減少呆帳比例，往往更積極的向借貸者催款，但農會職員催討不到上級長官——總幹事、理事長等——與外部有力人士，利用人頭，超貸冒貸的大筆呆帳，只能向那些通過層層審核，以農地甚至房子連保抵押借貸的農戶，更大力的催討。

而農戶，一旦幾次繳不出利息，賴以維生的土地、賴以居住的房子，都面臨被拍賣的命運。以南投縣中寮鄉爲例，在馮小非〈爲了兩千元〉一文中寫到，根據中寮鄉農會員工的估計，九二一「地震前中寮鄉農會每一年的貸款業務約一千件，其中約有六十件會成爲呆帳需要進行拍賣，地震後繳不出貸款的數字成長了三倍，每年約有兩百筆的土地貸款因爲積欠利息，必須執行拍賣……而整個中寮的地價也整個下滑」，雖然都會邊緣、高鐵、交流道附近的農地地價，都因炒作而飆漲。

在民進黨政府的「金融改革」下，有些鄉鎮的農民，沒了（超貸冒貸的）農會可以借貸，更多鄉鎮的中低階層，普遍感受到被農會職員催繳利息的壓力，而農會職員也大多表示無奈……。

於是各種因素，在政治力的操作下，醞釀著……。

一場什麼樣的遊行？

除了提案修改農漁會法，找銀行接管三十六家逾放比過高的農漁會信用部，二〇〇二年八月，民進黨政府再度依金融改革小組會議的決議，比照銀行法的規定，公布「農漁會信用部放款業務分級管理措施」，分等級，規範信用部的貸放款業務，譬如限制資金缺口達一成以上的農漁會，不能對「利害關係人辦理三百萬元以上之擔保放款」等。

此公文一出，立刻造成「各級農會的恐慌與不滿」，詹澈形容，簡直是「一道催命符，血滴子」。雲林縣農會總幹事蘇晉卿說，「信用部是農會命脈，被繩索套住脖子不能接生意，豈不形同坐以待斃。」台東縣鹿野地區農會總幹事潘永豐也表示，「財政部這道命令若不收回，幾乎所有農會都要『倒店了』！」

「倒店、倒店」的威脅中，不久後，賄選案一審被判有罪的潘永豐（其妻是台東縣議會副議長兼鹿鳴溫泉飯店董事長），和全台各地拒絕借錢空間被限縮的農漁會總幹事、理事長們，齊聚一堂，九月五日組成「農漁會自救會」，推舉台北縣農會理事長白添枝，作爲自救會會長。

白添枝，二〇〇二年名片上，「正面的頭銜是『台北縣農會理事長』、『松達預拌混凝土廠董事長』及『大友瀝青混凝土董事長』，背面則有關係企業『景緻預拌』、『吉運砂石』、『明盛砂石』等公司」（ETtoday 2002/11/22）。同時，據民進黨「新潮流辦公室指陳，白曾在民國八十八年省農會改選中，因賄選案被台中地檢署起訴，還有妨害公務、妨害名譽與貪瀆等前科。」而白添枝的女兒，是台北縣議員。

從事砂石買賣的白添枝，以會長身分，率領全台三百多家農漁會，準備起來抗爭——反對、反對、反對信用部要被分級管理啦！不同於其他窮兮兮的抗爭，農漁會自救會還備妥了「兩千餘萬元」（詹澈文），反正「花多少錢都甘願……就是出錢搞這個遊行」（詹澈語）。

一場不惜「花多少錢都甘願」的抗爭，展開了！

九月十二日，自救會召開第一次大會，除會長白添枝，另確立副會長林富銘、袁靖雄等幹部名單。

林富銘是高雄市——幾乎沒有農地農民的——農會總幹事。袁靖雄是雲林縣古坑鄉農會的「績優」總幹事。被詹澈形容爲「相當優秀」[12]的古坑鄉農會，由袁靖雄主管三十五年（歷經蔣介石、蔣經國、李登輝、陳水扁），到二〇〇七年，在警方戒備下，將「大位」傳給他的兒子袁誌謙，換他的兒子擔任古坑鄉農會總幹事。同時古坑鄉農會多次被消費者檢舉，用進口的劣質咖啡粉，掛上「台灣古坑咖啡」之名，較高價格出售，從中獲取鉅額利潤，到二〇〇七年，檢察官終於將袁靖雄帶回偵訊，而古坑鄉農會的經銷部，據報年營業額超過十五億，至於古坑鄉農民，種五分地柳丁的收入（扣掉農藥和工錢），一整年往往賺不到十萬元。

眞正從古坑鄉農地長出來的柳丁，一斤七、八塊，而假冒古坑之名，貿易商從印度剝削印度咖啡農進口的即溶咖啡粉，年年讓古坑鄉農會賺進上億。賺進上億元而被讚爲「優秀」的古坑鄉農會，總幹事袁靖雄以自救會副會長的身分，坐在椅子上，聆聽和農會關係深厚、二〇〇〇卸任的前總統李登輝（已組成台聯黨），來到自救會致詞，表示「財政部的改革是要『消滅農漁會』」⑬。

然後，台聯黨立院黨團、親民黨立院黨團、國民黨立院黨團、立法院長王金平、國民黨主席連戰等，統統站出來表態，反對民進黨政府下達的命令，力挺「農漁會信用部必須維持，不可以消滅」⑭。

「消滅、消滅」一詞，不斷被說出，雖然實際是、一直是、也就只是，分級管理農漁會信用部的放款業務。

面對農漁會自救會、國民黨、親民黨、台聯黨全部反對，陳水扁以總統兼民進黨黨主席的身分，在中常會上表示，「我們在意的是要多久可以完全改革，而不是我們能夠執政多久……我們是爲了要改革而執政。」

「改革」的話語，被高高舉起，而自救會的遊行規劃，繼續花錢進行。

據自救會執行秘書長顏建賢寫到，「我們拉出兩條主軸：（一）農業＝農村＝農會＝農民；（二）與各政黨等距交往」。

農業等於農村？農村等於農會？農會又等於農民？（農會什麼時候「等於」過農民？）

「等於」的主軸確立後，自救會執行秘書長顏建賢表示，如此，「農漁會向社會大眾和媒體訴求的主體性就站得很穩」了，而且「農漁會得以擺脫『既得利益者』和『國民黨選舉樁腳』的刻板印象」——雖然，這「刻板印象」的眞實性有幾分呢？農會中人通常不願坦承。

不過主軸雖已確立，「因缺乏社會運動的操作經驗，各項工作的進度很緩慢」（顏建賢語），因此顏建賢想到在台東地區農會任職的詹澈（本名詹朝立），因爲「朝立兄曾參與『黨外』運動，編輯過『黨外』雜誌……如能來協助『自救會』，必能發揮很多的功能」。詹澈也自述，農漁會自救會的

「文宣是最弱的一環，希望我能實際參與」。

九月底，詹澈開始參與自救會的文宣工作。十月十日，自救會買下報紙的頭版，刊登第一波文宣廣告；「等於」的宣傳戰全面開打。

農會「等於」農民，因此對超貸冒貸的農漁會信用部，實施分級管理，等於「置百萬農漁民權益於不顧」（如自救會廣告所寫）？

雖然，也有農民認爲，「消滅」農漁會（這糧商、中盤商、經銷商），才是眞正爲農民的權益著想，但這樣的想法，沒有錢刊登廣告。

負責替農漁會自救會（替白添枝等人）做文宣的詹澈，還找了《中時晚報》的總主筆楊渡幫忙（日後楊渡到國民黨中央黨部擔任文傳會主任，改爲替國民黨做文宣）。據楊渡寫到，「那是一個週末」，他「帶著詹朝立的交代和顏建賢和吳德森給的一大堆資料，南下台中老家」[15]，想著如何下筆，爲農漁會自救會的遊行，寫「緣起與宗旨」。

雖然楊渡說他不知道，「如果有一天，信用部獲得確保，一些被陳水扁形容爲既得利益者的農漁會的理事長、總幹事，會不會利用這個組織去圖利自己？……違背了讓農民有自己的組織，爲農民做事的本來願望呢？」

農漁會自救會的會長白添枝、副會長袁靖雄等人，這些，被「形容爲既得利益者的農漁會的理事長、總幹事」，不需要等到信用部獲得確保，是否就已經利用農會「這個組織去圖利自己」？同時造成農漁民的處境更爲艱困？

歷史，其實看得清清楚楚，只是人在評斷是非時，有太多其他考量與藉口，合理化自己的選擇，而昧住事實。

楊渡爲農漁會自救會寫完五千多字的緣起與宗旨後，認爲「還需要一個總的標題」、「一個總結式的精神感召的標語」。是什麼呢？

他想到了「人啊，人必須『與農共生』」。

「與農共生」（我心底認爲多麼好的詞彙！）。

但一場農漁會總幹事、理事長們，反對信用部被分級管理的遊行，就這樣，被定名爲「一一二三・與農共生：全國農漁民團結自救大遊行」。

「與農共生」總領隊，是買賣砂石的白添枝，副總領隊是以台灣之名賣進口咖啡的袁靖雄，總指揮呢？是在農會上班、寫詩的詹澈。

詩人詹澈自述，「我和會長白添枝分別帶著邀請各政黨參加『一一二三・與農共生』大遊行的邀請函，親自送至各黨的立院黨團」。到國民黨立院黨團，由超貸冒貸案一審被判十幾年的立委何智輝等人接待，詹澈寫到，「我則強調農漁會自救會和各政黨等距交流的看法」（等距？）。到了民進黨立院黨團，「反應冷漠乃意料中的事」，再到親民黨立委黨團，由日後被關的邱毅等人「出面接待」。十一月十五日，農漁會自救會再度買下報紙的頭版廣告，刊登〈陳水扁總統遺忘的一件事——陳松根兒子的獎學金〉。

文宣內容提到：

> 民國六十二年，台南縣官田鄉農會召開第七屆理事會，會中審核「會員陳松根等六十五人申請六十二年度第一次獎學金案」。
>
> 按照該農會規定，審核通過。

這一年六月十二日，陳松根領取了三百元獎學金。……

陳松根是陳水扁的老爸。

農民陳松根向農會領了三百元的獎學金，二十九年後，那張領取獎學金的收據，被農會公布出來，登報表示，「當農民的人，我們不知道怎麼說，人啊！人啊！吃果子，也該想一想樹頭」。

「吃果子得拜樹頭」？意思是，曾經領了農會「施捨」、發放的三百元獎學金，就一輩子不可以批評農會？那是否所有領過政府獎學金的學生，長大後都不該批評統治者？一張詹澈認爲「對阿扁總統連任已造成殺傷力」的文宣，呼喊著：

天公啊，你敢有在看？

「天公」啊，也許訕笑的看著島嶼內的人類。在獎學金廣告刊登後隔天，行政院宣布，農業金融主管機關，由財政部改爲農委會。雖然大部分都市型的農會——如彼時虧空約四十三億的高雄市小港區農會、虧空約三十億的豐原市農會、虧空約二十六億的屏東市農會、虧空約二十三億的台北市松山區農會等等——幾乎都已經不辦理任何農業推廣項目，只做信用部的存放款業務（不過還有「農貸」就是了），凡命名爲「農會」，縱使實質上是銀行，也一律，統歸爲農委會管轄。

再隔天，民進黨南部縣市首長，包括從國民黨跳槽到民進黨的陳明文，一九九九年率農會幹部北上要求開放農地自由買賣的蘇嘉全（日後蘇嘉全在農委會主委任內，把十多家被接管的問題農會信用部，交回給農會管理），以及主張農地應該更自由變更的蘇煥智，還有楊秋興、許添財，聯袂北上，為農漁會——這樁腳體系啊——向陳水扁「陳情」。而農民陳松根的兒子，陳水扁基於什麼樣的考量，當場就宣布，「暫緩」實施農漁會信用部分級管理措施。

「暫緩」？其實就是不實施了。

政策急轉彎，財政部的堅持到底、行政院的「絕不退讓」、陳水扁不久前才表示的，「寧失政權，也要改革」，都成了隨便喊喊的空話、假話。農民從田裡回到家，看見新聞報導，阿扁信誓旦旦說要改革農會，又停了！

好不容易政黨輪替啊！好不容易，農民從五〇年代、六〇年代、到七〇年代，一路挺過國民黨政府加重課稅又刻意壓低稻米的價格；一路挺過八〇年代農地陸續被工廠污染，農民走上街頭抗議被輿論一面倒的斥責為「暴民」；挺過九〇年代，農鄉幾乎淪為黑道的地盤，農會幾乎成為買票的據點，而信用部幾乎成為地方派系的「私人金庫」，挺過一次又一次擠兌的恐慌……，期間多少委屈、不平、憤怨，好不容易，以為政黨輪替了。

但輪替之後呢？尤其不向農會靠攏，甚至出錢出力支持民主運動的農民，更深刻感受到，原來「新」政府上任後，所有的農業資源，透過農會，仍然發撥給同一批「頭人」們（以及他們下面的人）。不管是低利貸款、優惠方案、農業資材補助、或各種名目的申請案，埋頭苦幹的農人，一毛錢都申請不到，和農會「關係」不錯的人，則延續獲得好處。

然後陳水扁說要改革農會，說要整頓黑金，又停了。

不過，達到目的的農漁會自救會，可不想「暫緩」籌畫多時，花費千萬的遊行。

一一二三當天早晨，農漁會雇請的遊覽車，如期出動。從都市型的農會金融大樓、從鄉村型的農漁會辦公大樓、從各地集合處，運載準備北上遊行的人群。遊覽車內，拿麥克風的，通常是各地農

嘉義市農會金融大樓。（攝影／abun）

會總幹事、理事長、理監事——據估全台約四、五千人——發放統一訂購的斗笠（全新的沒有下過田的斗笠），給平時在冷氣房內辦公的農漁會職員。而農漁會職員，據詹澈表示，全台約兩萬多人。同時，遊覽車內還有農漁會的選任人員（會員代表、農事小組長），據估，全台超過一萬多人。更有這三萬多人的親戚朋友，當然也有農漁民。

自救會想證明，他們是「有」農漁民的；如同地方頭人會證明，縱使他們被起訴、被判刑、被認爲是黑金而花錢請人做廣告說自己不是黑金，他們——怎樣？——就是有選票有「民意」啦！甚至有電視、有報紙，還有文人幫忙把農漁會硬說成是農漁民。

於是各鄉各鎮的農漁民、農漁會的職員、選任人員、作爲各地政治人物重要樁腳的農漁會總幹事、理事長等，一同去遊行。以彰化縣溪州鄉爲例，溪州鄉農會總幹事在訂遊覽車之際，已差不多估算好，能動員多少「農民」——如同估算選票一般——譬如，在我們村庄圳寮村，農會只有「動」到三、四個人。

是誰、誰、誰坐上農會的遊覽車，口耳相傳的村庄內，大多數村庄農人都知情。村庄農人也知道那天早上，誰準備坐上遊覽車，還被務農的兄弟拉住，大罵「農會那些人在幹什麼，你不是不知道，還去參加他們的遊行？」不過村庄內的爭執、以及爭執背後的意義，「上」不了台北城內的媒體鏡頭。

鏡頭尾隨白添枝高大的身形，走到中正紀念堂廣場上的舞台。白添枝身旁，站著全台各地方的「頭人」，不乏涉及超貸冒貸、暴力賄選的農漁會總幹事、理事長們，頭綁「與農共生」的布條。然後國民黨主席連戰抵達現場，詹澈寫到，「現場響起一片歡呼。」連戰登上總指揮車，鏡頭換 Take（拍攝）連戰，拍他「強調國民黨始終站在農漁會和農漁民這邊」，拍他「拉著會長白添枝的手高喊『農漁民萬歲』，國民黨立委亦高舉雙手同聲呼喊」。

接著，「歡迎親民黨主席宋楚瑜蒞臨現場……農漁民歡聲雷動」，「宋楚瑜和十餘名親民黨立委一起上台」，致詞「強調他任台灣省主席時，走遍各鄉鎮，了解各級農漁會的功能」。最後，少於十萬或多於十二萬——島嶼已失去公認的事實數目——「農漁民」走到總統府前，對陳水扁嗆聲。而訴求？沒有。因爲民進黨政府早在遊行之前，已放棄分級管理農漁會信用部。

所以，這是一場什麼樣的遊行？

各電視台的記者們，以遊行人群作爲背景，拿起麥克風，站在鏡頭前，沿用農漁會自救會發的採訪通知，沿用農漁會自救會花錢刊登的廣告，語調慣常急促而亢奮的播報著，今天台北有一場十萬農漁民的大遊行……。

喔，十萬農漁民的大遊行。沒頭沒尾的，每整點播放一次的訊息。於是全台大多數看電視的人，仰起頭都接收了，印象中，台灣因此有過一場、一天的十萬農漁民大遊行。一天的新聞閃過。但在電視機前，拒絕被農漁會動員去參加「農漁民遊行」的農漁民，看電視看到罵幹伊娘。

伊娘咧！大地主連戰拉起砂石業者白添枝的手，高喊「農漁民萬歲」，這便是「百年來台灣農漁民的第一次大團結」？

所以，這是一場什麼樣的遊行？

遊行過後，雖然有少數關心農業的團體，舉辦「農漁會遊行」的座談——一字之差，天差地遠——但研究生寫論文、作家寫文章、任何人上網查詢農業資料，很可能隨手一抄就是，「十二萬農漁民大遊行」。

「黑暗啊！」日後（二〇〇六年），我在聲援楊儒門行動中，問八〇年代投入農民運動的蔡建仁，對一一二三遊行有什麼看法？他一貫手勢與表情豐富的說道，「簡直是台灣歷史上最黑暗的一頁……是非顛倒，價值錯亂。」在蔡建仁的看法裡，一一二三遊行根本是一場「奴隸支持奴隸主」的遊行！農漁民作爲某種程度的奴隸，支持農漁會這奴隸主，繼續保住農漁會總幹事、理事長的「金庫」。

而「原本要整頓農業的民進黨政府，竟然懾於農會挾持農民的火牛陣，反而在農亡前夕打造金棺贈予農村眾惡霸。」（引自蔡建仁〈略論台灣農業何處去〉[16]）；「黑暗啊！」蔡建仁大嘆。

不過，島嶼更多知識青年讀到的，也許不是蔡建仁以趙萬來的筆名，發表在《青芽兒》雜誌上的文章，而是更知名的評論家南方朔的觀點。南方朔寫到，「十二萬農漁民示威遊行最徹底的意義——那就是對於命運被出賣所做的終極抵抗……。」

「命運被出賣」？

農漁民的命運肯定被出賣中，只是被誰給賣了？被誰合夥、接連、幫襯著給賣了？歷史同樣看得清清楚楚，只是有名的評論家基於什麼樣的立場與考量，說一一二三遊行，「標誌著一個新階段的到來，它是社會弱者的覺悟與團結」——「社會弱者」？農漁會自救會是「社會弱者」？

這到底是一場什麼樣的遊行？

回到那一天，遊行結束前，詹澈「回頭望了一下總統府，再遙望隊伍的旗海盡頭，國民黨中央黨部已亮起了『農爲邦本』四個大字」；那棟打上宣傳燈號的建築，矗立著，不久後，詹澈會頂著「十二萬農漁民大遊行總指揮」的頭銜、頂著「農運詩人」的光環走進去，爲國民黨助選（繼而，到國民黨智庫上班）。於二〇〇四年初，楊儒門放置爆裂物，訴求「不要進口稻米」之際，爲文表示，「我並不贊成現階段用恐嚇炸彈的方式。此次的稻米炸彈事件，看來是有計畫性的，有一點像政治公關的策略應用。希望不是有心人對於農民及農運的抹黑動作。」[17]到二〇〇四年底，楊儒門現身而被部分媒體捧爲英雄之

一場農漁會的遊行，如何變成「農漁民」大遊行？（攝影／avant）

際，改口說，「很多農民都知道不對，但還是忍不住一個『爽』字，總覺得他爲農民出一口氣。」[18]

而繼續買賣砂石、不再掛名公司董事長的白添枝，在這場盛大的「農漁民大遊行」之後，以「農民代表」的身分，成爲國民黨不分區立委。之後（二〇〇七年），白添枝與省農會總幹事張永成等，「嗆藍／要組台灣農民黨」（中國時報 2007/04/20），理由是，「關於農民的法案」都沒有過。十幾天後，一項攸關「農民」的法案就過了！立法院三讀通過農漁會法（一修再修、一再放寬的）修正草案，取消農漁會總幹事的任期限制，恢復「萬年總幹事」的可能性（意思是，當了三十五年總幹事的袁靖雄，將位置傳給兒子後，他兒子也可以繼續再當一輩子的農會總幹事）。同時，將農漁會幹部二審有罪即解職的規定，改爲三審定讞，若需要去關才解職。

面對此法案一過，各界批評爲「黑金復辟」、「放生黑金」等，省農會再度沿用一一二三遊行的模式，花錢買廣告，要求「一個公道與清白」（張永成語），白添枝也再度率領「農民」抗議，高喊「農民需要農會……農民辛苦種田養活大家，竟然被抹黑爲『黑金』？」（農民成爲黑金，只因農漁會被批評爲黑金？）。

「等於」的宣傳戰，始於「成功」的一一二三。到二〇〇七年，白添枝甚至陪同一審被判有罪（反正沒關係）的鹿野地區農會總幹事潘永豐，召開記者會，說檢方搜索偵辦他，「根本是污辱農會、欺負弱勢農民」（大紀元 2007/05/02）。

更進一步的「等於」，於今，誰敢偵辦涉案的農會總幹事，就等於「欺負弱勢農民」……。

所以，這到底是一場什麼樣的遊行？

歷史在提問。

問這座農民與農地都越來越少，以農爲名的政商勢力，卻變本加厲幹任何事情的島嶼。也問島中之人，在有限生命中的每個抉擇處，如何選、如何說、如何做？如何不出賣農民與自己？

註

① 詹朝立（詹澈本名）《天黑黑嘜落雨——十二萬農漁民大遊行傳眞》，二〇〇三年，台灣社會科學出版社。本章所引未特別加註者，皆出自此書。
② 林寶安〈台灣一九九〇年代的金融擠兌、合併與金融秩序〉。
③ 顏新珠〈一隻牛能剝幾層皮啊——雲林農民抗繳水租的省思〉，刊於《人間》雜誌二十二期，一九八七年。
④ 王墨林〈台灣果農的怒吼！〉，刊於《人間》雜誌二十八期，一九八八年。
⑤ 江冠明〈那年，我跟農民站在街頭〉
⑥ 張富忠、邱萬興《台灣民主運動二十五年》，二〇〇五年，綠色旅行文教基金會。
⑦ 陳國霖《黑金》，二〇〇四年，商周出版。
⑧ 同②。
⑨ 同②。
⑩ 同⑦。
⑪ 馮小非〈爲了兩千元〉，刊登於《台灣日報》。
⑫ 詹澈〈台灣農業還是需要農會〉，刊於《中國時報》民意論壇，二〇〇七年五月十四日。

⑬ 同①。

⑭ 同①。

⑮ 同①。

⑯ 趙萬來（蔡建仁筆名）〈略論台灣農業何處去〉，刊於《青芽兒》雜誌創刊號，二〇〇三年六月。

⑰ 詹朝立〈台灣稻農的困境〉，收錄於《青芽兒》雜誌第六期，二〇〇四年一月。

⑱ 徐國淦〈炸彈客說出農民辛酸〉，《聯合報》，二〇〇四年十一月二十七日。

煙・火光・聲響

踏上征戰之路，必須先做準備。幾年的準備。

首先，從飲食著手。楊儒門回憶道，二〇〇二年七月底，他決定吃素（失敗），之後改為一天二餐，再到一天一餐，隨時提醒自己，飢餓的存在。

飢餓中，有人死了，有個國中生成為「死囝仔」，無人聞問。從「死囝仔」過世的那個月起，楊儒門向世界展望會認養貧童，因為死了一個死囝仔，其他窮小孩也仍然在飢餓中，掙扎求生。

糧食就是生命。

生命必須去奮戰，去爭取該有的權益，或者，幫沒飯吃的小孩，幫穀價一直落的農民爭取。但爭取的管道為何？

楊儒門坐在書桌前，一筆一畫的書寫。兩千三百萬人中，一個高工肄業的年輕雞販的心聲，連同全台各地急切想傳遞的看法，每天、每天，洶湧至報社編輯台，一小塊民意論壇的版面，不被刊登。

楊儒門坐火車或公車到台北，轉搭捷運，走入農委會的辦公大樓，說要表達意見。農委會的職員請他先到椅子上等一會。再等一會。再等一會。等到下班時間，都沒有忙碌的官員出來會面，連一杯水都沒有。

楊儒門上網搜尋資料，打上火藥、雷管等關鍵字。他當過兵，還是海龍蛙兵，受訓期間認了一位「師父」。他玩野戰的「生存遊戲」，本來想到法國當傭兵，替法國政府打仗。他注意世界各地「強硬派」（激進組織）的訊息，包括「綠色和平組織」、「熊要自由」、「地球優先」等環保團體抗議的方式。

他鍛鍊自己，除「降低口腹需求」，更進行每三個月一次的吃魚訓練，騎著摩托車，到夜晚的海邊，一個人，坐在堤防上，將從小吃了就過敏、反胃的魚，一口一口硬吞下肚。

因爲，「考量到美軍在關達那摩灣，用這種過敏的方法（意指只給犯人吃犯人會過敏的食物），整死不少人」，他吃到吐也要再試，再吐、再試。雖然日後進入土城看守所才發現，ㄘㄟˊ，多慮了，看守所的生活，比他想像中舒服太多。

他清晨起床賣雞，整條市場的左鄰右舍，沒有人知道他腦袋裡，鎮日在構思、推演什麼，一遍又一遍。一遍又一遍，他閱讀有關犯罪的書籍，了解警方偵辦的程序、採證的方法。《人骨拼圖》、《人骨拼圖II》、《破案之神——FBI特級重犯追緝實錄》、《破案之神II——解剖動機擒兇錄》等書，日後被檢方列爲，執行搜索時在楊儒門基隆住處查獲的證物。

一步一步，他想了又想，推敲再三。摩托車騎入台北城內勘查地形，這裡那裡，不會一下子被看見，但又不可能就此被遺忘的角落，打上標記。他注意所有路口、街角、巷弄、騎樓、店家門口裝設的監視器，什麼角度，錄影到的範圍爲何？

路旁有一攤販，他上前買了一頂帽子與口罩兩只。有一間化工行，他走入對老闆說，請問有沒有牙硝與雙氧水？有7-Eleven，他拿了統一純喫茶與養樂多，放到收銀台前結帳，有任何店員可能起疑嗎？再到另一家化工行，「老闆，我想要買硫磺。」

至於瓦斯罐、鬧鐘、燈泡、兩段式家用電源開關、黑色膠帶、雙面膠帶、防水膠、剪刀、胡椒罐、透明膠帶等，隨便一間五金百貨大賣場，都買得到。不準備拿來吃的白米，買進口米。他拿著自備的保特瓶，到「北寧加油站」買柴油，加油站員工可能以爲，他摩托車沒油了。他拿著自備的保特瓶，再到中正路的加油站買汽油，加油站員工可能以爲，他汽車沒油了。

東市買駿馬，西市買鞍韉。他爲征戰做準備，釣具店又購入釣線與鉛錘。「要去釣魚喔？」釣具店老闆不知道有沒有問他，想釣什麼魚？他確實到了海邊，總是回到海邊。

站在基隆市長潭里垃圾場附近的堤防，面海觀望。那裡，如同所有海邊，退潮時，海水會帶走人類遺留的物件。

一波又一波的浪潮。他選在傍晚天色將暗前來到，戴上矽膠手套與棉質手套，將雙氧水加水稀釋後，擦拭所有材料與工具，擦拭掉指紋。

消失的，有沒有人在意？

消失的若是窮小孩，有沒有人在意？

難以推測他到底是在什麼時候，眞正做下決定，不過在「死囝仔」死後約五個月，二〇〇三年十一月十二日，他基隆住處的電腦，印表機列印出：「炸彈勿按。一、不要進口稻米。二、政府要照顧人民」。

然後摩托車騎入台北市內，停放在大安森林公園旁的停車場。他走入公園，公園內有人溜狗、有人散步，有樹及路燈。他進入音樂台附近的男生廁所，又走了出來，沒花多少時間，然後去牽摩托車，騎回基隆。

隔天清晨，基隆中正路六百五十六巷內，賣菜的、賣魚的、賣豬肉的，窸窸窣窣的聲響與氣味，如常甦醒，賣雞的那家人，二兒子也如常在攤位前，招呼客人。

同一天清晨，驚叫聲卻從大安森林公園的男廁所內傳出，負責打掃的清潔工陳丁秀珍，看見一個純喫茶的利樂包裝，連結外露的兩段式家用電源開關，並以電池做爲電源，黏貼在牆上。

「炸彈勿按」的字樣，嚇得她趕緊衝出廁所，報警處理。然後媒體來了，都來了。

那是第一起，日後被列表的第一起。

國際稻米年，台灣驚爆年

恐慌，想必比造成恐慌的本身，更容易傳播，像煙霧之於起火點，風一吹，便瀰漫了。

我想像我是你，我確實也是你——一個生活在島嶼，看電視、看報紙、看網路、聽廣播，獲知新聞消息的「閱聽大眾」。只除了在「白米炸彈客」這件事上，我剛好有機會，到看守所和楊儒門聊天，繼而收到他寄來的信件。不過當時（二〇〇三年底到二〇〇四年底），我和你一樣，接收到的資訊，全部透過媒體。而媒體給了我們什麼？

我試著回到那時候，二〇〇三年底，「白米炸彈客」的詞彙還沒出現，爆裂物的新聞，其實一直都有。日後我才讀到，據統計①，整個九〇年代，每年都有個位數到十幾起的爆裂物案件，造成傷亡，其中尤以一九九六年，台灣第一次民選總統那年，爆裂物案件最多（共十五起），死傷人數也最多（包括六名受傷員警，共三十人受傷，四人死亡）。另外，一九九二年，有一起爆裂物被放置在麥當勞的廁所內，拆解時造成一名員警死亡，也備受關注。

進入二〇〇〇年，台灣五十多年來首度政黨輪替，爆裂物案件一下子變多，從一九九九年全年三起，倍增到二〇〇〇年八十起，而有七人因此受傷，一人死亡。二〇〇一年共發生六十八起爆裂物案件（受傷五人，死亡五人），二〇〇二年七十三起（受傷八人，死亡一人，同時有兩名員警在值勤時受傷），到二〇〇三年底，爆裂物的新聞持續，但歷史的脈絡，不會出現在電視裡。

電視台的記者播報著，「彰化縣員林鎮的林森路和正興路口，傍晚民眾發現一枚疑似爆裂物」

（以下所引，皆出自電視新聞），「報警之後鑑識小組拉起封鎖線」，「隨後防爆小組成員抵達，發現這枚爆裂物不簡單」（不簡單啊！），「幸好沒有造成傷亡」（2003/10/08）。然後台北市青田郵局「才開門營業，就被封鎖線團團圍住，因爲戒備區裡二十四小時開放的無人郵局，發現疑似爆裂物，難怪大夥這麼緊張」（緊張啊！）。

「防爆小組全副武裝，連消防車也現場戒備」，記者群聚的麥克風，遞向郵局經理，問到：「你有去觸碰它嗎？」（有碰嗎？有碰嗎？）

經理回答：「我有用腳踢一踢，感覺到很沉重。」被腳踢過的「爆裂物」，經「X光掃射後……萬萬沒想到，這個重重的東西會是碎裂的蟠龍花瓶。」（2003/10/21）啊，虛驚一場。但大安森林公園又「爆」了！這是「半年來大安森林公園傳出的第三顆爆裂物。」（2003/11/13）

「民眾清晨運動時，在廁所發現一顆爆裂物」——雖然當時負責打掃的清潔工陳丁秀珍，及到場處理的員警，都發現新聞報錯了，不是什麼清晨運動的民眾發現的，不過新聞報錯，反正不需要認錯，也不會被懲罰——記者繼續說道，「警方先將它拆下……刑事局人員用X光仔細研究卻發現，這可是貨眞價實的炸彈。」（炸彈啊！）

「炸彈」的成分爲何？記者表示，有「電池啓動器、雷管、四十公克黑火藥，底下還拿一百一十公克汽油助燃」，而且據「警方人員預估」——預測、估計——「如果誤觸開關，炸掉兩間廁所沒問題。」

「炸掉兩間廁所沒問題」的印象，透過眼、透過耳，進入閱聽大眾的記憶裡。雖然記者最後補了一句，還要「交往鑑識中心」，但不需要等待鑑識報告，也不需要打電話向鑑識單位確認，「是眞的」、「是眞的」的標題，便跑上了電視，跑馬燈一直跑一直跑。

「大安森林公園廁所炸彈，是真的（是真的、是真的）！」

「是眞的」炸彈出現後沒幾天，「爲您插播晚間的最新消息，根據TVBS所收到的獨家消息，在西門捷運站，發現爆裂物，目前警方防爆小組已經趕往處理，不過，現場還沒有圍起封鎖線，稍候我們會有來自於現場的連線報導。」（2003/11/17）

來了來了，爆裂物又來了！這回還出現在人群出出入入的捷運車站內，由日後（二〇〇七）被發現僞造新聞的TVBS取得「獨家」。

獨家的跑馬燈，一直跑一直跑，「讓搭捷運的乘客相當緊張。」記者說，「警方防爆小組出動大批人力……全副武裝進入捷運西門站六號出口的電梯內……從電梯內慢慢勾出來。」勾出了什麼？機械手臂勾出，哎呦，「一個高中女生的包包」（2003/11/18）。

虛驚一場，兩天的收視率，過了三天，又來了！「台北市忠孝東路四段人行道上，下午被民眾發現一個紙盒疑似爆裂物，警方馬上封鎖現場。」（2003/11/22）記者報導，「紙盒上還有張字條寫著『政府要照顧農民，反對稻米進口』——雖然字條上明明列印著，「一、不要進口稻米。二、政府要照顧人民」——而這個紙盒，記者研判，「跟這個月十三日在大安森林公園發現的炸彈相似。」（相似的「炸彈」啊！）

人們從電視上看見，防爆小組全副武裝，拉起封鎖線，用機械手臂夾起那個紙盒（炸彈），予以引爆。好在沒人傷亡。不出三天，高雄市一家Pub門前，也被發現「五顆疑似爆裂物」（2003/11/25）。循著同樣的模式，緊張中，防爆小組全副武裝出動，拉起封鎖線，動用機械手臂，小心翼翼的夾起那個——到底是什麼東西——丟進防爆筒內，引爆。爆掉後，Pub老闆趕到現場，我們聽見他在電視上說：「這是人家送過來的刷卡簽單」啦！

捲成一捲的刷卡簽單，又一天的「驚爆」新聞，襯托著（加強著）連續犯案者的形象。從第一起訴求「不要進口稻米」的純喫茶包裝，在大安森林公園被發現，媒體的用語從「嫌犯」、「歹徒」正在演變成特定的「稻米炸彈客」、「米炸彈客」等；「稻米」加「炸彈」多麼富有象徵意含的辭句。

「下午又傳出『稻米炸彈客』威脅」（2003/12/10），警方「高度懷疑這是一枚眞炸彈」。「眞炸彈」啊！新聞每整點重播一次，像在確認。

這枚「炸彈」上貼著字條表示，「一、不要進口稻米。二、濕稻穀一百斤不到七百元。是政府說謊，還收購在坑我們。三、敬告所有超市、大賣場、通路，不要販賣進口米。」隔天，我從報紙上看見，台北市新生公園的涼亭一角，擱放一個透明塑膠保鮮盒，看得出裡面裝有鬧鐘，以及紅色的好像電線，盒外，有兩隻鴿子在啄食散落的白米。

這便是「米炸彈」？

「稻米炸彈客」的形象，進入閱聽大眾，包括我揣度的腦海裡。我想著誰誰誰，誰會幹這種事情？有沒有可能是我大學時代在台北認識的朋友？是他嗎？我倒是沒想過炸彈客會不會是女性？雖然日後也證明不是（我當時該想一想的）。那尚未現身者，若純粹只是「放炸彈」，或放炸彈是爲了恐嚇、要錢，想必引不起諸如我輩——我輩在此，意指多少對社會有些看法的知識分子——的注意。畢竟黑道亮刀亮槍，亮顆炸彈在島嶼，也不是什麼希罕事，但「不要進口稻米」，咦，像社運分子說的話，像反WTO的傢伙，看事情的脈絡。

是嗎？

我的猜測化爲詩句，「夜裡，坐在農村／一張不安的書桌前／想像你。時間滴答／在厚實的土壞底／稻穀正在脫衣／裸裎，發芽／輕微的破裂聲」（引自〈致稻米炸彈客〉）。

剪下那張，有鴿子啄食白米的新聞照片，連同防爆人員全副武裝的照片，收入剪貼簿內。

一個多禮拜後，台北市玉成公園土地公廟的男廁所內，再次被清潔工周願弘——清潔工往往是深入角落的第一線人物——發現一個貼著「炸彈」字樣的茶葉罐。罐內，同樣放著些許白米，罐外同樣訴求「不要進口稻米」。

是他又是他，「稻米炸彈客」的稱呼，也陸續統一為「白米炸彈客」。

進入二〇〇四年，台灣少有人知的「國際稻米年」，第三屆民選總統大選的年份。

新年初始，「米炸彈」就出現了！（又出現了！）記者趕赴火車站，以火車站作為背景，連線報導，「這一次是出現在火車上的移動式炸彈，從基隆開到新竹的這輛一五三一號電聯車，在下午四點十三分到站後，在第一節車廂就發現了這一輛米炸彈。」（2004/01/05）——這一「輛」米炸彈？記者可能打錯字，不過誰在意啊！重點是，「移動式」的「米炸彈」，出現在電聯車上！

「警方擔心爆裂物引爆將造成嚴重傷亡」（嚴重傷亡的話語像回音，每整點重播一次），「不斷拉大封鎖線，通知防爆小組趕來處理」。好在處理掉了。不到兩天，連宋競選總部也「驚傳爆裂物」，雖然最後發現，「可能是有心人士惡作劇。」（2004/1/7）又過了幾天，雲林斗六「一個高中生用包裹裝A片，打算送給同學當十八歲生日

92年12月11日，《中國時報》及《聯合報》的兩篇報導。

禮物，結果包裹上的名字沒寫好，丟棄之後……就變成疑似爆裂物，連防爆小組都出動了。」（2004/1/12）

花蓮車站候車室，「赫然發現一個疑似爆裂物，經過防爆小組鑑定後」，發現「只是一個裝沙拉油的空鐵桶」（2004/01/23）。「一列由基隆往竹南，編號二一九九車次的電聯車，第二車廂乘客座位下，遭人放置爆裂物，就在下午五點左右，到達中壢火車站時，突然爆炸……」（2004/02/02）——爆了、爆了，這個就眞的「爆」了，冒出濃煙，記者更拉高音調表示，「幸好當節車廂上十名乘客已經下車，無人傷亡……。」（2004/2/2）

好在「米炸彈」沒有造成人員傷亡。到底是誰幹的？

隔天TVBS、三立電視台、《蘋果日報》、《聯合報》及農委會，都接到疑似「白米炸彈客」的恐嚇信，內附火藥兩包，標示「勿近火或重擊」。

信中表明，「在二月二日的火車上，裝置的構造是，麥當勞的紙袋，裡面裝著世界展望會一二六期會刊前三頁，還有一個餅乾盒，計時器加上四分之一磅的混合爆藥裝在鋼製調味罐內，還有幾十克的燃油加上白糖。」而「我們不過是一群平凡的人，沒有政治目的，宗教派別，也不是爲了金錢，更不以製造心理恐慌，或殺人爲目的。訴求是：一、請不要進口稻米。二、政府要照顧人民。

所有的爆藥，都來自於種田所需的肥料，其他材料也是日常生活隨手可得的。

我們只會幫世界展望會，家扶，聯合勸募，但所有的錢都是直接給他們，我們是不會經手的。

所以，只要有人恐嚇，要你們匯錢過去，都不會是我們，我們只會直接行動，郵寄或放置。錢，我們都有工作。

不在乎傷亡，那是一種過程，多少人，數字的不同而已。

不管是信或者是電話，一定會有下列的人：斥堠、前觀、通信、刺客。

2004/02/04

「斥堠、前觀、通信、刺客」？日後我才知道，那是楊儒門的提示一。他說「寫這些名字，是要讓警方有個方向可以偵察，不過這個『提示』沒啥效果，自己也想不透，會『一般性聚合』，使用『軍事用語』，這個人一定當過兵，而且一定是奇怪的部隊出身，不過警察爲何聯想不起來，我也不知。」（引自楊儒門的信件）

不過當時，我從《聯合報》讀到「炸彈客」的話，其實有些失望。「世界展望會，家扶，聯合勸募」？幹嘛捐錢給這些慈善機構？我猜，這尚未現身者，也許不是個左派分子！那你呢？你是否也曾想像、好奇過「炸彈客」的容貌？或僅只是感覺到恐懼與厭惡？但不管怎樣，我們都繼續透過媒體——電台、電視台、報紙、網路——接收消息。

接收「澎湖今天驚傳有爆裂物」（2004/2/12），結果「虛驚一場」。「屏東開往高雄的電聯車座椅下，有一包疑似爆裂物，車站緊急疏散旅客」，「後來發現只是一堆經過包裝的垃圾。」（2004/02/15）台北火車站地下一樓男廁所內，被清潔工發現一個，貼有「一、不要進口稻米。二、政府要照顧人民。」等字樣的餅乾盒；八成又是「白米炸彈客」所爲。

繼而孫文紀念館斜對面的公共電話亭內，「炸彈」順利被警方「以水砲車擊解」。（2004/03/10）。

「炸彈」字眼不時出現的新聞中，三一九總統大選前一天，正副總統候選人陳水扁與呂秀蓮，在掃街時遭到槍擊。有人不相信那兩顆子彈是真的。陳水扁當選後，國親兩黨開始上街頭抗議。而驚爆的新聞，襯托連續犯案的「白米炸彈客」，遍及台北、高雄、彰化、台中、中壢、雲林、花蓮、澎湖……來到「基隆八斗子派出所前一處停車場……兩個用膠帶綑綁在一起的方形紙盒，黑色電線露了出來，嚇得停車民眾以爲是爆裂物，立刻報警。」

在「警方高度戒備，防爆小組全副武裝，勘查這個疑似爆裂物後，決定用水砲兩次擊解」。擊解過後，員警在鏡頭前說，「那個是膠帶啊！全部是膠帶。」（2004/04/05）

膠帶被全副武裝的擊解，隔天，換飛機上傳出有爆裂物。「立榮航空編號六八五從台中飛往金門的班機，降落前四分鐘……航警人員緊急疏散旅客，進行地毯式搜索」，結果「虛驚一場」（2004/04/06）。

虛驚一場中，倒是有的真的「爆」了，冒出火花、聲響與濃煙。譬如在台北松山火車站的男廁所內，刑事局長「侯友宜親自勘驗」，侯友宜說：「有一個鬧鐘，然後有線，那個線圈再加上有一些電池，另外在垃圾桶，有一點燻黑的痕跡，那整個爆炸的威力，不是很大。」（2004/04/28）——不是很大，就夠嚇了！而你，嘿，當時有沒有被嚇到，搭捷運的時候，坐火車的時候，坐飛機的時候，甚至走在路上，總覺得角落可疑……。

可疑啊！風聲鶴唳中，「由於外傳有人會在五二〇總統就職典禮，以炸彈攻擊總統府，刑事局正全力查緝，防止『白米炸彈客』在當天犯案，危害治安。」（2004/04/29）炸彈威脅中，五二〇來了，果然也如預期驚爆了！「離總統府只有三百公尺距離的流動公廁居然發生爆炸案，雖然無人傷亡，但……專家研判，可能是解散之後，有心人士趁一片混亂把炸彈放進公廁，這樣的舉動，挑釁、警告、對立的意味非常濃厚。」（炸彈啊！）

「炸彈」已從公園、車站、火車上，來到「離總統府只有三百公尺距離的流動公廁」。繼而「選戰敏感時刻」，立法院外也被放置爆裂物，「爆裂物離國會殿堂只有幾步路，警示意味相當濃厚。」（2004/06/26）隔天警方公布，在立法院外放置爆裂物的年輕男子的影像，「兇手影像曝光」；日後我才讀到楊儒門透露，「被監視器拍到有兩次，第一次在立法院的側門，就是放置時被拍到，那在計畫之內。」

> 注意被拍到的人，走的位置是靠近馬路與花台之間的邊坡，那是寬約二十公分左右的容腳之處，一般時候，行人會走在人行步道，而不是馬路與花台之間的邊坡。不過看是看到了，能體會、了解的人沒有，所以「提示」再度失敗。

而記者當時的報導，在於「兇手犯案地點敏感，又剛好是槍擊案滿一百天，引起外界關注」——和陳水扁呂秀蓮遭槍擊滿一百天，也有關係？揣測在同一天晚上就被推翻，因爲TVBS和《聯合報》都再次接到「白米炸彈客」的投書，表明立法院側門人行道上的爆裂物裝置，是「我們」幹的。

「我們」的訴求：「一、不要進口稻米。二、政府要照顧人民。」雖然，「現在還不到要傷人或殺人的階段，但不保證以後不會，炸藥有方向性，放置的地點，時間，藥量和外加物，都會有不同的結果。」信中也再次說到：

> 我們的願望是每個月可以認養家扶和世界展望會各五千位國內的貧童，共一萬名，讓他們

可以上學，有營養午餐可以吃，有路費，生病了可以看醫生。靠我們自己的力量是微薄的，很難，難上天，那是一種痛，椎心刺骨，所以，立委諸公或是我們挑中的人，當我們請求，拜託，懇求你們的認養五十名，一個月只要五萬塊，對你們不會造成多大問題，舉手之勞而已，讓我們覺得社會還是有溫暖的，希望你們會答應，然後由你們自己認養，不經我們的手，我們只會看收據，然後謝謝你們的大德。

請不要給我們臉色看，我們對小孩子會有一種憐憫的心，但對你們，下手絕不會手軟，終究你們會有自己一個人的時候，開車的時候，在家的時候，走在路上的時候，結束你們的生命，那不會是多大問題，我們有的就是耐心。

斥堠、前觀、通信、刺客。2004/06/27

署名「斥堠、前觀、通信、刺客」的信裡，還「附雷管一枚，和助燃劑白糖、肥皀」，以及世界展望會的會訊。會訊「內頁的照片中有四個人合影，」日後《聯合報》記者寫到，「專案小組當時曾認爲嫌犯可能是這張照片『影中人』之一」，但嫌犯幹嘛要自曝身分?警方百思不解，認爲不可能，於是「這條線索未被採用」（2004/11/27）。楊儒門寄照片，表明「我啦!我啦!我就在這裡」的提示，再度失敗。

至於被「請求」、被「拜託」、被「懇求」兼威脅的立委諸公及官員，無人針對稻米進口、針對貧窮兒童沒有營養午餐吃等困境，有任何反應。領薪水的記者呢，必須趕著去追下一條，可能比較有「賣點」的新聞，每三、五天就驚爆一次（不管眞假）的新聞，甚至「炸彈客」還通知媒體去採訪。

「今天凌晨不少新竹記者都接到炸彈客的電話通知，在一間民宅放置爆裂物」，記者通知警方，警方照例，派遣防爆小組全副武裝，抵達現場，拉起封鎖線，出動機械手臂，「準備引爆的同時，爆裂物突然爆裂開，發出鞭炮聲……」（2004/10/26）。霹啪霹啪的鞭炮，被以爲是「炸彈」。又一天的收視率。然後華視停車場，「遭歹徒放置土製鋼管爆裂物」（2004/11/10）——來了來了！這個就眞的「爆」了，記者說，「因管內放置大量鋼珠，爆炸威力驚人」（驚人啊）！是不是？是不是針對華視新上任的總經理江霞？記者追著江霞跑。跑不到兩天，更大條的新聞又來了。

教育部前的人行道上，遭人放置「爆裂物」，冒出濃煙與聲響，「歹徒疑似不滿國父話題」，因爲「現場遺留下許多被撕裂的歷史課本……」（2004/11/13）。記者揣測，這起「爆炸」也許是衝著教育部長杜正勝而來？不過隔天TVBS再次收到「斥堠、前觀、通信、刺客」的投書，表明教育部前的「音響彈」，是「我們」放置的。

「我們」在投書中，說著同樣的事。一年多來，一次又一次——不管政治新聞怎樣變化，記者怎樣揣測——就是說這兩件事。

一、不要進口稻米。

二、政府要照顧人民。

但是「一年多來，稻米還是在進口」。於是再次恐嚇，「只是時候未到，會讓賣場見識一下，鋁熱劑加上燃油，混合橡膠，掛雙氧水的效果。」至於認養貧窮兒童，「離一萬名還有一段不小的差距，希望委員和議員們能多支持，殺人不是我們不會，願不願而已。」

再一次軟硬兼施的無效訴求，只除了促成台北市政府警察局、內政部警政署刑事警察局、以及鐵路警察局，共同就教育部前的「爆裂物」案件，組成「一一一三」聯合專案小組，開始調閱教育部附近監視器的畫面。

比對、過濾、分析過後，十一月二十五日，警方向媒體公布，疑似白米炸彈客的「影中人」畫面。

「夠清楚，」日後楊儒門寫信說道，在「捷運站內與立法院的中山南路」被拍到，是「預料之內」。「不過對『空氣』一樣長相的我，效果有限。」他回憶到那天，「早上在市場賣雞，新聞一直播，但沒有人有反應……到了中午，洗完澡，睡完午覺，才想，回南部好，還是出現的好？」「最後決定，穿著平常工作的衣服，腳踩著趴趴熊的拖鞋，拿著波蜜果菜汁，進入中正一分局……」

進入中正一分局後，又是另一個故事了！但驚爆的新聞一時還停不了，且嫌犯都被冠上「某某炸彈客」的稱謂，不管是用汽油筒引爆箱型車起火燃燒的「反台獨炸彈客」（高寶中），還是在不具殺傷力的盒子上，貼字條說了一句，「劉姐，我愛妳」的「求愛炸彈客」，甚至台北市行天宮「傳出兩聲爆炸巨響（巨響？巨響？）」，也一度被以爲「遭受炸彈客攻擊」（2004/12/16），雖然最後「警方到場勘查，確認爆炸的是兩枚傳統慶典用的小型爆竹……。」

然後「炸彈」新聞頻傳的二〇〇四年——國際稻米年——就這樣過了！

日後我回頭檢視，發現一個有趣的數據，那就是，在「白米炸彈客」（及一堆爆裂物新聞）造成恐慌的這一年裡，卻是台灣十六年來，唯一一年，沒有人因爆裂物而傷亡的年份；零傷亡的年份，難道眞的只是「幸好」？一整年的「幸好」？有沒有可能，整座島嶼其實在媒體爲了收視利益而誇大的播報中，集體「虛驚」了一場？如果媒體稍微盡到查證的責任，是否根本不會有「白米炸彈客」及之後衍生的種種？

到底，在長達一年多的新聞「熱潮」裡，楊儒門一次一次放置的，是什麼東西？

盒子裡裝的是什麼？

二〇〇四年十二月十三日，楊儒門透過義務辯護律師，向社會大眾公布一封信。他在信中寫到：

平民老百姓的我，實在也沒有什麼力量，想引起政府和社會的關注，所以選擇放置爆裂物。大部分是假的，其中三個有煙和火的發生，三個有聲響，在我自己的控制下，這是一門專業的手法。藥是我自己調的，起火延遲產生聲響，目的是爲了引起注目，而不是傷人。

但接收一整年「炸彈客」放置炸彈訊息的閱聽大眾，相信嗎？三個有煙和火的發生，三個有聲響，其餘的都是假的；可能嗎？況且媒體當時解讀這封信的重點，在於楊儒門寫到，「雖然我的訴求是正確的，但用的方法卻違反了法律，造成社會的恐慌，在這裡向社會大眾鄭重道歉。」——喔！道歉了。人們接收到的訊息大致如此。而攸關「暴力」的爭執，持續著。

二〇〇五年一月二十六日，檢察官鄭克盛，以違反槍砲彈藥刀械管制條例第七條第三項、第一項，「意圖供自己犯罪之用，未經許可製造爆裂物」，及刑法第一百五十一條，「恐嚇公眾，致生危害於公安」等罪名，起訴楊儒門。

沒有具體求刑的起訴書中寫到，「其犯罪動機乃因不滿進口國外稻米影響農民生計，且欲引發社會大眾幫忙世界展望會需要幫助的小孩，均非爲一己之私。且其部分犯行於炸彈之設計與製造上，並無爆裂殺傷力，手段上非均有高度危險，且被告於設計爆裂物時，有採增加燃燒濃煙或增加音響，然均未加入鐵釘、鋼珠或以高硬度之密閉容器增加高爆炸時破片飛散之殺傷力，是仍尚非無有可憫之處。」

「是仍尚非無有可憫之處」？——也是、不是沒有可憫之處的意思啦。檢察官拐彎抹角的說法裡，提及楊儒門製造的東西，同時採用兩種詞彙，一是「炸彈之設計」，一是「設計爆裂物」。

那到底是「炸彈」，還是「爆裂物」？炸彈和爆裂物的意涵相同嗎？

經過一次又一次的庭訊，九月十九日，一審判決前，最後一次言詞辯論庭裡，檢辯雙方及審判長就楊儒門放置的東西，有一些對話。

首先，審判長問，「對起訴書之犯罪事實有何意見？」（以下皆引自審判筆錄 2005/09/19）

楊儒門回答：「我自己的認知是我製作的東西是沒有殺傷力的。」

審判長問：「對於內政部警政署刑事警察局鑑驗通知書……有何意見？」

楊儒門回答：「爆裂物威力在於溫度、碎片、空氣扭曲，而能決定其因素的效果有藥量、成分、純度、密封度、添加物、時間、地點、距離、天氣、溫度來決定是否爲爆裂物或具有殺傷力或破壞性，而這要經由準確反覆的實驗，蒐集數據來證明其威力是否對人或物體具有破壞性，才是科學的精神，不是使用推測它具有雷管、引爆裝置、爆藥，就認定、推測、推論它是爆裂物。因爲鞭炮本身就是爆藥，引信就是雷管，而手上不管是線香、打火機、香煙等就是起爆裝置，這樣不能認定鞭炮是爆裂物，且特效使用的火藥包、電雷管，遙控器和起爆裝置，是否能認定是爆裂物？」

他質疑刑事警察局僅就他放置物的「零件或殘餘物」（引自判決文），進行推論，「並不能讓人

信服。」（引自楊儒門的信件）

但警方其實很難就楊儒門的放置物，進行「準確反覆的實驗」，因為大部分被發現到的東西，都被機械手臂夾起，當場擊解，爆掉了。

然後審判長問：「對於第一次製作之炸彈零件及殘餘物……有何意見？」

「對於第二次製作之炸彈零件及殘餘物……有何意見？」

「第三次製作之炸彈……」

「第四次製作之炸彈……」

「第五次……」

到「第十六次製作之炸彈零件及殘餘物，有何意見？」審判長問了一遍，他使用「炸彈」這個詞彙。

換檢察官鄭克盛發問，他問：「九十三年六月二十六日立法院的炸彈，置於其內的瓦斯罐是否於空氣瞬間壓縮後有變形？」

他使用「炸彈」這個詞彙。

「當燃燒發生時，如果你站在離五十公分的範圍內，你的身體有無可能被瓦斯罐的碎片射到？」

楊儒門回答：「我認為不會。」

「你如果站在五十公分之內，是否會感覺到燃燒的熱？」

「會。」

「你能保證在五十公分的距離內，沒有任何一個零件會碰到它半徑五十公分內的任何物體？」

楊儒門回答：「當你看到一個物體冒煙時，它會產生一點火花，火花會引燃汽油，在這個中間會有五、六秒的時間，你的本能反應，看到有火、有亮光、有危險的時候，你是否會靠近，就跟你在路上看到車開很快，你是否會走過去？」

最後由辯護律師丁榮聰發問。

他問：「你製作這些抗議物的目的爲何？」

他使用「抗議物」這個詞彙。

然後訊問結束，十月十九日法院宣判，「楊儒門連續意圖供自己犯罪之用，未經許可，製造爆裂物，處有期徒刑柒年陸月，併科罰金新台幣拾萬元」。判決文明文記載的，不是檢察官與審判長口頭說出的炸彈；那到底是說出而記載的爲準？還是最後打字的爲準？

總之，法院就是判了！

依判決文，楊儒門放置的十七起東西，到底是什麼？

第一起，在大安森林公園裡，被媒體報導爲「貨眞價實的炸彈」，法院判定爲，「具有殺傷力與破壞性」之「爆裂物」（未爆炸）。

第二起，媒體報導爲，「和大安森林公園發現的炸彈相似」，法院判定爲，「沒有殺傷力或破壞性」。

第三起，我記憶中有鴿子在旁啄食白米的那個透明塑膠保鮮盒，被媒體「高度懷疑這是一枚眞炸彈」，法院判定爲未爆炸之爆裂物。

第四起，「白米炸彈客」再次犯案，放的是沒有殺傷力或破壞性的茶葉罐。

第五起，「警方擔心……將造成嚴重傷亡」、「不斷拉大封鎖線」、通知防爆小組趕來爆掉的那枚「移動式炸彈」、「米炸彈」，不具殺傷力或破壞性。

第六起，記者緊張的報導，「幸好當節車廂上十名乘客已經下車」的那次，法院判定爲「不具殺傷力」的麥當勞紙袋內，當時確實冒出了煙。

第七起，被清潔工發現的餅乾盒，沒有殺傷力或破壞性。

第八起，在孫文紀念館斜對面的電話亭內，被防爆小組全副武裝，拉起封鎖線，用機械手臂夾起，「順利以水砲車擊解」的「炸彈」（媒體報導的炸彈），沒有殺傷力或破壞性。

第九起，報載楊儒門對警方表示，「當時他把白米炸彈放在信義路，不料最後卻出現在華銀騎樓下，他也覺得很奇怪。」經警方調查發現，「這個用豆腐乳罐製作的詐彈，他放置在信義路，卻被一名拾荒老婦撿起來，走了一段路後打開，發現沒有値錢物後隨手亂丟；警方當時在該枚詐彈上採到老婦的指紋，一度把她列爲嫌犯，研判炸彈客不止一人。」（聯合報 2004/11/30）——同一篇報導裡，記者對於楊儒門放置的東西，既稱爲「白米炸彈」，又稱爲「詐彈」（注意那個音念起來一樣的「詐」字）。

那到底是「炸彈」，抑或是「詐彈」？法院判定，被拾荒老婦隨手丟了的那個豆腐乳罐，不具殺傷力或破壞性。

第十起，在松山火車站的男廁所內，造成「垃圾桶，有一點燻黑的痕跡」，經刑事局長「侯友宜親自勘驗」後，表示「威力，不是很大」的，是法院判定的「爆裂物」。

然後十一起、十二起、十三起、十四起、十五起、十六起、甚至最後一次在教育部前的人行道上，連續犯案的「白米炸彈客」，放置的都是法院判定，既沒有殺傷力也沒有破壞性的東西。

但「炸彈」、以及從「炸彈」一詞延伸開來的討論、激辯、各自立場的投射與詮釋，早就在小小島嶼，如煙漫開。

註

① 立委趙永清、蔡煌瑯、蘇治芬於「聲援白米，拒絕炸彈」記者會，公布之歷年來爆裂物案件資料，二〇〇四年十二月二十四日。

報告信

每隔一段時間，包括我及一些人的Email信箱，就會收到署名「聲援楊儒門聯盟總召林嘉政敬上」，實際上是聯絡人楊祖珺寫的報告信。一封一封的報告信，貫穿楊儒門事件發生的兩年七個多月。兩年七個多月的陪伴……。

像倒帶一般，二〇〇四年十一月二十六日，各界對於「白米炸彈客」長達一年多的揣測，終於有了著落。楊儒門現身，旋即被關入鐵窗內。媒體像是「逮著了一個新的話題人物」①，彰化縣要選立委的國民黨候選人，更是最快就有動作，發起鄉親每人樂捐一百元，幫楊儒門打官司等活動。

幾天後，十二月二日，包括民主行動聯盟、台灣社會研究季刊、美濃愛鄉協進會、及各大學的學運社團等，共同在立法院召開，「政府無能，造反有理——聲援楊儒門，搶救農業」記者會。記者會中指出，「白米炸彈客」是政治良心犯。

政治良心犯？當然有人不同意。批判「白米炸彈客」暴力犯罪、恐怖攻擊、危害社會安全的聲浪，一直到楊儒門出獄，都不曾停過。尤其在聲援楊儒門聯盟發起「官逼農反，良心無罪——聲援楊儒門，搶救台灣農業」連署活動後，「聲援農民，不聲援炸彈客」、「聲援農業必須與炸彈客劃清界限」等標題，此起彼落在報紙上出現。

對於暴力的不同認知與定義，牽涉到暴力發生的遠近，遠方的，比較容易被事不關己、甚至添加異國情調的接受；牽涉到暴力發生的時間，過去被稱爲「暴徒」者，日後不乏成爲「先烈」，譬如以暴力推翻清朝的「黃花崗七十二烈士」等。暴力有合於體制與反體制之別——「合於體制的炸彈客，根本不會有暴行的稱號，就像戰爭一樣，暴力換成武力的中性名詞，帶著國家賦予的正義理由」②——而正義，正在被爭奪著詮釋權。

發言的背後更牽涉到人際關係、位階屬性、對社運走向等歧見，其中，「新世代青年團」成員丁穩勝，十二月十八日在《中國時報》民意論壇版發表〈炸彈客／背後深層的結構〉一文，引發數篇筆戰。也許人們偶而都該倒帶，回頭看看自己寫過的文章，並且檢視歷史。

歷史親像一條河，流過二〇〇四年十二月二十六日，在二林舊趙甲的楊家三合院，都市來的社運人士，及在地的國民黨民代，輪流拿起麥克風，「聲援楊儒門，搶救台灣農業」。活動結束後隔天，報紙標題大致爲，「聲援團體要求特赦楊儒門」（中國時報）、「聲援楊儒門　籲總統特赦」（聯合報），至於《自由時報》，延續批判「聲援白米炸彈客」是〈聲援暴力〉（2004/12/27）。

十二月的最後一天，學界教授到土城看守所探望楊儒門，爲他送書。進入二〇〇五年，元月二十五日，台北地檢署承辦檢察官鄭克盛，依違反槍砲彈藥刀械管制條例之「意圖供自己犯罪之用而製造爆裂物罪」、「恐嚇公眾安全罪」、「使爆裂物爆炸罪」、「恐嚇危害安全罪」，對楊儒門提起公訴，未具體求刑。檢察官鄭克盛是否還記得，自己說過楊儒門出獄後，要和他相約去潛水？

（你還記得那些，你最終沒有遵守的約定嗎？）

農曆年前，法院以楊儒門「係爲理念而犯罪，而其理念尚未達成」爲由，拒絕讓他交保。於是五台遊覽車，載著楊儒門的阿公阿媽、外公、還有楊家的親戚朋友，抵達台北土城看守所的大門口。從二林到台北，務農的阿公阿媽及外公，帶著楊儒門愛吃的肉乾，在聲援楊儒門聯盟等社運團體陪同下，都哭了。

然後在台聯立委賴幸媛和所方交涉、協調後，所方終於答應讓楊儒門的阿公阿媽及外公，比規定多出一人，進到看守所的會客室內，和不能回家過年的孫子面對面，講上一兩句話。

三月二日，楊儒門案第二次程序庭開庭，聲援楊儒門聯盟公布，共十七國的農工運團體，聲援楊儒門的連署名單。這份連署名單，是林深靖與鍾秀梅，二月到香港去參加反 WTO 部長級會議的行前會時，對與會人士報告楊儒門事件後，所獲得的聲援。

聲援團體包括，菲律賓全國女農組織、南韓 All Together、印度農民組織、巴西社會連線、印尼 BINA DEAR 等。三月二十九日，法院傳喚承辦楊儒門案的員警，以及楊儒門的弟弟楊東才，試圖釐清楊儒門是否爲自行投案。法院外的空地，「三二九跨校青年聲援楊儒門行動」正在進行。「謝謝楊儒門，讓青年學生醒了過來！謝謝楊儒門，讓我們注意到台灣農業的困境。謝謝楊儒門……讓我們重新去理解我們的生活及世界，開始眞切的去感受、去正視社會中一直存在的不公平、不合理。」（引自新聞稿內容）

「醒了過來」的青年學生，路還漫長。而記者會中，還有遠從南投日月潭北上的邵族長老與青年，反對南投縣政府準備以「伊達邵觀光文化園區 BOT 規劃案」之名，在邵族的傳統領域，興建度假大飯店。致力保存台灣現存唯一一個痲瘋病院樂生療養院的青年學生們，也在現場發傳單，拿攝影機紀錄。

日後，島嶼中人如何記憶這些事？或者忘記這些事？而楊儒門大概會想起三二九庭訊那天，他當庭表示要絕食，抗議看守所限制被告與三等親以外的人通信。他以爲是因爲他，才導致所有被告被限制通信。

在他絕食的第三天，我和民進黨立委林淑芬去看他。走出會客室後，得知當時尙未謀面的前輩楊祖珺等人也來探望。不過所方顯然優待立委，對社運人士心存戒心，駁回楊祖珺等人申請就緒的特別接見函。

因爲彼此擦身而過，或其實不需要擦身而過，小小島嶼的人際網路，反正很容易被牽動。「祖珺教授」——楊儒門稱呼楊祖珺「祖珺教授」——打電話給我。我記得接到電話的我，有點意外與興奮。

電話那頭急急的問我，是否願意在「台灣人民聯名具保楊儒門」的連署行動中，做爲藝文界的發起人？因爲從二〇〇四年底，楊儒門已被羈押逾七個月，雖然律師一再申請交保，但法院一再裁定，延長羈押。

掛掉電話後，我開始想，還有哪些人可能願意連署？哪些作家願意提供出名字？哪些樂團會表態？事實上，我想到的不多。七月二十七日，法院就楊儒門案召開第一次合議庭（之前共七次調查庭），那天，法官裁定楊儒門符合自首要件。

九月一日到四日，聲援楊儒門聯盟、台灣農民聯盟等，協同二林鎭農會、二林鎭公所、二林社區大學，在二林舉辦爲期三天的「滾動的農村——二林三農播種營」。當時在營隊中的林深靖，滿臉喜悅，因爲一場婚禮，將在九月十一日舉行。

新娘是鍾秀梅，新郎是林深靖。在那之前，我們曾和《青芽兒》雜誌主編舒詩偉等人，在日月潭畔，建築師謝英俊工作室屋外的長桌，聚會討論。鍾秀梅對我說起，她是因爲聲援楊儒門行動，有次開會，林深靖順路接送她，兩人在高速公路的車程中，相談甚歡，進而決定牽手走下半輩子。

我哇了一聲，爲他們感到高興，寄喜帖告訴楊儒門這件事。然後911在台北牯嶺街小劇場，鍾喬演詩、丘延亮等人致詞，台大農推所博士蔡培慧擔任主持，帶領參加婚宴的眾人，像參加一場歡鬧的集會遊行，高喊「深靖秀梅結連理／好男好女搞革命」等口號。而白米，被放置在籃中，點綴這一場聲援行動裡促成的婚禮。

蔡培慧也參與聲援楊儒門行動。二〇〇四年十二月，楊儒門剛現身，她在「苦勞論壇」爲文表示，「我們反對WTO，是站在台灣整體發展思維，農委會當局實在無須防堵民間力量，而應效法法國政府以及拉丁美洲的巴西等重要農業國家與民間反WTO勢力分進合擊，在WTO談判桌上，爲國家、爲人民謀取最大的利益。」③

WTO（世界貿易組織），目前全世界共有一百四十八個會員國，它的前身是關稅暨貿易總協定（簡稱爲GATT），一九九五年起，GATT改爲WTO。

WTO通過的每一項協定和決議，對簽約國政府有全面性及永久性的約束力。而台灣自二〇〇二年元旦起，正式成爲WTO的會員國。入會時，稻米進口量直接以八%爲上限，「其次，台灣以進口量的三十五%作爲民間進口配額的部分，日本則大部分由政府進口，其管制的程度較高，對市場衝擊較小。」同時「台灣進口的稻米禁止外銷、援外及撥作飼料，使進口稻米直接衝擊國內稻米市場；日本則無設限。」而台灣「自二〇〇三年起改爲高低關稅（SSG），以致於二〇〇三年的稻米進口量暴增爲十二．三%。」④

參與聲援楊儒門行動的清華大學教授彭明輝，在〈WTO與農村的未來〉一文中寫到，「台灣與大陸都爲了比對方更快加入WTO（或至少同時加入），因而在關稅減讓幅度上都被當時的既有會員刁難，而接受了比較屈辱而不利的入會條件。」彭明輝也提及，「世界糧農組織（FAO）指出：發達國家的政府補助導致全球糧食生產過剩，這是目前全球貧窮國家經濟難以改善的主要原因；而發達國家政府的出口補助導致全球糧食從已開發國家向開發中國家傾銷，這是全球貧窮人口越來越貧窮的主要原因。」

在這樣大的架構下，他認爲「台灣的種苗、肥料與農藥價格皆數倍於亞洲國家與美國，其中種苗是美國的二十一倍，肥料和農藥也都是四倍左右……這裡頭可能涉及各國政府補助差額的多寡，以及上下游供應商、中間商的剝削程度」，且「產地稻穀價格僅約都市零售價格的一半。這個差額過

香港反 WTO 及聲援楊儒門的活動。（攝影／邱毓斌）

大，不但剝削農民應得的收入，也成為吸引國外稻米貿易商亟欲壓迫台灣開放稻米市場的重要原因」。

種種需要從制度面謀求改善與因應之道的問題，在楊儒門事件中，其實並未受到重視。九月十四日，還未正式開庭，「當審判長坐定後，楊儒門當庭提出：『再繼續打這個官司，對農民與小孩都沒幫助。這個官司（繼續打下去），對社會造成更多爭執。請法官直接宣判！』」（引自楊祖珺報告信）

十月十九日，報紙出現「英雄？罪人？楊儒門案今宣判」的標題。英雄？罪人？或者不是英雄也不是罪人？當天楊家在二林的親戚朋友，包括楊儒門的阿公阿媽，一早就包遊覽車北上。聲援的一些人（包括我和林淑芬）也來到法庭外。標語及看板在攝影機面前推擠，社運人士殷必雄與「聲援楊儒門學界聯盟」的清華大學教授楊儒賓，和警方發生衝突，楊儒賓的眼鏡被弄壞了。

電視新聞裡，看起來「激烈」的畫面，現場其實沒有很多人。「激烈」的話語，諸如「楊儒門被冤枉判刑，我們也宣判司法死了！」之類，也見報了。楊儒門一審被判處七年半的徒刑，併科罰金新台幣十萬元。

要不要、要不要上訴？記者關心這個問題。

十一月一日，楊儒門從看守所內寄信給「教授」（也就是「祖珺教授」），寫到「上訴並不因爲刑期的長短或是對於法律的公平性有所質疑」。他只是對於「當庭宣判時，法官所說與判決書所載的『意圖供自己犯罪使用』不認同」。他說，「這句話否定了我所追求的理念與訴求……說我意圖不良……這就是我所不能接受的。」

他上訴了。

然後十二月十三日到十八日，WTO部長級會議在香港召開，全球反WTO的社運、工運、農運人士，集結前往香港抗議。台灣的社運及工運人士，也坐飛機去參加。楊儒門在看守所內，展開連續六天六夜的絕食行動，表達對WTO的抗議。而楊祖珺及學生們（包括郭耀中、張碩尹、陳秀蓮、張秀禎等），忙著「滾動的農村：WTO天烏烏．走出台灣農村路」的三部曲活動。學生們還架設了部落格「錄轡坑」。

活動結束後，十二月二十三日，高院二審第一次開庭。審判長問出庭作證的立委賴幸媛，「想請問在台美稻米談判時，白米炸彈客是否爲談判籌碼？」賴幸媛說道，民國八十九年七月至九十三年五月，她擔任國家安全會議諮詢委員，並以諮詢委員的身分，參與台美稻米談判，「於談判過程中對美官員說明開放進口量、降低關稅不可能，因爲台灣農業處境困難，農民生計困苦，台灣民間有人以此狀況發聲……」

她認爲「白米炸彈的出現，是一個談判籌碼，也起了槓桿作用」（引自郭耀中紀錄）。

然後審判長問楊儒門，你希望判幾年？爲什麼？

楊儒門答：「我希望五年⑤。因爲關超過三年就會有『監獄性人格』，會把監獄當家，不論生活和認知都會以獄中的生活爲思考。」就這樣，進入二〇〇六年，元月五日高等法院二審，改判楊儒門五年十個月的徒刑，同樣併科新台幣十萬元的罰金，並駁回交保申請。

「朋友們：

新的一年吉祥如意！

再次提醒您：二十六歲的楊儒門於近月內，即將發監執行！

聲援的朋友們，無法分擔楊儒門五年十個月的牢獄刑期，但我們可以爲了台灣社會，替楊儒門承擔他被判處的十萬元新台幣罰款。此次行動，爲『聲援楊儒門聯盟』的工作人員一年多來，第一次向朋友們募款。」楊祖珺透過網路發送的報告信中寫到。

一封一封的報告信，「二月十七日，台北看守所在既無通知家人，又無通知律師的情況下，悄悄的將楊儒門發送桃園縣龜山鄉台北監獄（北監）。在獄中，『楊儒門』成了『2435』！」

「在今年即將跨入人生第二十七個年頭的楊儒門，目前在北監八個人一間的『平一舍』擔任『雜役』的工作，『送送香煙，送送東西……』」

「報告您一個好消息……到了十一月底（楊儒門）就能夠『升等』至二級了。這表示：他離假釋的條件又進了一大步。同時，依照『監獄服刑法』的規定，屆時，他也符合申請『外役監』的服刑條件……」

然後二〇〇七年一月，楊儒門到花蓮外役監種田。六月，立法院達成共識，建請總統特赦楊儒門。接著，在金曲獎的頒獎典禮上，林生祥拒領「最佳客語歌手」等獎項，反對以語言區分音樂類型，同時表示，要將獎金捐給《青芽兒》雜誌及楊儒門等。繼而六月二十一日，楊儒門在媒體大陣仗「圍堵」、守候下，步出監獄大門……。

一封一封的報告信，就這樣，寄送、接收過兩年七個月。歷史之河裡不算長，但對個人生命來說，也不算太短的日子。我曾問楊祖珺，是什麼動力，讓她一股腦的投入？

她說，「他（指楊儒門）是眞正在犧牲，要讓這犧牲達到相乘的運動效益。」而我，因爲楊儒門事件的觸發，一頭栽入台灣農業的探索與書寫。

註

① 李信漢、管中祥〈誰塑造白米英雄？都道梁山俠義情，誰知農家生活苦？〉，刊於「苦勞論壇」，二〇〇五年二月十九日。

② munch〈炸彈客與流動的正義〉，刊於「苦勞論壇」，二〇〇五年一月三日。

③ 蔡培慧〈楊儒門・無力者吶喊——正視楊儒門事件反應的社會意義〉，刊於「苦勞論壇」，二〇〇五年一月一日。

④ 彭明輝〈WTO與農村的未來〉，出自《滾動的農村——二林三農播種營》講義，二〇〇五年九月。

⑤ 若五年刑期，服刑過半可申請假釋出獄。

後記

我原本沒有要寫那麼多、那麼久，一頭栽入後，時間好像在外邊，我坐在書桌前。面窗的書桌，若像是一畝田，一開始我根本不知道怎麼種田，連整地都還沒。每每從資料堆中，摸索出一兩個發現，我都倍感驚訝。原來、原來是這樣。「原來是這樣」的驚喜中，往往伴隨著「原來是這樣」的憤怒與哀傷。有時寫到很想要哭，洗澡時唱歌安慰自己，同時爲自己有水可用，感到幸福（而全球多少人正在缺水？）。

然後我（連同這兩年多來，給予我莫大幫助的所有人），將這本書送到你面前，像農人種稻，收割後，碾磨成白米，煮成白米飯，送到你面前。只不過這一期「稻作」，種了兩年多呢。希望你閱讀過後，能有力氣。太多的問題，但我們總是要做點事，縱使是很小很小的事。因爲相連的土地、氣候、作物的根，每個人和每株稻、每棵樹、每隻動物都一樣，需要水、空氣和養分，才能夠體會生命中所有美好與不美好的事。

糧食就是生命！而江湖啊，水的流域。

文學叢書 163

江湖在哪裡？——台灣農業觀察

作　　者	吳音寧
總 編 輯	初安民
責任編輯	陳思妤
美術編輯	張薰芳
校　　對	吳美滿

發 行 人	張書銘
出　　版	INK印刻文學生活雜誌出版股份有限公司 新北市中和區建一路249號8樓 電話：02-22281626 傳真：02-22281598 e-mail : ink.book@msa.hinet.net
網　　址	舒讀網http ://www.inksudu.com.tw

法律顧問	巨鼎博達法律事務所 施竣中律師
總 經 銷	成陽出版股份有限公司
電　　話	03-3589000（代表號）
傳　　真	03-3556521
郵政劃撥	19785090　印刻文學生活雜誌出版股份有限公司
印　　刷	海王印刷事業股份有限公司

港澳總經銷	泛華發行代理有限公司
地　　址	香港新界將軍澳工業邨駿昌街7號2樓
電　　話	852-27982220
傳　　真	852-31813973
網　　址	www.gccd.com.hk

出版日期	2007年 8 月	初版
	2021年 11 月 5 日	初版十二刷
	2023年 10 月 25 日	二版一刷
ISBN	978-986-387-683-0	

定價　500元

本作品由 財團法人｜國家文化藝術｜基金會 National Culture and Arts Foundation 贊助出版

國家圖書館出版品預行編目資料

江湖在哪裡？—台灣農業觀察
／吳音寧 著；-- 二版，--
新北市中和區：INK印刻，
2023.11面；　公分（文學叢書；163）
ISBN 978-986-387-683-0（平裝）
1.農業2.台灣史
430.933　　112016325